智库 中社 智库丛书 Think Tank Series

国家发展与战略丛书

人大国发院智库丛书

大气污染防治的作用机理研究

Research on the Mechanism of Air Pollution Prevention and Control

黄清子 著

中国社会科学出版社

图书在版编目（CIP）数据

大气污染防治的作用机理研究／黄清子著．—北京：中国社会科学出版社，2021.8

（国家发展与战略丛书）

ISBN 978－7－5203－8613－5

Ⅰ.①大…　Ⅱ.①黄…　Ⅲ.①空气污染—污染防治—研究—中国　Ⅳ.①X51

中国版本图书馆CIP数据核字（2021）第117272号

出 版 人　赵剑英
责任编辑　马　明
责任校对　任晓晓
责任印制　王　超

出　　版　中国社会科学出版社
社　　址　北京鼓楼西大街甲158号
邮　　编　100720
网　　址　http://www.csspw.cn
发 行 部　010－84083685
门 市 部　010－84029450
经　　销　新华书店及其他书店

印　　刷　北京明恒达印务有限公司
装　　订　廊坊市广阳区广增装订厂
版　　次　2021年8月第1版
印　　次　2021年8月第1次印刷

开　　本　710×1000　1/16
印　　张　19.75
字　　数　251千字
定　　价　99.00元

前　　言

打赢蓝天保卫战，是党的十九大作出的重大决策。2018 年 7 月 3 日，国务院颁布《打赢蓝天保卫战三年行动计划》，对继续推进大气污染防治工作给予了全面部署。分析我国大气污染的防治效果，探索工业化、大气污染、大气污染防治政策三者之间的相关性，阐述大气污染防治效果的影响机理与提升对策，对于打赢蓝天保卫战，实现“天空常蓝、空气常新”的大气污染防治终极目标，具有理论探索与决策支持的重要意义。

本书的主要工作有：①依据公共经济学基础理论，参考压力—状态—响应（PSR）模型，构建工业化、大气污染、大气污染防治政策的关联模型（PiSR）。②依据全国及各省 2014—2018 年空气质量数据、1999—2015 年大气污染排放数据，分析我国大气污染的防治效果。③应用时间序列、空间计量、中介效应分析方法，对全国 1983—2015 年经济、社会、环境发展的总量数据与 1999—2015 年的各省面板数据进行处理，分析工业化对大气污染防治效果的影响机理，探索工业化进程与大气污染的相关性，研究产业结构、能源消费、技术进步等工业化要素对大气污染的影响程度。④应用内容分析法、中介效应分析法，梳理全国大气污染防治政策，处理各省 1999—2015 年相关面板数据，分析大气污染的防治政策演进、大气污染防治政策对大气污染防治效果的作用机理。⑤基于大气污染防治效果、工业化对大气污染防治效果的影响机理、大气污染防治政策对大气污染防治效果的作用机理，借鉴先行工业化国家大气污染的防治经验，提出大气污染防治效果的提升对策。

本书的创新点在于以下方面。

参考先行工业化国家的相关实证分析与理论研究结论，将 PSR 模型的研究对象从环境问题聚焦到大气污染问题。压力变量从经济增长、社会演进聚焦到工业化发展，干预举措从应对环境变化聚焦到应对大气变化，构建了工业化、大气污染、大气污染防治政策的关联模型（PiSR），提出不同工业化阶段大气污染、大气污染防治政策的变化趋势与特征的学术假说。即在轻纺工业发展阶段，大气污染程度逐步提高，大气污染防治政策主要为事后治理干预；在基础工业建设阶段，大气污染程度攀升到极顶，大气污染防治政策以事后治理干预为主，事前预防政策开始应用；在高附加高技术工业阶段大气污染程度逐步下降，大气污染防治政策为事前、事后综合治理干预；进入后工业化时代，大气污染明显减缓，大气污染防治政策呈现精准施策特征。在本书第二章给予了表述。

应用 PiSR 模型，表述、分析、检验了我国工业化对大气污染的影响机理。发现：①我国工业化进程与大气污染呈倒 N 形（И）关系。即 20 世纪 50—80 年代，我国工业化从以重工业为主向以轻纺工业为主的工业发展阶段演进，大气污染逐步下降；从 20 世纪 90 年代的基础工业建设阶段开始，到高附加高技术工业的当前阶段，大气污染日益严重；从现在开始到2035年，工业废气排放缓慢上升，空气质量开始好转。2035年左右，工业废气排放进入下降转折点，大气污染全面减少。②第二产业占比、民用汽车拥有量、煤炭消费占比、基础工业占比、大气污染防治技术是我国大气污染防治最关键的工业化要素；提高对外贸易的数量和质量，具有抑制基础工业占比和能源消费强度的功能，有助于大气污染减排。本书第四章给予了表述与检验。

应用PiSR模型，表述、分析、检验了我国大气污染防治政策对大气污染防治效果的作用机理。发现：①大气污染防治政策通过调节工业化要素对减少工业废气排放具有显著作用；机动车限行政策对减少机动车尾气排放具有显著作用。②近年来，以整改、关停、取缔等行政规制为手段的“外源性”大气污染防治政策使用频率最高；在降低基础工业占比、减少能源消费强度等方面，“外源性”大气污染防治政策的减排效果显著；但是“外源性”大气污染防治政策的整体作用具有不确定、不稳定、易反弹特点。③相对于“外源性”大气污染防治政策，以激励工业企业主动投资工业废气治理等“内生性”大气污染防治政策，具有更好地提升大气污染防治技术水平的功能。本书第五章给予了表述与检验。

提出了适应现阶段工业化特征的大气污染防治效果提升对策。我国已经进入高附加高技术工业阶段；党的十九大报告关于“到2035年基本实现社会主义现代化”的论断，预示着我国不久将要跨入后工业化时代。基于大气污染防治效果影响机理的分析，借鉴先行工业化国家大气污染防治的经验。①积极推进要素驱动向创新驱动转化，坚定实施《中国制造2025》行动纲领，积极推进工业化发展进程，是提升大气污染防治效果的根本途径。②以激发企业、公众自发性与创造活力的“内生性”大气污染防治政策为主，以整改、关停、取缔等行政规制为手段的“外源性”大气污染防治政策为辅，是大气污染防治政策的基本结构与特征。本书第七章给予了表述。

目　　录

第一章　绪论…………………………………………………………（1）
　第一节　问题提出………………………………………………………（1）
　第二节　文献述评………………………………………………………（5）
　第三节　研究设计 ……………………………………………………（16）

第二章　工业化、大气污染、大气污染防治政策的
　　　　PiSR 模型构建 ……………………………………………（23）
　第一节　理论基础 ……………………………………………………（23）
　第二节　大气污染防治效果 …………………………………………（34）
　第三节　大气污染的工业化压力与影响机理 ………………………（35）
　第四节　大气污染的防治政策响应与作用机理 ……………………（45）
　第五节　工业化、大气污染、大气污染防治政策的
　　　　　关联模型（PiSR） …………………………………………（53）

第三章　中国大气污染防治效果分析 ……………………………（58）
　第一节　分析方法 ……………………………………………………（58）

第二节　中国空气质量的时空特征 …………………………… (67)
第三节　中国大气污染物排放量的时空特征 ……………… (76)

第四章　中国工业化对大气污染的影响分析 ……………… (91)
第一节　分析方法 …………………………………………… (91)
第二节　大气污染的工业化压力…………………………… (105)
第三节　工业化对大气污染的影响………………………… (133)
第四节　工业化对大气污染影响的结果探讨……………… (148)

第五章　中国大气污染防治政策对大气污染的作用分析……… (152)
第一节　分析方法…………………………………………… (152)
第二节　大气污染防治的政策响应………………………… (161)
第三节　大气污染防治政策对大气污染的作用…………… (178)
第四节　大气污染防治政策对大气污染作用的
结果探讨…………………………………………… (205)

第六章　先行工业化国家大气污染防治的进程与启示………… (211)
第一节　先行工业化国家的大气污染防治进程…………… (211)
第二节　先行工业化国家大气污染防治经验
对中国的启示……………………………………… (222)

第七章　中国大气污染防治效果的提升对策………………… (236)
第一节　加快经济结构升级………………………………… (236)
第二节　加速新旧动能转换………………………………… (240)
第三节　强化“内生性”激励政策 ………………………… (245)

第四节　适度实施“外源性”政策 ……………………………… (253)

第八章　结论与展望 ……………………………………………… (257)
第一节　研究结论 ……………………………………………… (257)
第二节　创新之处 ……………………………………………… (260)
第三节　研究展望 ……………………………………………… (262)

附　录 ……………………………………………………………… (264)

参考文献 …………………………………………………………… (273)

后　记 ……………………………………………………………… (304)

第一章

绪　论

◇ 第一节　问题提出

一　研究背景

进入工业文明时代以来，人类创造了前所未有的物质财富，也产生了难以弥补的生态创伤。随着我国工业化进程的持续快速推进，粗放型经济增长方式引发了严重的环境问题。其中，大气污染是我国近年来最严重的污染问题之一，尤其在秋冬季节，大气污染给民众健康、经济可持续发展带来了诸多负面影响，引起社会各界的高度重视。

2013 年 9 月 10 日，国务院颁布《大气污染防治行动计划》，全国各省（直辖市、自治区）迅速掀起了以改造锅炉、淘汰黄标车、控制“两高”行业产能等措施的大气污染防治高潮。中央和地方各级政府强化了对大气污染防治工作及其效果的监督检查与考核，大气污染防治取得了阶段性明显进展。①颗粒物年均浓度下降。2017 年，全国 338 个地级及以上城市可吸入颗粒物（PM 10）平均浓度与2013 年相比下降22.7%，京津冀、长三角、珠三角区域细颗粒物（PM 2.5）平均浓度与2013年相比分别下降39.6%、34.3%、27.7%。②优良天数比例增加。2017年，全国地级以上城市，优良天数比例达到78.0%，与2015年相比提高了1.3个百分点。③重污染天数减少。2017年，全国74个重点城市重污染天数与2013年相比减少51.8%。

2016年11月，国务院颁布《“十三五”生态环境保护规划》，提出2020年大气污染防治目标。2017年10月，习近平总书记在党的十九大报告中做出“坚持全民共治、源头防治，持续实施大气污染防治行动，打赢蓝天保卫战”的号召。2018年7月，国务院颁布《打赢蓝天保卫战三年行动计划》（下文简称“三年行动计划”），提出，经过3年努力，大幅减少主要大气污染物排放总量，协同减少温室气体排放，明显降低细颗粒物PM 2.5浓度、减少重污染天数、改善环境空气质量、增强人民的蓝天幸福感。

大气污染及其防治由来已久，有关环境治理的公共经济学理论伴随着英美等国工业化进程不断演进。由于大气的公共产品特征，大气污染具有典型的负外部性，大气污染防治具有典型的正外部性，仅仅依靠价格机制来配置资源的完全竞争市场无法实现帕累托最优，因此，政府通过环境规制调整该种市场失灵。最早解决环境问题的方式是以治为主，用外部性规制调节企业行为。1920年庇古提出用庇古税来内化生产者外部成本，1960年科斯提出科斯定理，通过产权分配及交易来治理环境问题；随后，逐步使用内部性规制优化政府治理，1970年阿克洛夫提出环境治理中存在信息不对称，1974年莫里斯提出委托代理模型。1979年，David J. Rupport提出PSR模型，被OECD与UNEP采用推广为解决环境问题的框架，该框架指出，经济发展与社会演进对自然环境产生了压力，环境状态逐步恶化，人类为了应对这一变化采取了经济、社会、环境等措施改善环境状态。20世纪90年代EKC的提出使环境问题聚焦于经济发展，自此，解决环境问题从以治为主向以防为主转变，各国纷纷开始寻找、调整影响环境质量的经济要素，力求在不同经济发展阶段追求经济发展与环境保护的双赢。对于尚未完成工业化的中国，打赢蓝天保卫战不仅是老百姓的殷切希望，而且是新型工业化道路的必然选择。研究工业化、大气污染、大气污染防治政策之间的相关性，不仅是PSR模型在大气污染防治领域的具体应用，也是EKC理论的扩展、阐述与检验，是中国生态文明建设、新型工业化发展中防治大气污染的理论探索。

二 问题界定

蓝天保卫战是一场攻坚战，实现最终目标仍面临诸多困难。①多年来，大气污染防治投入了大量的人力、物力、财力，虽然取得了显著成效，但是部分“铁腕”措施影响了经济发展和生态文明建设秩序。“一律关停”“全面煤改气”等懒政、怠政现象引起企业不满、引发经济损失，造成“大气污染防治行动将引发中小企业倒闭潮、落后行业失业潮、淘汰产业降薪潮”的舆论恐慌。伴随经济下行压力的加大，一些地区放松了对大气污染的监管，企业的治理意愿随之减弱，进而出现企业提标改造不及时，甚至擅自停运治污设施的现象，政企合谋数据造假、偷排漏排。②随着大气污染防治的深入推进，“留下的很多问题是难啃的硬骨头”。关停、限产、限行等“铁腕”措施虽然易实施、见效快，但是治理成本高、收效不持续的问题使其边际效益递减，不足以面对复杂性增强、解决难度加大的大气污染问题。

蓝天保卫战更是一场持久战，实现“天空常蓝、空气常新”需要建立长效机制。①大气污染防治效果并不稳固，污染反弹时有出现。2016 年全国 366 个城市中有 89 个城市的 PM 2.5 年均浓度同比不降反升，其中西安、银川、石家庄与上年同比分别上升 18.7%、12.6%、11.8%。2017 年，338 个地级及以上城市平均优良天数比例为 78.0%，比 2016 年下降 0.8 个百分点。2018 年 10 月，全国 338 个地级及以上城市平均优良天数比例为 85.8%，同比下降 2.1 个百分点；11 月北京多次拉响空气重污染黄色预警，而 2017 年 11 月北京的平均 PM 2.5 浓度只有 46 微克/立方米。②政策调整被视为“松动”信号，粗放、落后产能重新抬头。2018 年 9 月，《京津冀及周边地区 2018—2019 年秋冬季大气污染综合治理攻坚行动方案》将 2018 年 PM 2.5 下降目标定为 3%，低于去年同期 12 个百分点；取消按照统一比例停工限产，改为错峰生产。钢筋、水泥、煤炭等行业将以上政策调整视为“松动”信号，2018 年 10 月，全国的粗钢产量达到了 8255 万吨，与去年同期相比增加 9.1%；水泥日均产量与去年同期相比增长 13.1%，唐山的高炉开工率在采暖季限产开始后，仅下降了不到 5%，降幅远低于去年同期水平。③淘汰落后产能、取缔散乱污等“去污”工程不可能一蹴而就，更不可能一劳永逸。实现“天空常蓝、空气常新”的蓝天保卫战终极战略目标，要短“治”，更要长“防”。不仅需要贯彻落实三年行动计划目标，更要制定常态化、长效化的推进路径，持之以恒、善作善成，以免陷入“整治—反弹—再整治—再反弹”的怪圈。

因此，为取得蓝天保卫战胜利和“天空常蓝、空气常新”终极目标，需要总结我国大气污染的防治效果，分析效果产生的原因，诊断防治措施的成功与局限，借鉴先行工业化国家的大气污染防治经验，提出能够稳定、长效减少大气污染、改善空气质量的对策建议。大气污染是工业化的伴生物，也是防治措施的作用对象，因而分析效果产生的原因，需要从大气污染的产生与调节两个方面进行；同时，防治措施以政策（法律法规、部门规章、战略规划等）作为承载与依据，诊断防治措施的成功与局限，可通过分析大气污染防治政策进行。因此，对应大气污染防治效果如何，为什么产生这样的效果，如何提升大气污染防治效果这三个问题，本书具体需要解决如下科学问题：①我国大气污染的防治效果；②我国大气污染防治效果的影响机理，包括工业化对大气污染的影响机理和大气污染防治政策对大气污染的作用机理；③我国大气污染防治效果的提升对策。

第二节 文献述评

一 大气污染的防治效果研究

大气污染的防治效果多以空气质量、污染排放指标的变化呈现，其中以空气质量表示大气污染防治效果的研究更为常见。Gualtieri 等通过 1993—2012 年意大利佛罗伦萨 SO_2、CO、NOx、O_3、PM 10 的浓度变化描述大气污染防治效果，并通过线性回归对污染物浓度和工业排放的相关性进行分析，得出 SO_2、CO、NOx、PM 10 浓度的下降主要源于家庭供暖、工业、道路运输的减少。Cerro 等分析了 2000—2012 年巴利阿里群岛（西班牙）的城市、郊区、区域的 NO、NO_2、SO_2、O_3、PM 10 演变趋势，并从减排政策和经济危机解释了演变的原因。黎文靖、郑曼妮采用 2006—2013 年中国地级市的空气质量指数和相关统计数据分析了城市空气污染的治理效果和机理。高文康等通过2013—2014年74个城市SO_2、NOx、PM 2.5的月均值，探讨了不同地区大气污染防治行动计划的实施效果。李涛等通过分析我国2000—2015年二氧化硫、烟粉尘和2006—2015年氮氧化物的排放总量及工业排放量的变化趋势，得出我国工业固定源污染物排放效果不佳的结论。

大气污染防治效果的分析方法包括统计描述、时序分析、空间探索等。Guerreiro等应用时间序列分析方法，对38个欧洲国家2002—2011年的空气质量和污染物排放进行了分析，得出欧洲主要大气污染物排放下降、空气中大气污染浓度依旧较高等结论。Jang等应用了时序分析、空间计量方法，分析了2005—2014年韩国釜山4个区域6种大气污染物的长期趋势和空间变异性，比较了城市大气污染水平的季节变化和工作日与周末大气污染的区别。王金南等通过对比2017年与2013年的相关数据，从全国和重点区域的环境空气质量变化中，总结了“大气十条”的实施效果，具体指标包括PM 10、SO_2、NO_2。宓科娜等通过分析长三角41个地级及以上城市2013—2016年PM 2.5的时空格局演变，比较了上海、浙江、江苏、安徽的大气污染防治效果。刘海猛等应用多种空间计量模型，探讨了2000—2014年京津冀202个区县PM 2.5的时空分异特征，并分析了自然与人文因素对PM 2.5的直接影响及空间溢出效应。

二 大气污染防治效果的影响机理研究

大气污染防治效果的影响机理分析，是对大气污染防治效果的影响因素及其作用关系进行剖析。压力—状态—响应（PSR）模型构建了环境问题的研究框架，试图通过解释发生了什么、为什么发生以及如何应对，给予人类可持续发展方案。然而，现有研究多将PSR模型用作综合评价的框架，从压力、状态、响应方面分析大气污染防治的经济、环境、社会绩效。Hughey等用新西兰公民感知作为环境状况的评价指标，应用PSR模型对比了新西兰与其他发达国家的空气质量状况。邓亮如将PSR模型作为评价依据，从环境、社会、经济三方面选取32个指标评价了四川省大气污染防治政策的实施效果。佟林杰、孟卫东应用PSR分析框架构建京津冀区域大气污染防治绩效的评价体系，通过主成分分析评价了京津冀区域2013—2015年的大气污染防治绩效。在检索的文献中，尚未发现应用PSR模型分析压力、状态、响应之间影响机理的研究。

本书将压力—状态—响应（PSR）模型的研究对象从整个地球环境聚焦到大气污染问题，压力要素从经济增长、社会演进聚焦到工业化发展，干预举措从应对环境变化聚焦到应对大气变化。通常大气污染防治效果以大气污染变化表示，因此，本书从工业化对大气污染的影响机理以及大气污染防治政策对大气污染的作用机理进行研究，汲取研究内容和研究思路。

（一）工业化对大气污染的影响机理

大气污染来源于人为源和自然源。人为源是改善空气质量的关键，包括人类社会中产生大气污染的生产、消费、交换等行为。其中，工业化被普遍视作人为源的重要原因，是大气污染的主要源头。由于工业化是经济发展的源泉，多数研究并不对工业化与经济发展做严格区分。工业化对大气污染的影响研究大多与经济发展对大气污染的影响研究重合，影响大气污染防治效果的工业化或经济要素主要包括经济规模、人口密度、产业结构、能源消费、技术创新等。

工业化与大气污染的相关性规律主要通过环境库兹涅茨曲线（EKC）检验来分析。①大部分研究认为人均 GDP 与大气污染呈倒 U 形关系。Robert 和 Catherine 分别讨论了 14 个国家的二氧化硫、烟尘和颗粒物浓度与人均收入的关系，认为大气污染物与人均收入符合 EKC 假定。Esso 和 Keho 研究了 12 个撒哈拉以南的非洲国家二氧化碳排放和经济增长之间的关系，发现贝宁、尼日利亚、塞内加尔短期的经济增长会促进二氧化碳排放，长期经济增长会减少二氧化碳排放，整体呈现倒 U 形。邱立新、袁赛应用 TaPio 脱钩模型发现北京、天津、保定等中国低碳试点城市的区域碳排放与经济规模呈现倒 U 形关系。②部分研究认为倒 U 形假设存在不确定性。Mazur 等应用固定和随机效应模型对 1992—2010 年 28 个欧洲成员国的二氧化碳排放和人均 GDP 进行了 EKC 检验，发现与 16 个“老欧洲”国（即高收入国）不同，现在 28 个欧洲成员国的倒 U 形曲线并未得到验证。Olale 等应用 1990—2014 年加拿大省域面板数据检验温室气体排放是否存在 EKC 现象，研究发现，通过混合模型得到的检验结果，一半的省域不存在 EKC 现象；通过固定效应模型得到的检验结果，全部省域均呈现倒 U 形曲线。齐绍洲、严雅雪基于面板门槛模型分析我国 232 个城市 PM 2.5 与经济增长的关系，发现仅有 12 个城市呈现倒 U 形曲线。

为了使倒 U 形曲线的拐点早日实现，学者研究了工业化要素对大气污染的影响。①多数研究分析了工业化要素对大气污染的直接影响。Muhamma 等应用 VECM 模型，分析了印度尼西亚 1975—2011 年经济增长、能源消费、金融发展、对外开放与二氧化碳排放的关系。Ahmed 等应用 24 个欧洲国家 1980—2010 年面板数据，检验人均 GDP

和人均二氧化碳排放的环境库兹涅茨曲线假说时，引入生物质能源和技术水平，发现生物质能源对二氧化碳减排的作用并不显著，技术革新则能促进二氧化碳减排。邵帅等采用动态空间面板模型和系统广义矩估计方法，选用1998—2012年省域相关数据，分析了影响PM 2.5浓度的关键因素，具体包括第二产业比例、煤炭消费比例、人口密度、交通运输强度等。冯玮等应用改进的ESC模型对影响我国工业废气排放量的因素进行评价，这些因素包括劳均工业产值、投资规模、煤炭消费比重、技术进步等。文扬等应用对数平均迪氏指数分解法（LMDI），对2011—2015年京津冀及周边地区工业大气污染物排放的影响因素进行分解，影响因素包括人口、经济规模、产业结构、能耗、能源结构、排放强度。②部分研究在考虑工业化要素间的作用关系基础上分析了工业化要素对大气污染的影响。Auci和Trovato考察了1997—2005年25个欧洲国家污染最严重区域的二氧化碳与收入、能源结构、技术水平的关系，发现R&D支出对二氧化碳排放的直接效应为负，私人R&D支出、公共R&D支出对二氧化碳排放的间接效应相反，前者为负，后者为正。Ziaei等通过PVAR模型，分析了1989—2011年13个欧洲、12个东亚和大洋洲国家金融发展对二氧化碳排放的影响，发现股票收益率通过影响能源消费影响二氧化碳排放，尤其对东亚和大洋洲国家具有长远影响。曹翔和余升国分析了外资与内资对我国大气污染的影响，发现FDI通过负的规模效应、负的结构效应和正的技术效应影响二氧化硫排放。

（二）大气污染防治政策对大气污染的作用机理

1. 大气污染防治政策对大气污染的直接作用

标准、监管等大气污染防治政策对大气污染具有直接影响。

Laplante 等以加拿大魁北克为研究对象，发现政府环境监管有利于造纸企业减少大气污染物的排放。Markandya 等对 12 个西欧国家的硫排放和人均 GDP 的相关性进行 EKC 检验，并分析了大气污染规制对曲线的影响，得出大气污染规制能够降低 EKC 曲线水平，实现转折点提前。Davis 和 Lucas 分析了墨西哥限行政策对汽车尾气排放的影响，发现将限行政策从工作日扩展到工作日和周六，并没有对 8 种主要污染物有显著影响。

不同大气污染防治政策工具对大气污染的影响不同。Cato 比较了在混合市场中单一使用减排补贴和联合使用排污税、减排补贴的不同效果，发现联合使用排污税和减排补贴的效果更佳。陈永国等应用 STIRPAT 模型比较了经济、社会、技术政策的强制型、混合型、自愿型工具在京津冀雾霾治理中的作用，认为应当选择能够促进经济高质量发展的经济政策工具，推动利益相关者做出更大贡献的社会政策工具，具有统一标准的大数据平台技术政策工具。郑石明等应用 2005—2014 年我国省际面板数据，对比了命令型、市场型、资源型三类政策工具对大气污染治理效率的影响，发现我国命令型、市场型政策工具能够有效提升大气污染治理效率，资源型政策工具则不能。

2. 大气污染防治政策对大气污染的间接作用

大气污染防治政策不仅能直接对大气污染产生作用，还能通过调节工业化要素对大气污染产生间接作用。目前，分析大气污染防治政策对工业化要素作用的研究较多，但并未得到一致性结论；较少分析工业化要素在防治政策和大气污染之间产生的中介效应，大气污染防治政策通过中间要素对大气污染的间接作用也并未得到一致性结论。

（1）大气污染防治政策对工业化要素的作用。现有研究大多分析大气污染防治政策对产业结构、能源效率、技术水平的作用。①大多数研究肯定了防治政策对产业升级具有促进作用。Hepbasli 和 Ozalp 分析了土耳其环境规制与能源效率的关系，发现环境规制能够在提升资源利用效率的同时优化产业结构。李眺指出地方政府可以通过权衡经济激励和政治激励，来实现防治政策对产业结构调整的促进作用。原毅军等认为产业结构的有效调整得益于政府主导的防治政策，当防治政策强度由弱到强时，产业结构调整效应先减少、后增加、再减少，一定程度上促进了污染减排。②大多数研究肯定了防治政策提高能源效率的作用。Bi 等应用 SBM-DEA 模型，对 2007—2009 年全国总量数据进行处理，发现环境规制有助于提升中国火力发电的能源效率。徐建中和王曼曼分析了制造业环境规制对能源强度的门槛效应，发现低水平、中等水平的环境规制能够促进能源强度减少。彭代彦和张俊以环境从业人数、工业污染治理投资、环境固定资产投资表示环境规制强度，通过 2003—2017 年全国省际面板数据，发现环境规制有助于促进全要素能源效率。③大多数研究肯定了防治政策提高技术水平的作用。Frondel、Horbach 等指出，命令控制型的环境规制政策能够促进污染末端控制技术发展。任优生、任保全基于战略新兴产业的上市公司样本，研究发现防治政策对技术创新有正向的影响。何玉梅和罗巧采用 2007—2017 年我国省际面板数据，研究发现防治政策对技术创新有着显著的正向效应，高强度的防治政策有利于工业全要素生产率的提高。

（2）大气污染防治政策通过工业化要素对大气污染的作用。大气污染防治政策通过工业化要素对大气污染的作用研究较少。Egli 和 Steger 通过构建动态的 EKC 模型，发现政策措施与污染减排技术、清洁环境偏好的相互作用决定了 EKC 拐点的形成。刘晨跃、徐盈之应用中介效应方法，分析了我国 2003—2014 年除拉萨以外的 30 个直辖市和省会城市的环境规制对 PM 10 浓度的作用机理，发现环境规制通过调整产业结构、优化能源消费结构间接影响 PM 10 浓度，通过提升技术水平间接影响不显著。史长宽应用 soble-bootstrap 中介检验方法，通过 2015—2017 年我国省际面板数据，发现技术创新在地区经济增长和大气污染防治之间的中介作用不显著。

三　大气污染防治效果的提升对策研究

大气污染防治效果的提升对策研究，大多建立在大气污染防治问题及产生原因的分析基础上。①大气污染防治的问题主要表现在治理方式、治理对象、法制建设、区域合作、信息公开等方面。王保民从法律法规的角度分析了我国治理大气污染的影响因素，认为灰霾污染治理存在环境公益诉讼制度不完善、执法模式条块分割、司法资源配置缺陷、配套制度欠缺等问题。蓝庆新认为当前治理制度和治理手段不完善的问题直接制约了雾霾治理效果，具体表现为治理模式落后、治理对象单一、法律规范缺乏、地区协同不足。史宇认为北京市在城市规划阶段对环境保护缺乏重视是大气污染问题产生的重要原因之一，表现在定位、执行、压力、能力、布局五个方面。②政府行为、企业动机、公众态度都是大气污染防治效果不佳的原因。于水、帖明认为执政理念偏差导致对环保的漠视、资源禀赋陷阱对政府行为的锁住效应、“兄弟竞争”下的地方政府环境保护制度异化、环境突发性事件应急管理机制滞后、地方政府环保部门治霾的执行力弱化、治理雾霾污染的创新力不足是影响政府雾霾治理效果的根本原因。黎文靖基于我国地级市的经验数据分析发现，空气污染转变城市的投资决策，影响相关负责人的工作变动；空气质量越差，地区压力越大，越会加大环境污染治理投资。Reisinger 等探讨了美国分权模式的弊端以及公民诉讼的作用，建议尽快破除公众参与环境执法的障碍，发挥公众在环境治理中的重要作用。王惠琴将雾霾治理中公众参与的影响因素归为传统思想、人文发展水平和经济人角色。葛继红基于372名南京市民的调查数据分析了居民大气污染治理支付意愿的影响因素，发现居民不愿意支付的主要原因是认为治理支付责任人应当是政府或污染源所属企业或个人。

大气污染防治效果的提升对策主要包括健全法制、完善机制、加强区域协作、强化创新驱动等。Bree 等探讨了欧洲 AIRNET 项目中空气质量科学、利益相关者参与、政策完善的相互作用关系，提出要完善多方协作机制，推进污染减排。张保留基于2001—2012年数据分析了我国大气污染物排放特征，提出应提高环境规划的约束效力、加强行业排污达标率控制、加大区域污染物排放控制力度的对策建议。卢华通过深入分析大气污染防治面临的形势以及需要处理的几方面关系，提出着力实施联防联控提升大气污染防治效率，转变发展方式促进经济提质增效，完善考评机制引领资源优化配置，强化创新驱动增强发展内生动力，创新发展途径促进产业转型升级的建议。刘喜贵在分析大气污染防治政策的缺陷基础上提出健全法律法规体系，完善能源、环境经济、市场保障等相关配套政策，优化区域协作治理模式，加强政策之间协同性等优化建议。也有部分研究针对大气污染防治政策提出优化建议。Hahn 比较了排污权交易和征收碳税对降低温室气体排放的不同效用，建议政府在设计碳排放交易和税制时注重效率与市场结构，并考虑现实的替代办法。王文婷基于事权和财权在政府间分担的理论和实践，提出通过完善税权分配以及财政转移支付制度，提供与央地政府间事权匹配的财权作为物质保障的对策建议。张亚军以京津冀大气污染联防联控的法律法规为研究对象，在问题分析基础上提出了完善区域立法、建立区域联合执法、明晰主体义务和责任分配等建议。周闯基于对乌海及周边地区大气污染情况的调查，从科技创新角度提出突破关键共性技术、建立示范工程、产业结构调整、建立区域污染联防联控等建议。

四　文献评价

现有文献关于大气污染防治效果的探讨，为本书研究大气污染的防治效果提供了方法与思路的借鉴。本书应用全国各省级行政区的空气质量和大气污染排放数据，分析大气污染状态的时间与空间特征，表述大气污染的防治效果。

在当前检索的文献中，尚未发现综合分析工业化、大气污染、大气污染防治政策三者之间关系的研究，尚未发现应用压力—状态—响应（PSR）模型分析影响机理的研究。现有文献多应用 PSR 模型分解指标并进行综合评价，有待进一步探讨指标间的作用关系。本书应用 PSR 模型，将整个地球环境问题聚焦到大气污染方面，将压力变量从经济增长、社会演进聚焦到工业化发展，将干预举措从应对环境变化聚焦到应对大气变化，构建 PiSR 模型分析工业化、大气污染、大气污染防治政策三者之间关系，探讨大气污染防治效果的影响机理。具体包括工业化对大气污染的影响机理和大气污染防治政策对大气污染的作用机理，其中，后者又包括大气污染防治政策对大气污染防治效果的直接作用机理和大气污染防治政策通过调节工业化要素对大气污染的间接作用机理。

现有文献关于工业化对大气污染的影响机理研究，在工业化与大气污染的相关性规律，产业结构、能源消费、技术创新等工业化要素对大气污染的影响方面取得了重要进展，但是在提取工业化要素方面有待进一步研究。现有文献较少考虑工业内部结构的变动，较少纳入机动车相关指标，较少区分技术指标中的生产技术和防治技术，较少分析对外贸易通过产业结构、技术水平等要素对大气污染的间接影响。本书应用工业经济发展阶段理论，细化影响大气污染的工业化要素，引入测度工业内部结构、机动车辆等相关指标，优化技术水平、对外贸易等指标，应用空间计量模型分析工业化要素对大气污染的影响，并应用中介效应模型分析对外贸易通过其他工业化要素对大气污染的影响，以求更完善地解释工业化与大气污染的关系，从而更加明确大气污染防治的主要对象。

现有文献关于大气污染防治政策对大气污染的作用机理研究，在大气污染防治政策对大气污染的直接作用、大气污染防治政策对工业化要素的影响方面取得了重要进展，但是在大气污染防治政策通过调节工业化要素对大气污染的间接作用方面有待进一步研究。本书将大气污染防治政策细化为命令型、市场型、引导型三类政策工具，应用中介效应模型分析大气污染防治政策对大气污染的直接作用，以及通过调节工业化要素对大气污染的间接作用。

现有文献关于提升大气污染防治效果的对策建议，为本书提供了基础和平台。本书在对先行工业化国家大气污染防治经验的总结基础上，扬弃其他学者对提升大气污染防治效果的基础性建言，依据工业化对大气污染的影响机理、大气污染防治政策对大气污染的作用机理的研究结论，提出打赢蓝天保卫战，实现“天空常蓝、空气常新”终极目标的大气污染防治效果提升对策。

第三节　研究设计

一　研究目标

蓝天保卫战是一场攻坚战，更是一场持久战。为了实现蓝天保卫战三年行动计划目标和“天空常蓝、空气常新”的大气污染防治终极目标，制定大气污染防治效果的提升对策是本研究的总体研究目标。实现这一总体研究目标，需要完成以下目标。

第一，构建大气污染防治效果影响机理和提升对策的分析框架。依据工业经济发展阶段、公共规制、环境库兹涅茨曲线等理论，参考压力—状态—响应模型（PSR 模型），以大气污染问题为研究对象、以工业化发展为压力、以大气污染防治政策为干预措施，构建工业化、大气污染、大气污染防治政策的关联模型（PiSR 模型）。

第二，应用 PiSR 模型分析大气污染防治效果的影响机理。①分析大气污染防治效果，即大气污染的状态（S），包括空气质量和污染物排放情况。②分析工业化对大气污染的影响，即大气污染的工业化压力（Pi）及其对大气污染防治效果的影响（Pi-S）。③分析大气污染防治政策对大气污染的作用，即大气污染的防治政策（R）及其对大气污染的直接、间接作用（R-S，R-Pi-S）。

第三，提出大气污染防治效果的提升对策。基于大气污染防治效果的影响机理分析，总结先行工业化国家大气污染的防治经验，提出适应我国工业化阶段，实现蓝天保卫战 2020 年目标和“天空常蓝、空气常新”终极目标的大气污染防治效果提升对策。

二 研究内容

为实现本书的研究目标，主要进行了以下研究。

第一，我国大气污染的防治效果分析。应用描述统计、空间计量的方法，通过全国省级行政区的面板数据，分析我国空气质量及大气污染物排放的时空特征，展示我国大气污染防治的效果。

第二，我国工业化对大气污染的影响机理分析。大气污染是工业化的伴生物，产业结构、能源消费等工业化要素是产生大气污染的源头，对外贸易通过影响产业结构、技术水平等影响大气污染。本书应用 PiSR 模型，以大气污染变化表示大气污染防治效果，通过全国省级行政区的面板数据，分析工业化要素对大气污染的影响，明确造成大气污染的工业化压力是什么，影响程度如何，哪些工业化要素最为关键。

第三，我国大气污染防治政策对大气污染的作用机理分析。大气污染防治政策是大气污染防治措施的可视化承载，大气污染防治政策对大气污染具有直接作用，也通过调节工业化要素对大气污染具有间接作用。本书应用 PiSR 模型，以大气污染变化表示大气污染防治效果，通过全国省级行政区的面板数据，分析大气污染防治政策对大气污染的直接作用以及通过调节工业化要素对大气污染的间接作用，明确当前大气污染防治政策的贡献及局限。

第四，我国大气污染防治效果的提升对策研究。基于大气污染防治效果，工业化对大气污染的影响机理，大气污染防治政策对大气污染的作用机理，结合先行工业化国家的大气污染防治经验，提出打赢蓝天保卫战，实现“天空常蓝、空气常新”终极目标的大气污染防治效果提升对策。

三 研究方法

（一）文献研究法

文献分析法是社会科学研究常用的基础方法，是指通过搜集、分析与研究内容相关的直接、间接资料，获取有用信息的研究方法。本书通过检索、鉴别、梳理、评价文献，获得对所涉及科学问题的已有研究贡献及局限，了解进一步研究的基础与空间。在研究过程中，浏览的中文数据库包括中国知网、万方、维普，外文数据库包括 Elservier、Web of Science 等。具体对大气污染防治的理论溯源、理论变迁、理论应用，大气污染防治效果、大气污染防治效果的影响机理、大气污染防治效果的提升对策进行了中外文的检索和梳理，撰写了文献综述。

内容分析法是通过设立研究目标，提取、统计政策文本中有意义的词句，探索传播内容的隐含信息和变化趋势的半定量研究方法，本质上是将文本中非量化的信息转化为定量数据进行分析的方法。本书应用内容分析法，以 1949 年至今我国中央政府（国务院及各部委）的大气污染防治政策文件为样本，在工业化要素和政策工具维度下，分析我国大气污染防治政策的历史演进。

（二）描述统计法

描述统计是通过绘制图表的方式，对研究数据进行整理、归类、简化、分析，以展示数据特征、趋势变化、分布状态、变量间关系的统计方法。本书运用平均数、标准差等基本统计方法，对我国工业化要素、空气质量、大气污染排放量、大气污染防治政策工具等进行了趋势描述以及集中、离散程度分析；应用空间统计方法，对我国空气质量、大气污染排放进行了空间特征分析。其中，空间统计是指将面积、长度、邻近关系等空间信息整合到经典统计分析中，以研究事物的空间关联，揭示要素的空间分布规律。

（三）计量分析法

时间序列分析是根据系统观测得到的时间序列数据，通过曲线拟合和参数估计来建立数学模型的理论和方法，适用于分析历史数据资料的变动趋势。工业化具有明显的时间特征，适合进行时间序列分析。本书在分析工业化与工业废气排放的整体关系趋势时，应用全国1983—2015年的时间序列构建了EKC简单模型。

空间面板计量分析方法。面板数据即Panel Data，是指具有时间序列和横截面数据两个维度的数据类型，能够提供更多信息，有助于减少多重共线性。在面板数据模型基础上加入截面维度的空间交互效应则成为空间面板数据模型，继续纳入时间维度的动态变化项（时间滞后项）则成为动态空间面板数据模型。本书构建动态空间杜宾模型，分析工业化要素对大气污染的影响。

中介效应是指变量X通过中介变量M对变量Y的影响，若X对Y的直接作用显著，引入中介变量M后直接作用不显著，则X对Y的影响完全来自中介变量；若引入中介变量M后直接作用显著性降低，则X对Y的影响部分来自中介变量。本书构建了多重中介（multiple mediation）模型，即有多个中介变量的中介效应检验模型，分析工业化要素间的作用以及大气污染防治政策通过工业化要素对大气污染的间接作用。

四　资料来源

文本资料。①通过中国知网、百度学术、图书馆等各种途径收集有关大气污染防治理论基础、工业化对大气污染的影响、大气污染防治政策对大气污染的作用、大气污染防治效果提升对策等相关文献，进行前期的研究设计。②通过北大法宝、环保部等收集 1949 年至今颁布的大气污染防治政策，作为政策内容分析的基础文本。

经济、社会、环境的全国总量和省域面板数据。通过环保部、国家统计局等数据库，中国统计年鉴、中国工业统计年鉴、城市统计年鉴、重点监测城市政府工作报告、环境统计公报和国民经济和社会发展报告等，根据研究需要，收集国家总量以及除西藏自治区以外 4 个直辖市和 26 个省级行政区工业化、大气污染、大气污染防治政策的相关数据。国家总量数据的收集范围是 1983—2015 年；地方层面的数据收集范围是 1999—2015 年；调控机动车辆尾气的政策变量采用 2011—2015 年的数据。

五　研究框架

良好的大气环境是最普惠的民生福祉。如何打赢蓝天保卫战，实现“天空常蓝、空气常新”的最终目标，是关系人民福祉、关乎民族未来的重大政治问题和社会民生问题。为打赢蓝天保卫战，实现“天空常蓝、空气常新”，需要明确当前我国大气污染的防治效果，分析产生效果的原因，制定提升效果的对策。其中，产生效果的原因既来源于工业化的压力，也来源于大气污染防治政策的调节。

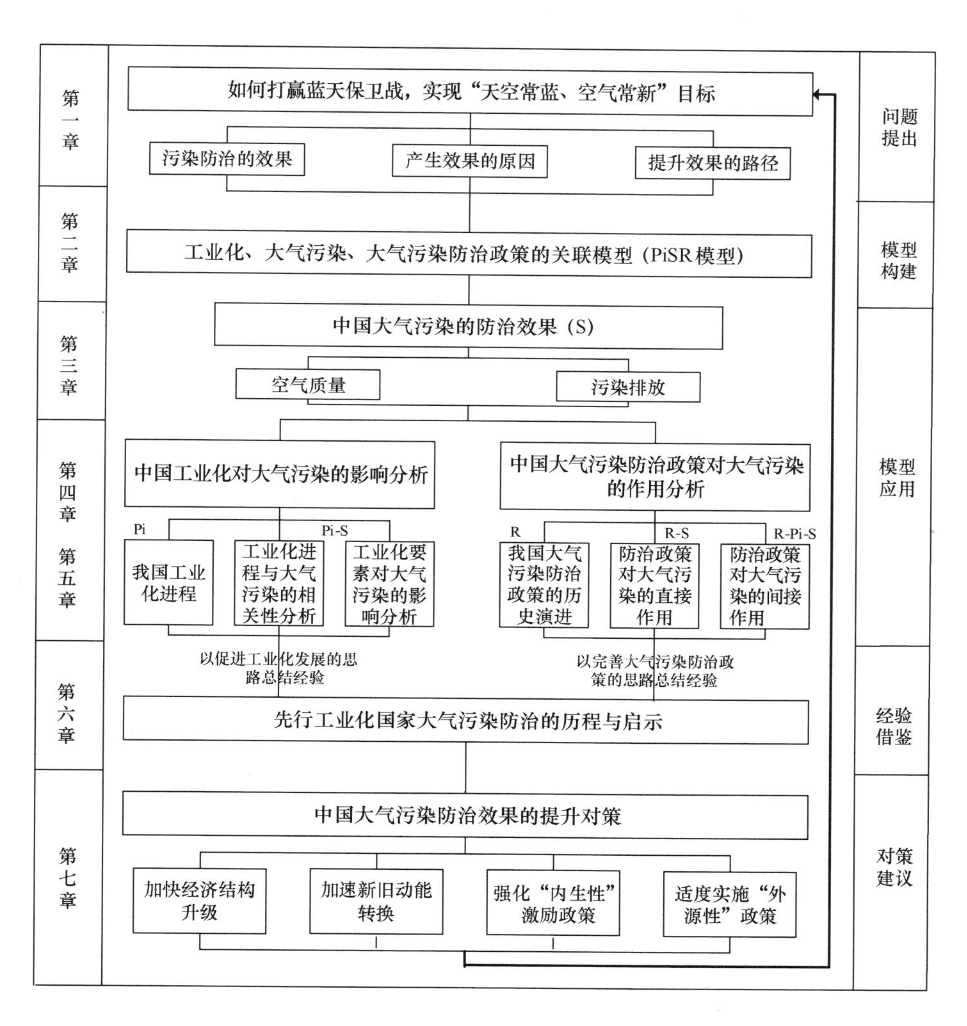

图 1－1　研究框架

因此，本书应用公共经济学基础理论，参考压力—状态—响应（PSR）模型，构建工业化、大气污染、大气污染防治政策的关联模型（PiSR）；应用 PiSR 模型，从空气质量和污染排放方面分析大气污染的防治效果；应用 PiSR 模型，分析工业化（Pi）对大气污染（S）

的影响机理，具体包括工业化与大气污染的相关性规律，工业化要素对大气污染的影响程度；应用 PiSR 模型，分析大气污染防治政策对大气污染的作用机理，具体包括大气污染防治政策对大气污染的直接作用和通过调节工业化要素对大气污染的间接作用；基于大气污染防治效果的影响机理分析，参考先行工业化国家大气污染的防治经验，提出大气污染防治效果的提升对策，具体包括从工业化发展角度提出的提升对策和从大气污染防治政策优化角度提出的提升对策。本书研究的总框架和内在逻辑关系如图 1－1 所示。

第二章

工业化、大气污染、大气污染防治政策的 PiSR 模型构建

◇ 第一节 理论基础

空气是典型的公共物品。由于负外部性的存在，厂商为追求自身利益最大化，尤其在工业化初期和中期过量排放了大气污染物，造成了严重的大气污染，危害人类生命健康。由于正外部性的存在，仅仅依靠价格机制来配置资源的完全竞争市场无法实现帕累托最优，因此需要政府颁布各类大气污染防治政策调节大气污染源头、治理末端废气，以此减少大气污染物产生，使空气质量呈现更好的状态。

一 大气污染来源

（一）公共产品理论

公共产品是指提供给社会成员共同享用的某种产品，每个人对这种产品的消费都不会影响其他人对该产品的消费，具有不可分割性、

非排他性、非竞争性的特征。大气具有以下三个特征，即大气因其流动性不可分割；任何人无法排斥这个区域中任何居民对新鲜空气的享用；增加一个人对大气的消费不会增加边际拥挤成本，因而大气是典型的公共产品。在利益的驱动下，没有个人、企业愿意自觉保护公共产品，无节制地使用公共产品，进而形成“公地悲剧”。

（二）外部性理论

外部性是指某厂商的经济行为造成的外部强制性影响，使得其他居民和厂商在没有得到任何收益的情况下却支付了成本，或者在没有支付任何成本的情况下却获得了收益。外部性分为负外部性和正外部性，其中，厂商追求自己收益，除了自己支付私人成本之外，还使其他居民和厂商在没有获得收益的情况下被迫支付外部成本的经济行为，称为负外部性。负外部性是大气污染产生的主要原因。作为理性经济人的企业、个人，从自身利益出发进行生产与生活，使他人、社会承担外部成本，无限制地排放大气污染物对环境造成了不利影响。

二　大气污染防治

大气的公共产品性质和大气污染的负外部性使得完全竞争市场无法实现帕累托最优，进而要求政府提供大气污染防治这一具有正外部性的公共产品，即通过公共规制，调节生产、消费行为，将企业、个人造成的污染成本内部化，防止生产部门、消费部门肆意制造大气污染排放物，避免“公地悲剧”，改善空气质量。

政府规制是解决市场配置资源失灵的方法。公共规制是指，国家立法机关、司法机关、行政机关为了实现特定目标，依据法律法规对企业、个人或其他相关利益主体的活动给予管理、约束、限制的制度安排。大气污染防治属于环境规制，是指为了减少与消除大气污染、气层破坏等环境问题引起的负外部性，政府有关部门制定的排放标准、排污税费、排污许可证交易、公众参与等，对生产和生活领域环境污染、生态破坏行为进行约束、限制、规范的具体措施，包括外部性规制和内部性规制。

（一）外部性规制

纠正外部性引起的市场失灵是社会性规制产生的原因之一，外部性规制包括直接管制和经济约束，其中经济约束又包括税收、产权等方式。

1. 直接管制

政府的直接管制是市场交易的替代方式，处理市场无法解决或市场交易成本很高的环境问题。为了消除大气污染引起的负外部性，政府可通过设计标准、直接投资、制定规划、监督管理、行政处罚等方式进行直接管制。第一，环境标准是行政机关在立法机关授权下，为减少大气污染、保障空气质量，制定和颁发的各种相关规范、指标等总称，包括环境质量标准和污染物排放标准两类主体标准以及方法标准、样品标准、基础标准三类配套标准。环境标准的制定是对生产和生活领域的大气污染行为进行约束、限制、规范的制度安排。第二，环境污染治理投资包括城镇基础设施建设投资、工业污染源治理投资、园林绿化和城市的环境卫生建设投资等。大气污染治理投资的目的是通过投资项目建设，抑制大气污染物排放，提高资源利用效率。第三，有关大气污染的规划主要涉及能源规划、交通规划、绿化规划等，政府依据相关法律法规，通过制定、审批城市建设项目，对资源、空间使用进行管理、约束和限制。第四，监督管理也是政府的直接管制方式。政府对规制对象进行监督、检测，并对检测结果进行研究分析，为政府及其相关部门制定环境政策提供了数据基础，也使规制者在激励和约束下履行责任。第五，行政处罚是对违反环境保护法律、法规或者规章规定的公民、法人或其他组织作出的制裁措施，包括责令警告、责令停产停业、责令重新安装或使用、罚款等形式，以此引导和教育公民、法人或其他组织自觉守法。

2. 庇古税原理

庇古税是最早应对外部不经济的解决方法。1920 年，庇古在《福利经济学》中提出，在外部不经济的条件下，应该向生产者征收相当于边际外部成本的税收；在外部经济条件下，应该给予生产者相当于边际外部收益的补贴，内化外部成本，使边际私人收益等于边际社会收益。第一，污染者付费原则是庇古税原理的应用之一，是指一切向环境排放污染物的污染者必须直接或者间接支付相当于污染治理和污染损害赔偿的费用，使污染者的外部成本内在化，鞭策污染者采取措施控制和预防污染。我国排污费、环境税都是污染者付费原则的表现。第二，矫正性补贴是庇古税原理的另一应用，是指政府向具有正外部效应的厂商，给予相当于边际外部收益的财政补贴，鼓励厂商增加具有正外部性的产品或服务供给；或者，政府向具有负外部性效应却主动减少排污量的厂商，给予相当于这一行为减少的边际外部成本的财政补贴，鼓励厂商通过改进生产工艺、消除污染等措施减少排污量。我国对大气污染防治技术研发具有突出贡献的科技人员及企业发放特殊津贴，对购买节能产品、采购节能技术及设备的厂商进行财政支持均属于矫正性补贴。

3. 产权理论

科斯定理是解决外部不经济的又一方法。1937 年，罗纳德·哈里·科斯（Ronald Harry Coase）在《企业的性质》一文中，提出了“交易费用”的思想，认为产权界定是市场交易的基本前提。1960 年，科斯在《社会成本问题》一文中，运用零交易成本模型和正交易成本模型，提出通过产权界定解决外部性问题。当存在交易费用时，不同的权利初始划分将会产生不同的资源配置结果，因此，政府应该寻求使交易成本最低的产权界定，即通过对污染者和被污染者双方的边际成本和边际收益进行比较、分析、权衡，把产权赋予最终导致社会福利最大化或社会福利损失最小化的一方。排污权交易是产权理论的应用之一，是指为了减少生产过程产生的污染物排放量，国家和政府通过法律法规，界定污染物排放权，规定污染物排放权的分配与交易规则；厂商通过政府分配或向政府购买的方式，无偿或有偿地获得污染物排放权；厂商之间通过市场交易方式买卖污染物排放权。我国实行的二氧化硫排污权有偿使用及交易、氮氧化物有偿使用及交易均是排污权交易在大气污染防治领域的应用。

（二）内部性规制

内部性是指由于信息不完全或信息不对称等原因，交易者所承受或获得在交易合约中未注明的成本或利益。大气污染防治中存在信息不对称和委托代理，信息不对称理论和委托代理理论所提出的“激励相容”和“参与约束”原则，直接导致了环境规制中信息披露和自愿参与等新型环境规制的制度安排出现。

1. 信息不对称理论

1970 年，阿克洛夫（Akerlof）在《次品问题》一文中，首次提出“信息市场”概念，信息不对称是指在经济、社会活动中参与主体信息拥有量不平等的问题，即一方比另一方拥有更多私有信息，使得另一方处于信息劣势的情况。信息不对称分为事前信息不对称和事后信息不对称。其中，事前信息不对称通常是通过隐藏知识产生的，形成逆向选择问题；事后信息不对称通常是通过隐藏行动产生的，导致道德风险问题。

信息不对称理论的提出促使大气污染防治中信息公开的出现。从中央和地方政府角度来看，中央以全体人民利益来制定大气污染防治政策，而地区间经济发展不平衡，地区的大气污染防治具有外溢性，地方政府可能不透露所辖区域真实的大气污染信息，造成中央和地方的信息不对称。从政府和企业角度来看，企业可能在事前隐瞒真实减排能力，在事后隐瞒实际减排能力，政府在缺乏企业真实信息情况下设定的减排标准可能降低减排效率。从政府和公众角度来看，政府作为社会的组织者和管理者，掌握大量、较为全面的信息，而公众获取信息需要花费较大成本并且信息收集相对片面，在大气污染防治政策的制定、执行中难以发挥作用。从企业和公众角度来看，作为生产者的企业比消费者的公众具有信息优势，可以隐藏信息，逃避政府惩罚和公众不信任。

2. 委托代理理论

1973 年，罗斯提出，如果当事人双方，其中代理人一方代表委托人一方的利益行使某些决策权，则代理关系就随之产生。1974 年，莫里斯（Mirrlees）建立标准的委托人—代理人模型，以此来研究非对称信息下的激励模型和监督约束机制。委托代理理论的提出促使大气污染防治中多元治理的出现。在处理大气污染问题时，政府与公民存在委托与代理的关系，公民通过赋予政府处理公共事务的权力，使政府代替其进行大气污染防治工作。由于代理人与委托人可能存在目标差异，因而政府部门的大气污染防治工作可能无法满足公民需求，同时由于非对称信息的存在，公民也很难对政府大气污染防治工作的制定、执行进行监管，从而无法提升政府部门治理大气污染的效率。

三　压力—状态—响应模型（PSR 模型）

压力—状态—响应模型，即 PSR 模型，是 1979 年由加拿大统计学家 David J. Rupport 提出，由国际经济合作与发展组织（OECD）与联合国环境规划署（UNEP）推广使用的用于研究环境问题的框架体系。

PSR 模型由压力、状态、响应三类要素及其作用关系构成。①压力是指人类生产和消费活动对自然环境产生的负担和造成的破坏。压力主要来源于经济增长与社会演进，包括能源、交通、工业、农业及其他人类的生产、消费、贸易活动，是状态指标形成的直接原因，为响应指标提供信息。②状态是指自然环境的变化与形态，是环境质量在模型中的表达。状态表现为大气、水、土壤、野生动植物等自然要素的状态，是压力与响应的综合作用结果，既反映了由压力指标变化而形成的自然状态变化，也反映了环境保护和污染治理的效果。③响应是指人类社会的经济、社会、环境管理部门针对环境污染问题，作出的直接改善自然环境以及调节自身、企业、公众行为的措施，其目的是防止和削弱人类活动对环境造成的负面影响，并尝试修复已经造成的生态破坏，维持人类与自然和谐，经济与环境可持续发展。

PSR模型用“发生了什么”“为什么发生”以及“如何应对”的思维逻辑，描述了环境问题的调控过程和影响机理，可帮助管理者和公众理解自然环境、经济发展和其他问题之间的相互联系，制定可持续发展路径。PSR模型在分析环境问题时具有以下优势。其一，PSR模型易于理解和使用。该模型指出哪些因素在环境保护和污染治理中产生了影响，不论影响是积极还是消极，都不会掩盖环境、经济、社会之间的复杂关系。其二，PSR模型具有灵活性和适用性。该模型可以根据研究需要调整指标，以便解释研究关注的细节和特征。

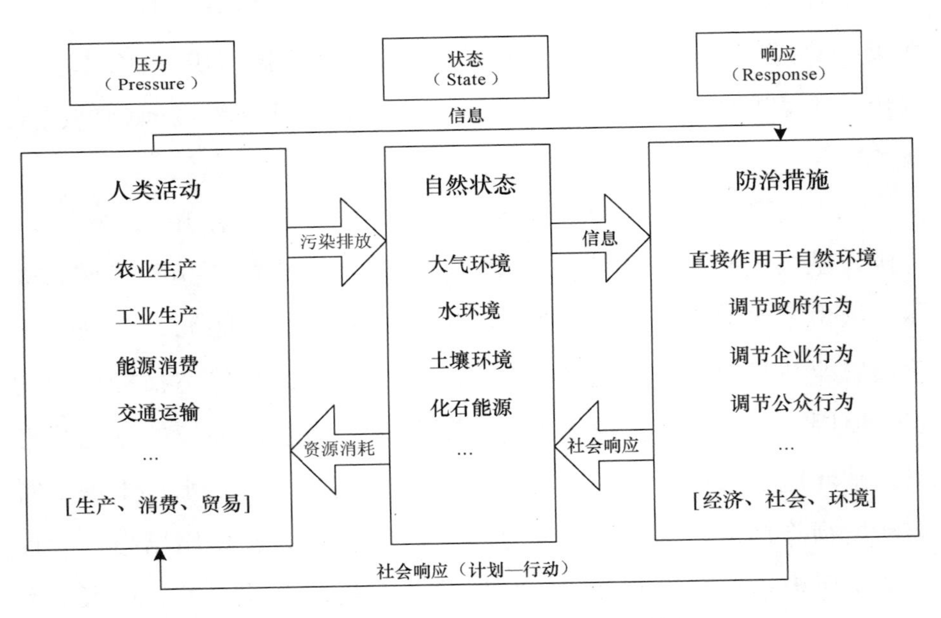

图2-1 压力—状态—响应（PSR）模型

本书将压力、状态、响应分别聚焦到工业化、大气污染和大气污染防治政策，研究大气污染防治效果的影响机理，根据PSR模型可知，大气污染防治效果是工业化造成的环境压力和大气污染防治政策的综合结果。从先行工业化国家不同工业化阶段可以看出，随着工业化要素更迭变化，工业化造成的大气环境压力先升后降、大气污染防治政策从无到有、从弱至强，大气污染防治效果相应改变。

英国随工业化不断推进，大气污染防治政策从无到有、从治理为主到防治结合，大气污染先升后降。18 世纪 60 年代至 19 世纪 70 年代，英国纺织、冶炼工业昌盛，燃煤蒸汽机是其动力来源。由于当时的燃烧技术落后，不能充分燃烧的煤炭产生大量煤烟。而这一时期没有治理大气污染的相关政策，虽有民众抱怨，但是对煤炭的需求阻碍了污染治理的萌芽，甚至还出现“煤炭有益健康”的论调。19 世纪 70 年代至 20 世纪 50 年代，战争经济推动了化工业迅猛发展。煤炭消耗进一步增大，制碱业在生产过程中产生盐酸和硫酸钙，致使制碱厂下风口数英里树木枯萎、农作物凋零减产，产生的硫化氢致使臭气弥漫。这一时期，“煤炭有益健康”的观念开始转变，学者、作家呼吁治理大气污染、保护劳动者生命健康。虽有零星的大气污染治理措施，但是 1952 年冬伦敦还是爆发了毒雾惨案，死亡、致病情况严峻。20 世纪 50 年代至 70 年代，英国在《清洁空气法案》（Clean Air Acts）指导下，在生产方面，通过严格排放标准、增加罚款金额、强制工业企业安装除尘净化设备、补偿企业搬迁等措施减少工业废气污染；在生活方面，禁止居民使用以烟煤为燃料的老式锅炉、补贴家庭锅炉改造升级等措施减少生活燃煤废气排放。但是，内燃机的发明，推动了汽车、远洋轮船、飞机的迅速发展，虽然该阶段工业废气排放大幅减少，但是汽车尾气逐步成为大气污染的重要诱因。20 世纪 70 年代后，英国电力公司通过推动燃煤机组改造、促进清洁能源发展，不断优化能源结构，天然气与核能从 1965 年的 0.37%、1.73% 分别增长到 2015 年的 32.13%、8.33%。同时，英国通过扩大交通管制区域，完善公共交通系统，应用财政补贴、税收优惠、停车费改革、收缴交通拥堵费等措施鼓励市民公共出行，有效减少了大气污染。

美国在“光化学烟雾”事件后，先出现治理大气污染的命令型政策工具，后出现促进预防与治理的经济刺激手段，大气污染随工业化进程先升后降。19 世纪初期至 19 世纪中叶，工业革命由欧洲传入美国，迅速席卷美国北部，制造业、毛纺生产迅速扩张；而美国南部仍保持以棉花种植为主的农业经济，大气污染问题并不突出。南北战争后至20 世纪初，钢铁行业、能源行业等基础工业迅速发展，工业化全面推进，1880 年超越英国成为世界第一号工业强国。这一时期，以经济发展为首要任务的美国，大量固态、液态和气态的废物任意排放，导致了严重的大气污染，纽约、匹兹堡、芝加哥等城市制定了烟气消解的相关规定，配合《妨害法》通过诉讼解决了一小部分大气污染问题。20 世纪初至 70 年代，美国的汽车产业繁盛，1940 年就拥有 250 万辆汽车和大量炼油厂、供油站，大量汽车尾气中的碳氢化合物与空气中其他成分在阳光的作用下发生化学作用，产生包括臭氧、氮氧化物、醛、酮、过氧化物等有毒气体；同时，二战期间，大量工厂为美国军队提供军备，能源消耗、大气污染排放巨大，1943—1955 年多次发生“光化学烟雾”公害。1952 年俄勒冈州成立了第一个全美大气管理的州机构，1955 年美国颁布第一部联邦《大气污染控制法》，经过多次修订，1970 年更名为《清洁空气法扩展》，主要通过制定、规范排放标准，加强大气环境质量检测等命令控制型政策工具来治理大气污染。20 世纪 70 年代以后，美国制造业的增长速度开始放缓，到了 90 年代，美国工业产值占比缩减到 24. 5% ，制造业就业人数占比更是出现断崖式下跌至9.81%。《国家环境法》《清洁空气法》（修正案）等一系列政策扩展了经济刺激手段，加入清洁能源计划等源头防治措施。1970—1990年，有毒空气污染物排放减少了70%，二氧化硫排放量也一直控制在法定排放量以下。

日本的工业化晚于西方发达国家，大气污染物随工业化发展由“黑”变“白”，大气污染防治政策体系逐步完善，从事后治理向事前预防发展，从政府管制向广泛社会参与变革，污染总量整体先升后降。19世纪70年代至20世纪初，日本经受了来自采矿业带来的烟尘公害。足尾、别子、日立和小坂这四大矿山的矿毒和烟害严重，公众组织抗议运动，但是政府为了推动工业化，打压公众的抗议运动，大气污染逐步严重。20世纪初至40年代末，为向两次世界大战提供军事装备，重化工行业迅速发展，占比快速提高。大阪成为“烟之都”，首都圈的东京、横滨和川崎等也同样出现了严重的煤尘和煤烟问题。20世纪50年代至70年代，日本采矿业陷入停顿，“黑烟”问题得以缓解，但是战后经济恢复时期，石化产业的迅速发展，“白烟”问题逐步凸显，20世纪60年代，煤尘、恶臭、刺鼻等问题严重。这段时期，虽然日本致力于摆脱公害大国形象，出台了《公害对策基本法》（1967）治理大气公害，但是大气污染依旧十分严重。20世纪70年代至80年代，世界经济遭到两次石油危机的重创后，日本开始加速调整产业结构，大量消费石油的重化工业沦为了“结构性萧条行业”，大气污染开始减少。20世纪90年代之后，日本经济进入全球化阶段，开始全球资源配置。该时期，日本政府先后颁布《汽车氮氧化物法》（1992）、《环境基本法》（1993）、《汽车氮氧化物和颗粒物法》（2001）等政策，对空气污染源进行严格控制，同时也注重民间公害诉讼制度的完善，动员社会广泛参与，空气质量明显好转。

以上先行工业化国家的发展进程证实了 PSR 模型的应用性和适用性。该模型可从工业化的视角，研究大气污染防治效果的影响机理，具体包括：以大气污染状态描述分析大气污染防治效果；从各工业化要素剖析工业化对大气污染的影响；从直接作用和间接作用研究大气污染防治政策的作用，其中间接作用是指大气污染防治政策通过调节工业化压力（工业化各要素）对大气污染产生的影响。具体压力（P）、状态（S）、响应（R）的聚焦过程，即工业化压力、大气污染防治效果、大气污染防治政策是什么以及怎样相互影响在本章第二节、第三节、第四节展现。

第二节　大气污染防治效果

大气污染是指空气中某些物质含量升高，超过生态系统调节阈值，对包括人类在内的生命体造成危害或风险的环境状态。大气污染的来源包括人类活动和自然变化，其中人类活动是大气污染的主要来源，也是改善空气质量的关键。人类活动包括燃料燃烧、工业生产、交通运输等，排放的污染物包括二氧化碳、二氧化硫、氮氧化物、烟尘、铅的化合物等。自然变化包括火山喷发、森林火灾、自然尘等，排放的污染物包括硫化氢、二氧化碳、二氧化氮、萜烯类碳氢化合物、硫酸盐等。人类活动、自然变化产生的大气污染物排放到空气中，通过物理降尘、生物分解、化学反应等环境自净过程从空气中消除。当大气污染物排放量超过环境自净能力上限时，大气污染物逐步累积，对生物体造成急性、慢性的影响。

大气污染防治效果直观表现为大气污染状态。大气污染状态原指特定时间阶段的空气状态和空气质量变化情况，由大气污染物的浓度、空气质量超标等指标表示，是由多种要素影响的、因时间地点不同的复杂现象。但是，由于我国污染物浓度指标的指标选定、测度方法、测度标准先后在《环境质量标准》（GB 3095—1996）、《环境质量标准（GB 3095—1996）修改单》（环发〔2000〕1 号）、《环境质量标准》（GB 3095—2012）中产生变化，导致反映空气质量的指标连续性、可比性较低，因此，大气污染物排放量是我国相关研究的常用测度指标，尤其在研究人类活动对大气污染影响中被频繁使用。

本书基于以上考虑，将大气污染防治效果聚焦到空气质量、大气污染物排放量两个方面，以具有可比性的近期空气质量数据描述我国大气污染防治效果产生的直观效果；以长期的工业废气排放量分析大气污染防治效果的影响机理，包括工业化压力对大气污染的影响以及大气污染防治政策对大气污染的作用。

第三节　大气污染的工业化压力与影响机理

一　大气污染的工业化压力（Pi）

从国际、国内的大气污染历程来看，大气污染主要源于工业化进程中的粗放式发展。因此，本书将压力聚焦到工业化，研究工业化压力对大气污染状态的影响。本书根据张思锋教授提出的“工业经济发展阶段理论”，从“生产什么”“怎样生产”“为谁生产”“生产多少”四个经济学基本问题剖析工业化压力，其中“生产什么”“怎样生产”“为谁生产”表现为影响大气污染状态的要素，“生产多少”表现为影响大气污染状态的总量。

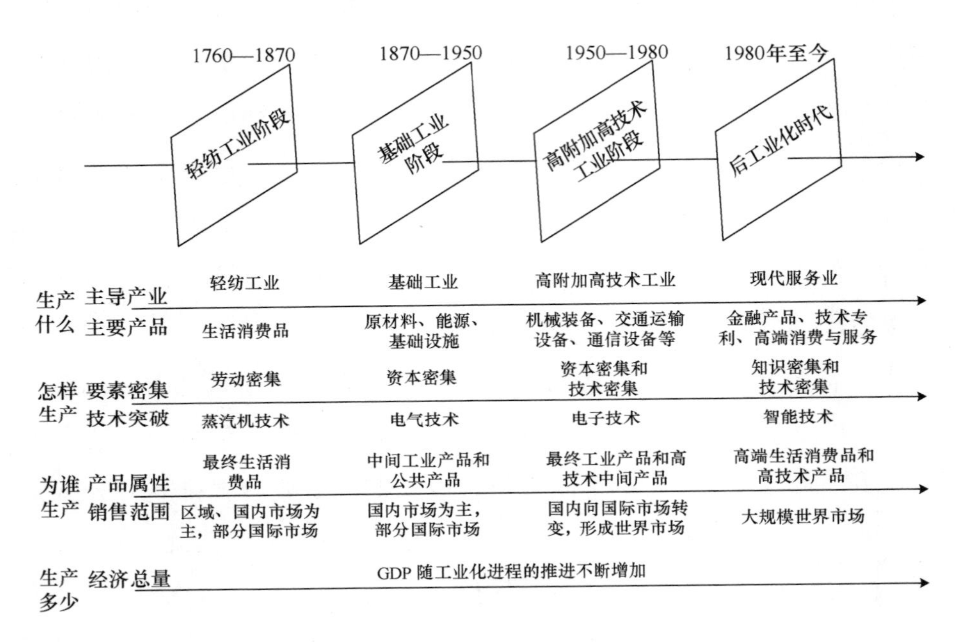

图2-2　工业经济发展阶段理论概述

工业经济发展阶段理论是基于发达国家工业经济发展进程，对工业阶段的划分与特征总结。该理论将工业经济发展分为轻纺工业阶段、基础工业阶段、高附加高技术工业阶段和后工业化时代四个阶段，其中，轻纺工业主要包括：农副食品加工业、纺织业、家具制造业、造纸及纸制品业、化学纤维制造业、橡胶制品业、塑料制品业等行业；基础工业主要包括：煤炭开采洗选业，化学原料及化学制品制造业，黑色金属冶炼及压延加工业，电力、热力的生产和供应业等，大多是高耗能、高污染、高排放的行业；高附加高技术工业主要包括通用设备制造业，专用设备制造业，交通运输设备制造业，电气机械及器材制造业，通信设备、计算机及其他电子设备制造业等，主要是具有高新技术、高附加值的装备制造业。

从“生产什么”来看，工业化表现为主导产业与产品的变更。工业化第一阶段的主导产业是轻纺工业，产品主要为棉毛制品、肥皂、纸等生活消费品；第二阶段的主导产业为基础工业和基础设施建设，产品主要为钢铁、火电、公路铁路等原材料、能源、基础设施；第三阶段的主导产业为装备制造业；产品主要为电气、化工等机械装备，汽车、飞机等交通运输设备，程控交换机、信号塔等通信设备；第四阶段的主导产业为现代服务业，金融产品、技术专利、高端消费与服务成为最富该时代特征的产品。主导产业的变更体现为产业结构的不同，每一阶段不同的产业结构对大气环境产生了不同影响；机动车辆是影响大气环境的主要产品，各阶段机动车数量与结构的变化对大气环境产生了不同影响。

从“怎样生产”来看，工业化表现为生产要素和技术使用情况的转变。工业化第一阶段，珍妮纺纱机推动了机器的使用，蒸汽机技术提高了机器生产的效率，具有劳动密集型特征。工业化第二阶段，内燃机的发明和电力的广泛应用，使动力可以异地传输，促进了机器大生产的升级，引发了电力、化工、钢铁等大工业的出现，具有资本密集型特征。工业化第三阶段，电子信息、新能源、新材料、生物、空间等高新技术不断涌现，技术与资本双密集进一步增加了工业的附加值，具有资本和技术密集型特征。工业化第四阶段，互联网技术与智能制造是后工业时代生产技术的标志，具有知识和技术密集型特征。生产要素和技术使用情况的转变体现为能源消费和技术水平的不同，每一阶段不同的能源消费和技术水平对大气环境产生了不同的影响。

从“为谁生产”来看，工业化表现为产品属性和销售范围的变化。工业化第一阶段，产品以满足居民生活消费的最终产品为主；销售地主要是区域市场、国内市场和部分国际市场；资本投入大，周转速度慢，利润率低。工业化第二阶段，产品以满足生产需求和公共建设的中间产品和公共产品为主；销售地主要为国内市场。工业化第三阶段，产品主要是以满足生产需要的最终产品；销售地从国内市场走向国际市场，形成大规模世界市场；技术含量高、附加值高。工业化第四阶段，产品是全方位满足生活消费和生产消费的最终产品和中间产品；区域市场、国内市场、国际市场、世界市场互相交织、互相依赖，合作与竞争并存；产品和服务呈现高附加值、高盈利率、高杠杆特征。产品属性和销售范围的变化体现为对外贸易的不同，每一阶段不同的对外贸易情况对大气环境产生了不同的影响。

从“生产多少”来看，工业化总体表现经济总量的不断提升。工业化第一阶段蒸汽机时代的机器大生产提高了劳动生产率，增加了产品总量；第二阶段“电气时代”大工业生产效率的飞跃，再一次扩张了生产总量；第三阶段经济总量随产品附加值的提升再一次飞跃；第四阶段经济总量稳步提升，GDP 增长率趋于平稳。根据环境库兹涅茨曲线，环境污染与经济总量呈倒 U 形关系，即随着经济增长环境污染先增加后减少，因此大气污染在轻纺工业、基础工业、高附加高技术工业、后工业四个时期分别呈现较高、高、较低、低的状态。

综上所述，工业化是以现代化机械生产代替手工操作为特征，由轻纺工业向基础工业，再向高技术高附加值工业，最后向去工业化的经济增长过程转变，包含产业结构、主要产品、能源消费、技术水平等要素的变化。因此，本书以代表经济总量的人均 GDP 作为工业化的总量指标，分析工业化进程与大气污染程度的整体趋势；从产业结构、主要产品、能源消费、技术水平等方面构建要素指标，寻找对大气环境产生压力、影响大气污染防治效果的关键工业化要素。

二　工业化对大气污染的影响机理（Pi-S）

（一）工业化进程与大气污染程度的相关性

根据钱纳里工业化阶段理论，工业化进程依据人均 GDP 可分为多个阶段，因此，以一个指标表示工业化进程，通常选用人均 GDP 这一总量指标。进而，工业化进程与大气污染的相关性，可用人均 GDP 与大气污染程度的关联程度表示。

环境库兹涅茨曲线（EKC）是研究经济与环境总量关系的经典假设，是指环境质量与人均收入呈现倒 U 形关系，即在人均收入较低时，环境质量随着收入增加而不断下降，当收入水平达到一定水平后，环境质量随着收入增加逐步改善。1992 年，Grossman 和 Krueger 首次提出了环境质量与人均收入的倒 U 形关系假设，并进行了实证检验。1997 年，Panayotou 在检验这一假设时，借鉴 1955 年库兹涅茨对人均收入与收入不均等之间关系的描述，将环境质量与人均收入间的关系称为环境库兹涅茨曲线（EKC）。

国内外对各领域各时段的环境库兹涅茨曲线（EKC）进行了反复验证，其中不乏大气污染与人均 GDP 的倒 U 形关系检验。国内外大多研究验证了倒 U 形关系的存在，但由于应用不同国家或地区、不同变量、不同时间跨度、不同模型得出的结论存在不同，本书借鉴环境库兹涅茨曲线假设，对工业化进程（以人均 GDP 表示）与大气污染程度的倒 U 形关系进行再次验证，所选数据为我国 1983—2015 年的全国总量数据。

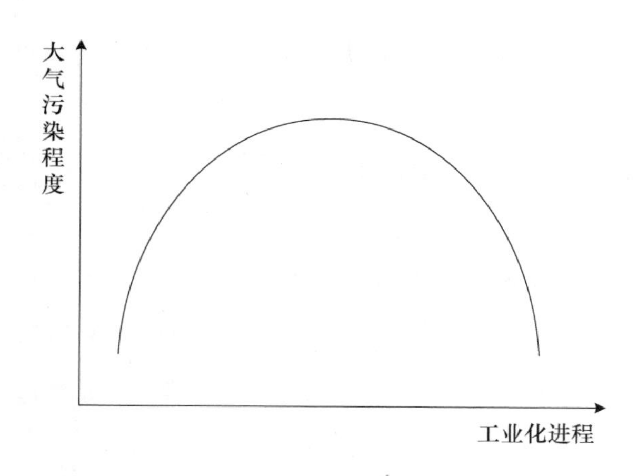

图2－3 工业化进程与大气污染程度的倒U形关系假设

（二）工业化要素对大气污染的影响

根据上文分析，工业化进程与大气污染程度可能呈现倒U形关系，而这一关系的形成，是工业化要素综合影响的结果。结合大气污染的相关研究，从“生产什么”角度看，产业结构、机动车辆影响大气污染；从“怎样生产”角度看，能源消费、技术水平影响大气污染；从“为谁生产”角度看，对外贸易影响大气污染。

1. 产业结构对大气污染的影响

随着工业化不断推进，产业结构发生改变。结构变动假说认为EKC的产生源于经济发展导致的产业结构变化，即从低污染农业转向高污染工业，再向低污染服务业的转变，Laitner、Cleveland、Marsiglio等众多学者对这一假说进行了实证检验。产业结构的变化一方面表现在二次产业占比先升后降，另一方面表现在工业内部从轻纺工业向基础工业、高技术高附加值工业转变。①三次产业更替影响大气污染。DeGroot构建一般均衡模型发现，第二产业占比下降、第三产业占比上升能够带来短期内污染排放的下降。Oosterhaven和Broersma

将荷兰 1990—2001 年劳动生产率的区域差异分解为部门结构、集群经济及其他效应，其中部门结构效应解释了四分之一的劳动生产水平以及增长率的差异。曹慧丰基于河北省 1995—2013 年的时间序列数据构建 VAR 模型，得出短期内产业结构升级会造成大气污染，长期内由于工业占比的下降会减少大气污染。②工业内部结构影响大气污染。Zhang 认为中国 1991—1997 年 CO_2 排放量的快速增长源于重型工业化策略。李瑞、蔡军认为重工业占比过高是导致河北雾霾形成的原因之一。宋晓梅、徐剑琦认为煤炭开采与洗选，化学原料及制造、黑色金属冶炼、电力热力生产与供应等高耗能行业占比高是京津冀大气污染的重要原因。Vennemo 和 Aunan 认为造成中国大气污染的根本原因在于依赖煤炭和重工业的经济发展模式，效率低下的家用炉灶和田间露天焚烧造成的持续排放。

2. 机动车辆对大气污染的影响

随着工业化不断推进，机动车辆逐渐增多。一方面，机动车辆的增加是工业经济总量扩张的表征，影响大气污染固定源排放；另一方面，机动车辆增加带来的尾气污染，逐步与固定污染源并列成为关键的人为污染源。机动车尾气成分复杂，主要包括一氧化碳、二氧化硫、二氧化氮、碳氢化物、烟尘微粒等。Walsh、Mensink、李思寰等众多学者分析了机动车尾气中污染物的排放趋势及对大气环境造成的影响。Shrestha 和 Malla 基于 1993 年和 2013 年尼泊尔加德满都谷地的能源使用模式和大气污染排放的相关数据分析，得出运输部门对大气污染物贡献最大的结论。张生玲等基于我国 288 个城市 2015—2017 年的 AQI 月数据，得出汽车保有量的增加对雾霾具有显著的促进作用。吴建南等应用中国 2013 年 112 个城市的相关数据，得出机动车保有量与 PM 2. 5 浓度显著正相关的结论。值得注意的是，庞大的机动车数量是大气污染的重要来源，但是作为大气污染防治的调节对象，其数量的减少并非减少大气污染的主要措施。减少机动车尾气排放主要通过两种方式，其一，车辆限行，即减少单位时间单位面积的车行数量；其二，通过推广新能源汽车、改进燃油效率、提高尾气净化率等方式，改善机动车辆结构。

3. 能源消费对大气污染的影响

随着工业化不断推进，能源消费不断转变，能源消费显著影响大气污染。能源消费的改变，一方面表现为能源消费强度的先升后降，另一方面表现在能源消费结构的去煤炭化。①能源消费强度越大，大气污染越严重。Kaygusuz 分析得出能源消费的增加促进了土耳其的碳氧化物排放。杨旭等基于1978—2007 年我国人均用油当量、人均 CO_2 排放量数据，通过构建 VECM 模型，分析得出能源消费总量的增长是造成大气污染的根本原因。李力、洪雪飞基于空间环境库兹涅茨曲线理论探讨了经济发展约束下能源强度对大气环境的影响，研究结果显示能源消费强度促进碳排放。②高碳能源消费结构是大气污染的重要原因。Rafindadi 等基于 1975—2010 年亚太国家的相关数据，研究了大气污染、化石燃料消耗的关系，发现化石燃料消耗是大气污染的主要诱因。邵帅等从空间溢出效应的视角指出中国以煤为主的能源结构促使大气污染加剧。李世奇通过投入产出分析，认为化石能源是造成大气污染的重要原因，上海市各行业大气污染的减排效应源于清洁能源消费的大幅增加。

4. 技术水平对大气污染的影响

随着工业化不断推进，技术不断更迭，技术创新是解决大气污染的关键。影响大气污染的技术水平表现在劳动技术和清洁技术两个方面。①劳动技术对大气污染的影响，存在两种不同的研究结论。第一，劳动技术与大气污染正相关。Broker和Taylor通过构建绿色SOLOW模型得出商品生产的技术进步会产生规模效应从而增加污染物的排放。张纳军认为产出水平是显著加剧我国人均温室气体排放水平增长的主导因素。第二，劳动技术与大气污染负相关。李斌、赵新华以单位总产值的污染生产量为指标，认为劳动技术进步对减少工业污染排放的效果显著。②清洁技术水平是指有利于大气污染固定源和移动源减排的相关技术，是促进环境质量改善的重要因素。Zaim通过构建OECD国家环境与经济增长的面板效应模型得出，环境R&D在GDP中的占比越高，环境效率越高。Smulders等认为清洁技术的传播和应用会减少污染排放。韩超和胡浩然基于中国2002—2011年的行业数据测算得出技术进步对行业节能减排具有促进作用。

5. 对外贸易对大气污染的影响

随着工业化不断推进，对外贸易不断扩张，但是对外贸易对于东道国的环境污染是起到促进还是抑制作用尚没有确切定论。①一部分学者认为对外贸易增加东道国的大气污染。“污染天堂”假说认为，发达国家的企业为降低本国较高环保标准所带来的成本与费用，往往将污染产业或夕阳产业转移到环境规制标准与治污成本相对较低的发展中国家，从而显著恶化了东道国的大气环境。Dean等发现，由于以中国为代表的发展中国家往往具有较低的环境标准和环境管制水平，因而进出口贸易使其成为发达国家的“污染天堂”。Shahbaz等选取110个发达国家和发展中国家，应用其1952—2006年的数据分析外商直接投资与碳排放之间的关系，发现人均外商直接投资与碳排放总量呈现正向相关。②另一部分学者认为对外贸易减少东道国的大气污染。“污染光环”假说认为，一方面，外商带来的技术、产品有利于东道国技术水平的提升；另一方面，东道国为了增强市场竞争力和吸引力，逐步提高清洁、绿色的生产能力。Grimes 和 Kentor 选取 1980—1996 年 66 个发展中国家，通过构建碳排放库兹涅茨曲线模型分析外商直接投资对碳排放的影响，发现外商直接投资能够显著减少碳排放。Erdogan 和 Ayse 通过分析生产率对环境质量影响的国际化差异，发现自由贸易有助于 OECD 国家降低污染水平。

无论东道国成为“污染天堂”还是享受“污染光环”，对外贸易均是通过中介要素对环境状态产生影响。Grossman 和 Krueger 最早提出对外贸易通过规模、结构、技术效应影响环境污染水平，Copeland 和 Taylor 也支持这一观点。对外贸易的规模、结构、技术效应是指，对外贸易带来的经济活动扩张导致了更多的有害污染物排放；对外贸易使东道国具有比较优势的部门快速增长，如果比较优势由环境规制的差异引起，那么会导致环境损害；对外贸易能够引进先进技术，也可通过提高居民的环境需求促使政府制定更严格的规制，进而促进企业研发、使用低能耗、低污染的技术。由于规模效应反映的是经济活动的整体变化，是多种经济要素的综合结果，因而，对外贸易的结构与技术效应更受关注。Perkins 和 Neumayer 应用 1980—2000 年 114 个国家的相关数据分析，得出外商直接投资通过技术传导的正向溢出效应提升东道国环境质量的结论。张磊等研究了 2000—2014 年 55 个国家的外商直接投资（FDI）与污染的关系发现，空气质量较高的国家和发达国家的 FDI 结构效应不显著，技术效应减轻了雾霾污染；空气质量较低的国家和发展中国家的 FDI 结构效应加重了雾霾污染，技术效应不显著。

综合以上分析，工业化对大气污染的压力，即工业化对大气污染的影响机理如图 2—4 所示。根据工业经济发展阶段理论、大气污染 EKC 曲线的理论与实证研究，工业化进程以经济总量表示，与大气污染呈现倒U形曲线关系；与大气污染相关的工业化要素包括产业结构、机动车辆、能源消费、技术水平、对外贸易。第二产业与基础工业占比越高、机动车数量越多、能源消费强度、煤炭消费占比越大，则大气污染越严重；清洁车辆占比与清洁技术水平越高，则大气污染越少；劳动技术水平、进出口总额对大气污染的影响不确定。工业化要素中，对外贸易还影响产业结构、能源消费、技术水平。

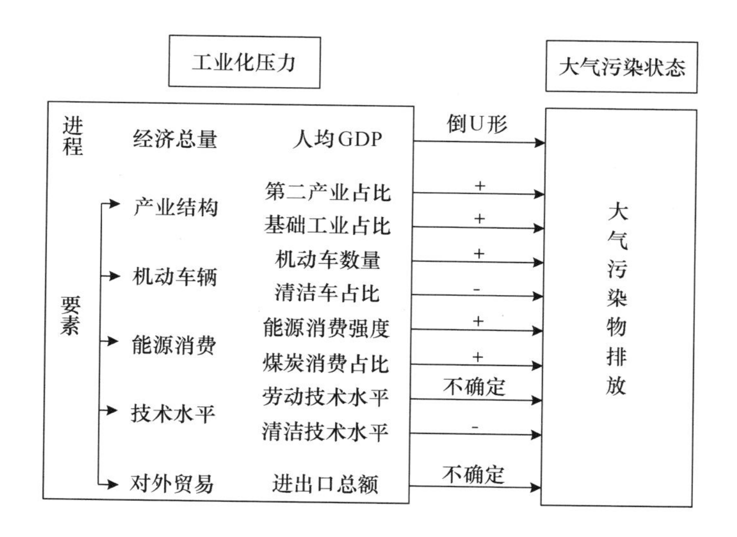

图2-4 工业化对大气污染的影响机理

注："+"表示正向影响，"-"表示负向影响。

第四节 大气污染的防治政策响应与作用机理

一 大气污染的防治政策响应（R）

为应对工业化带来的大气污染问题，我国出台了一系列大气污染防治政策进行响应。政策是国家、政党、其他社会组织为了实现总体的、局部的或单一的组织目标，制定的对组织成员具有约束功能与激励效应的一般步骤和具体措施。大气污染防治政策是指为预防和治理大气污染而制定的有关法规、技术、经济和行政管理制度等组成的措施体系，是政府为了平衡经济、社会发展与大气环境保护出台的调控企业生产行为、公众消费行为的干预办法。

由于政策工具是政策实现的操作化载体，本书将响应进一步聚焦到大气污染防治政策工具，研究大气污染防治政策工具对大气污染的作用。当前，国内外学者对政策工具的内涵与外延未形成一致表述。根据欧文·休斯、迈克尔·豪利特、张成福等学者对政策工具的内涵界定以及麦克唐纳尔、霍莱特、罗伊等学者对政策工具的外延界定，环境政策工具是指，为达成环境保护目标所采取的一系列具体手段与措施，是将目标转化为具体行动的路径和机制，其分类方法包括二分法、三分法、四分法、五分法，其中，二分法是将政策工具分为命令控制型和市场型政策工具；三分法是将环境政策工具分为直接管制、市场机制和劝说手段，是最常用的环境政策工具分类方式；四分法是将三分法中的市场机制工具又进一步分为利用市场和创建市场两种工具；五分法是将环境政策工具划分为法律、行政、经济、技术和宣传教育政策工具。

因此，大气污染防治的政策工具是为达成大气污染防治目标所采取的一系列具体手段与措施，可划分为命令型、市场型和引导型政策工具三类。①命令型工具具有外源性特征，是指作用对象在环境目标选择或达成目标的技术手段上无法作出自由选择的措施，包括污染物排放标准、技术标准、“三同时”制度、环境影响评价、污染总量控制、环境行政处罚、机动车限行等。②市场型工具具有内生性特征，主要是指通过市场信号刺激作用对象动机及其行为的措施，包括利用市场和创建市场，包括财税政策、生态补偿、环境价格、排污权有偿使用、绿色金融、绿色贸易等。③引导型工具是指通过非强制手段改变作用对象的决策观念和优先级，使其主动采取环保行为的措施，包括公民参与、技术引导、环境标识、信息舆论、协商规劝、道德说教等。其中，引导多元主体参与的政策工具能够减少大气污染防治中的信息不对称。值得注意的是，引导型政策工具对于不同主体具有不同特征，以引导公众通过环境投诉监督企业排污行为为例，对于公众来说，该政策具有内生性特征；对于企业来说，该政策具有外源性特征。“外源性”是指迫使行为主体被动调整自身行为的外源推力，“内生性”是指驱动行为主体主动改变自身行为的内生动力。

二　大气污染防治政策对大气污染的作用机理（R-S，R-Pi-S）

大气污染防治政策能够直接影响大气污染程度，也能通过调整工业化要素减少大气污染，即大气污染防治政策对大气污染具有直接作用，同时大气污染防治政策通过工业化要素对大气污染具有间接作用。

（一）大气污染防治政策对大气污染的直接作用（R-S）

大气污染防治政策可直接作用于大气污染物排放、增强空气自净能力，减少污染伤害。①环境行政处罚是直接作用于大气污染物排放的政策工具，是对违反环境保护法律、法规或者规章规定的公民、法人或者其他组织执行的强制措施，包括责令停产整顿，责令停产、停业、关闭，暂扣、吊销许可证或者其他许可证件等处罚措施，能够及时纠正当事人的违法行为，减少大气污染物排放。②环境污染治理投资中的城市环境基础设施投资是直接作用于大气污染物排放、增强空气自净能力的政策工具。一方面，集中供热、燃气等城建设施能够提高能源使用效率，有效减少大气污染物排放；另一方面，绿道、湿地、雨水花园、乡土植被等绿色基础设施能够改善生态环境，加快大气污染物消解。

（二）大气污染防治政策对大气污染的间接作用（R-Pi-S）

1. 通过调整产业结构影响大气污染

大气污染防治政策通过影响企业进入、退出、投资、转移，调节产业结构，影响大气污染。①大气污染防治政策通过禁止企业进入高能耗、高污染、高排放生产领域，提高其他领域企业进入的清洁水平要求（采用清洁技术或配备污染治理设施等），从而防止新增污染产能。②大气污染防治政策通过直接对不符合环保要求的企业进行限产、停产、取缔，增加企业治污成本，使技术落后、产品缺乏竞争力、管理经营不善的企业自然淘汰，从而减少落后产能。③大气污染防治政策影响企业投资。一方面，大气污染防治政策约束企业，禁止其向高能耗、高污染、高排放项目追加投资；另一方面，大气污染防治政策激励企业，使其将资金投向清洁技术研发和绿色产品开发，获取利润补偿。④大气污染防治政策使减排成本高的企业从城中向郊区转移，从政策强度高的地区向政策强度低的地区转移。但值得注意的是，企业转出地虽然因产业结构清洁化减少了大气污染物排放，但是企业转移并不会减少转出地与转入地大气污染物排放量的总和，因而需要联防联治政策进行区域合作，并将产业结构的调整重心放在前三个方面，尤其是对经济增长依赖污染密集行业的区域。

2. 通过调整机动车辆影响大气污染

机动车尾气已成为我国大气污染的重要来源。大气污染防治政策通过增加绿色供给、引导绿色消费减缓机动车辆对大气环境形成的压力。①大气污染防治政策增加机动车辆绿色供给的作用对象包括汽车制造企业、公共事业部门等，主要措施包括促进新能源汽车的研发与生产、提升汽车燃油利用效率、优化道路、完善公共交通等。大气污染防治政策通过促进汽车制造企业生产清洁尾气排放的汽车，促进公共部门优化城市交通系统，为消费者提供绿色消费的可能，降低道路拥堵、汽车怠速的出现频率，进而减少大气污染。②大气污染防治政策引导机动车辆绿色消费的作用对象为公众，主要措施包括限制购买、限制通行、淘汰黄标车、推广新能源汽车等。大气污染防治政策通过摇号等方式减缓机动车数量的增加，通过限行的方式减少汽车拥堵，通过淘汰黄标车、补贴新能源汽车购买增加清洁车比例，从而减少大气污染。

3. 通过调整能源消费影响大气污染

大气污染防治政策通过影响企业生产成本，调整能源供给结构影响大气污染排放。①大气污染防治政策通过内化环境成本，实现能源消费的外部性补偿，构成能源开采和消耗的完全成本来实现优化配置。即通过一系列政策和措施，如征收能源费等，将生产过程中产生的环境负外部性内在化，增加生产运营成本，从而促使企业降低能源消耗量或提升能源效率。能源效率的提升，能够减少单位产出的能源消耗，进而在产量不变的情况下降低能源消费强度，减少大气污染物的产生总量。②大气污染防治政策通过提高煤炭、燃油品质，提高燃烧效率，减少污染排放；通过促进清洁能源和新能源发展调整能源供应结构，引导厂商、民众改变能源消费需求，改变高碳的用能结构，减少大气污染。

4. 通过调整技术水平影响大气污染

大气污染防治政策造成了企业治污成本上升，从而影响企业技术投资策略。一方面，增加的治污成本可能挤占了企业的研发支出，企业通过降低技术投入、扩大生产规模弥补损失；另一方面，增加的治污成本可能促进企业技术革新，企业通过提高技术水平获取更大的收益。①根据传统经济学中“遵循成本效应”理论，大气污染防治政策造成的成本上升使得企业竞争力下降，企业为了弥补该部分损失，可能减少技术研发资金，扩大生产规模，增加大气污染物的排放。②根据迈克尔·波特（Michael Porter）提出的“创新补偿效应”（也称“波特假说”），大气污染防治政策可能激发企业的创新活力，大气污染防治政策造成的成本上升使得企业应用现有技术无法维系原有的利润水平，在利润最大化的驱动下，为应对增加的生产成本，企业通过环保技术革新和生产技术升级提高生产效率，保持市场竞争力，并产生更大的收益。但值得注意的是，由于技术创新的周期长、正外部性强、溢出可能性大，因而企业在受到成本压力时，中小企业更有可能选择降低技术创新投入，而大企业往往因为资金充足、减排成本较低，反而增加了其技术创新的动力。

5. 通过与对外贸易交互影响大气污染

大气污染防治政策与对外贸易相互影响。①大气污染防治政策影响东道国的外商投资与产品出口，其作用可能为负向也可能为正向。根据“污染天堂”假说，防治政策的强度越大，产品生产成本越高，吸引外商直接投资的能力越弱；在其他条件相同的情况下，产品在国际市场竞争中缺乏比较优势，从而导致出口下降。根据“污染光环”假设，东道国大气污染防治政策的强度越大，越会鼓励环境友好型的外商投资，激励本国企业技术和管理创新，提高产品的竞争力，增加出口。②对外贸易影响东道国的大气污染防治政策，其作用可能为负向也可能为正向。根据“向底线赛跑”假说，为了增加对外商投资的吸引力、提高出口产品的竞争力和贸易量，地区会降低环境质量标准以维持或增强竞争力。但也有研究不支持“向底线赛跑”理论，即为了增加对外商投资的吸引力、提高出口产品的竞争力和贸易量，地区不会改变政策强度，甚至会出台更严格的防治政策。

大气污染防治政策与对外贸易的交互作用可能通过影响产业结构、能源消费、技术水平对大气污染产生影响。①防治政策与对外贸易的交互作用可能改变东道国的产品出口，进而影响产业结构，影响大气污染。中国加入 WTO 前，环境政策影响中国制造业出口，进而影响国内制造业结构，使中国成为发达国家的“污染避难所”；当加入 WTO 后，环境政策对中国制造业出口的影响减弱，“污染避难所”效应减弱。② 防治政策与对外贸易的交互作用可能改变东道国的生产规模与产品结构，进而影响能源消费，影响大气污染。“向底线赛跑”的环境规制可能促进外商投资，进而增加东道国的生产规模，增加能源消费总量；环境要求不断提升的国际市场可能促进清洁能源、绿色产品的开发与出口，调节能源开采与使用结构。③防治政策与对外贸易的交互作用可能改变东道国的生产策略，进而影响技术革新，影响大气污染。贸易协定，特别是减少环境产品贸易壁垒的政策，可以降低各国获得绿色技术的成本、加强各国政府处理环境问题的能力，例如 TPP 协议可能通过提供绿色产品、服务、投资，帮助发展中国家向清洁工业和低碳生产转型。

综上所述，大气污染的政策响应（即大气污染防治政策）对大气污染的作用机理如图 2 －5 所示。大气污染防治政策通过环境行政处罚、污染治理投资等措施对大气污染产生直接影响。大气污染防治政策还通过产业结构、机动车辆、能源消费、技术水平间接影响大气污染防治效果；并与对外贸易形成交互作用，共同影响产业结构、能源消费、技术水平，间接影响大气污染防治效果。

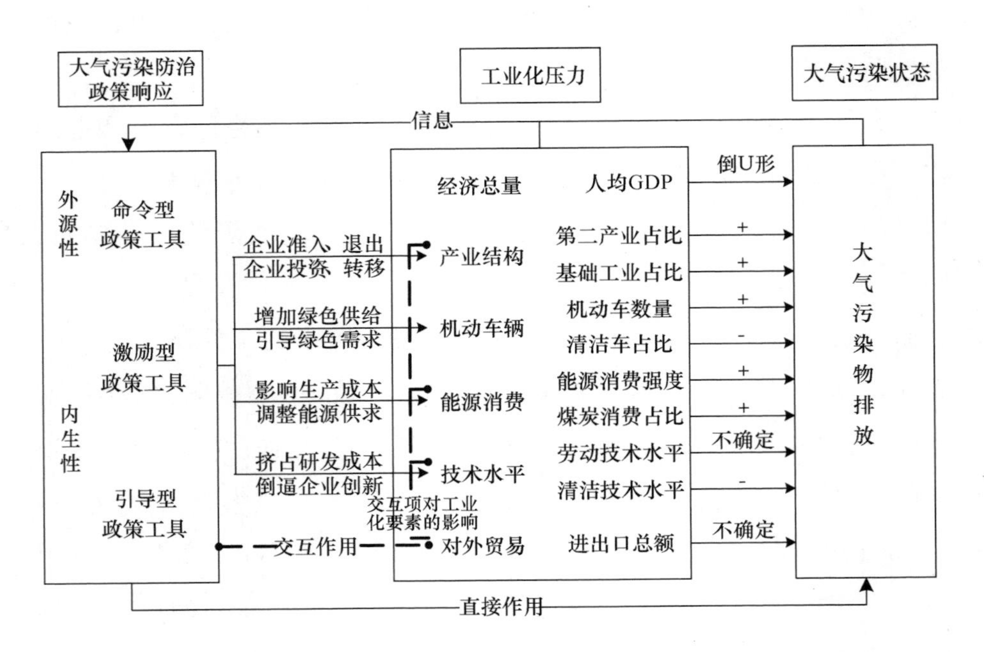

图 2 －5 大气污染防治政策对大气污染的作用机理

注：“＋”表示正向影响，“－”表示负向影响。

第五节　工业化、大气污染、大气污染防治政策的关联模型（PiSR）

综合本章第二节、第三节、第四节内容，工业化、大气污染、大气污染防治政策的关联模型，即 PiSR 模型如图 2－6 所示。大气污染防治效果以大气污染变化来表示，大气污染变化受工业化压力和大气污染防治政策的共同影响。工业化压力、大气污染状态为政府制定大气污染防治政策提供信息与需求。工业化压力是造成大气污染的主要来源，也是大气污染防治政策的主要调节对象。大气污

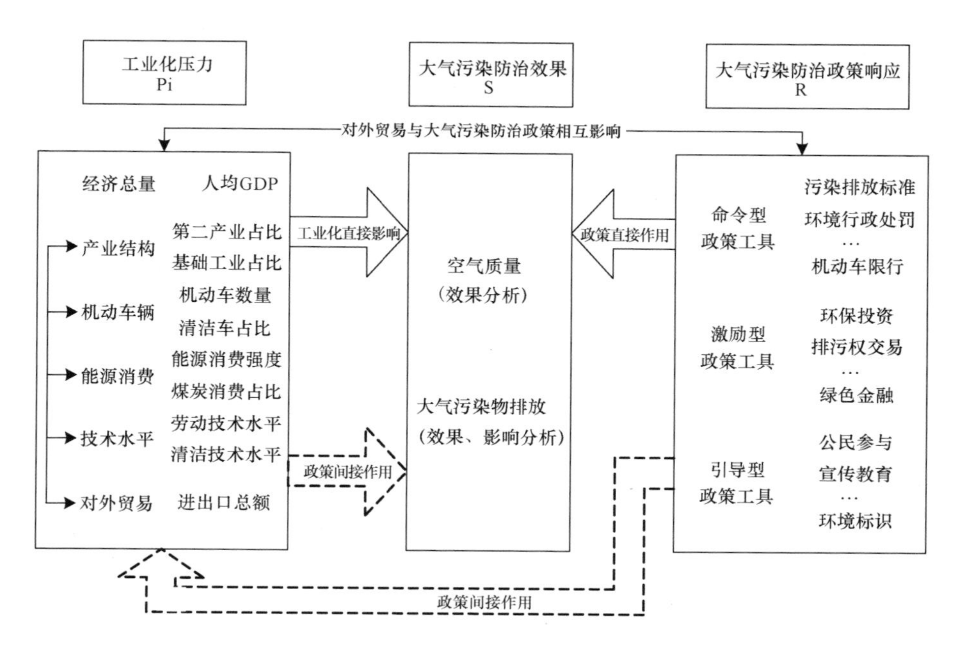

图 2－6　工业化、大气污染、大气污染防治政策的关联模型（PiSR）

染防治政策不仅直接作用于大气污染防治效果，而且通过调整工业化压力改变大气污染状态。其中，工业化要素中的对外贸易与大气污染防治政策相互作用，从而对其他工业化要素与大气污染状态产生作用。

依据 PiSR 模型，大气污染状态表现为空气质量和大气污染物排放量，其中，大气污染排放更适合作为影响机理分析的被解释变量。产业结构、机动车辆、能源消费、技术水平、对外贸易等工业化要素影响大气污染程度，总体表现为经济总量与大气污染程度呈倒 U 形关系。根据大气污染状态、工业化压力信息，大气污染防治政策作为减少大气污染排放、改善空气质量的响应，直接作用于大气环境，也通过产业结构、机动车辆、能源消费、技术水平等要素间接作用于大气环境。（见图 2－7）

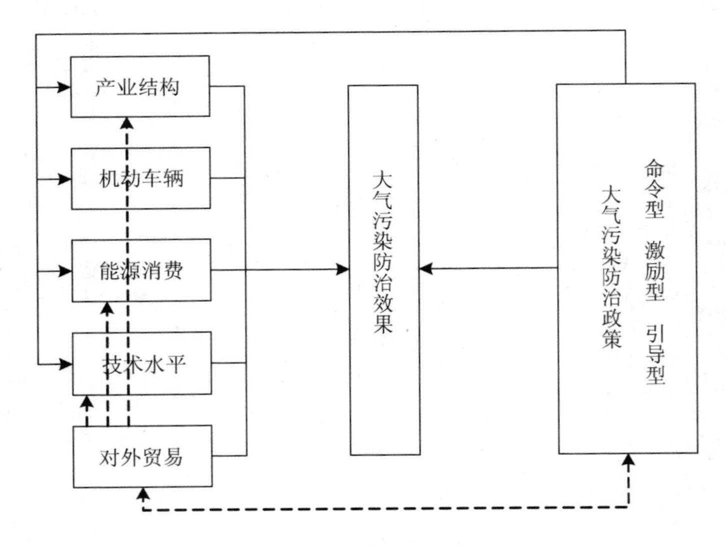

图 2－7　PiSR 的简化关系模型

根据工业经济发展阶段理论，工业化进程总体变现为经济总量的增长。结合环境库兹涅茨曲线以及先行工业化国家的发展经验可知，工业化进程与大气污染程度可能呈现倒 U 形关系，即随着工业化进程不断推进，经济总量不断增加，在轻纺工业阶段，工业化压力较大，事后以治理干预为主的大气污染防治政策开始实施但力度较弱，大气污染程度逐步严重；在基础工业阶段，工业化压力增大，以事后治理干预为主、事前预防政策为辅的大气污染防治政策有所进展却效果不佳，大气污染程度攀升到极顶；在高附加高技术工业阶段，工业化压力减弱，事前、事后综合治理干预的大气污染防治政策初显成效，大气污染程度逐步下降；进入后工业化时期，工业对环境的压力进一步减弱，精准施策的大气污染防治政策效果更佳，大气污染明显减缓。（见图 2－8）

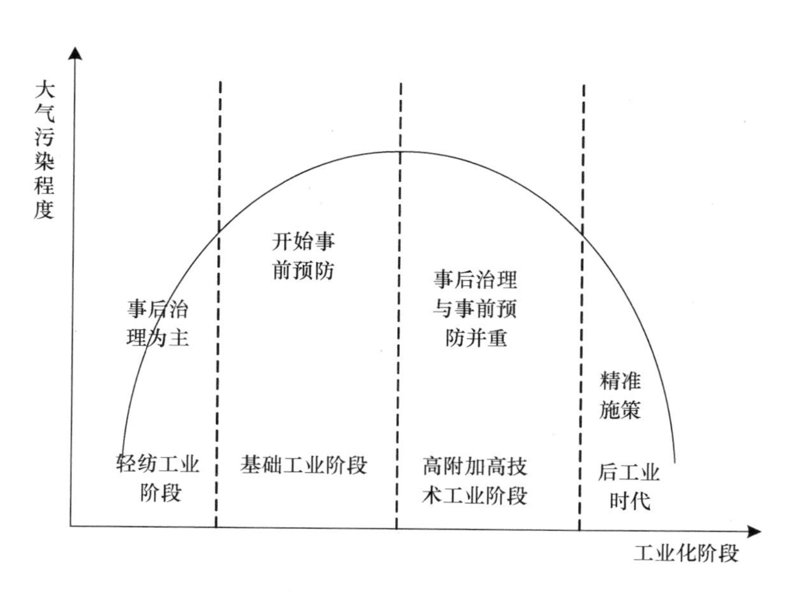

图 2－8　工业化阶段与大气污染的倒 U 形关系

依据研究目标和研究内容，本书应用 PiSR 模型，首先对大气污染防治效果进行描述性研究；然后，对“大气污染防治效果如何产生”进行了解释性研究，即分析大气污染防治效果的影响机理。由于大气污染防治效果是工业化压力与大气污染防治政策的综合影响结果，因此大气污染防治效果的影响机理又分为工业化压力对大气污染的影响以及大气污染防治政策对大气污染的作用。由此形成第三、四、五章模型应用章节。

本书第三章是对 PiSR 模型中大气污染状态（S）的分析，不仅是我国大气污染防治效果的展示，也是后文影响机理研究中被解释变量的描述统计呈现。根据第二节大气污染防治效果（S）的阐述，第三章通过分析我国空气质量和大气污染物排放量的时空特征，描述我国大气污染防治效果。

本书第四章是对 PiSR 模型中的工业化压力（Pi）以及工业化压力对大气污染的影响（Pi-S）的分析。根据第三节大气污染的工业化压力与影响机理阐述，第四章在描述大气污染的工业化压力基础上，从总体和要素两方面分析工业化对大气污染的影响，即包括工业化进程与大气污染的相关性，以及产业结构、机动车辆、能源消费等工业化要素对大气污染的影响。

本书第五章是对 PiSR 模型中的大气污染防治政策（R）以及大气污染防治政策对大气污染的影响（R-S）的分析。根据第四节大气污染的防治政策响应与作用机理阐述，第五章在描述大气污染的防治政策的基础上，分析大气污染防治政策对大气污染的作用。从而，依据工业化、大气污染、大气污染防治政策的关联模型（PiSR）设计的分析思路如图 2 -9 所示。

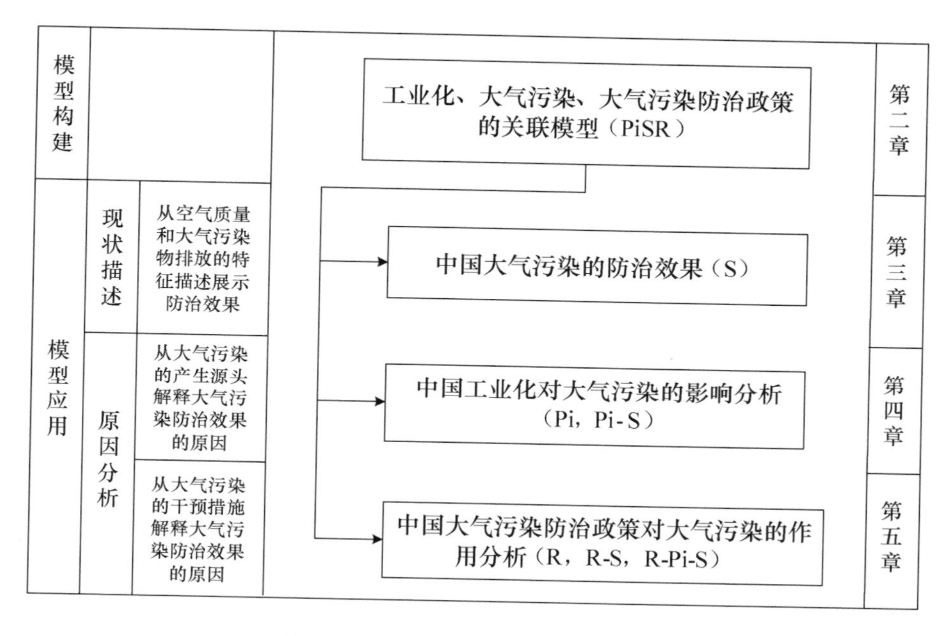

图 2-9　依据关联模型的分析思路

第三章

中国大气污染防治效果分析

根据PiSR模型，本书以大气污染状态表示大气污染防治效果。本章通过分析中国空气质量和大气污染物排放量的时间和空间分布特征，描述中国大气污染的防治效果。

第一节　分析方法

一　变量设计

空气质量反映了大气中污染物的浓度，受大气污染物排放量以及风速、降雨、气温等自然因素的影响；大气污染物排放量指排入大气中的污染物数量，由人类活动决定。本书选取空气质量指数和PM 2.5浓度反映空气质量；选取工业废气排放量、二氧化硫排放量、烟尘排放量、氮氧化物排放量和机动车尾气排放量反映大气污染物排放情况。

（一）空气质量指标

空气质量指数（Air Quality Index，AQI）是整体描述空气质量状况的定量化无量纲指标，是 SO_2、NO_2、PM 10、PM 2.5、O_3、CO 浓度的综合评价值。2012 年以前，我国以空气污染指数（API）作为衡量空气质量的综合指标，从 2013 年开始，我国遵循《环境空气质量标准》（GB3095—2012）以空气质量指数（AQI）表示空气质量。空气质量指数（AQI）比空气污染指数（API）增加了 PM 2.5、O_3、CO 三种大气污染物的浓度核算，并设置了更加严格的分级标准（如表 3 - 1 所示）。

表 3 - 1 空气质量指数分级标准

指数	级别	类别	对健康影响情况	建议采取措施
0—50	一级	优	空气质量令人满意，基本无空气污染	各类人群可正常活动
51—100	二级	良	空气质量可接受，但某些污染物可能对极少数异常敏感人群健康有较弱影响	极少数异常敏感人群应减少户外活动
101—150	三级	轻度污染	易感人群症状有轻度加剧，健康人群出现刺激症状	儿童、老年人及心脏病、呼吸系统疾病患者应减少长时间、高强度的户外锻炼
151—200	四级	中度污染	进一步加剧易感人群症状，可能对健康人群心脏、呼吸系统有影响	儿童、老年人及心脏病、呼吸系统疾病患者避免长时间、高强度的户外锻炼，一般人群适量减少户外运动
201—300	五级	重度污染	心脏病和肺病患者症状显著加剧，运动耐受力降低，健康人群普遍出现症状	儿童、老年人和心脏病、肺病患者应停留在室内，停止户外运动，一般人群减少户外运动

续表

指数	级别	类别	对健康影响情况	建议采取措施
>300	六级	严重污染	健康人群运动耐受力降低，有明显强烈症状，提前出现某些疾病	儿童、老年人和病人应当留在室内，避免体力消耗，一般人群应避免户外活动

资料来源：该表引自《环境空气质量指数（AQI）技术规定（试行）》。

PM 2.5 又称细颗粒物，是当前最受关注的空气污染物指标，是指大气中空气动力学当量直径小于或等于2.5微米的颗粒物。PM 2.5因为粒径小、含有大量有毒有害物质、在大气中停留时间长、输送距离远等特征成为当前最危害人类寿命与健康的大气污染物。2012年，我国《环境空气质量标准》（GB3095—2012）增加了PM 2.5监测指标；2013年，空气质量监测站点覆盖74个主要城市，2014年监测点覆盖全国366个地级及以上城市。表3－2显示了我国与世界卫生组织（WHO）的PM 2.5浓度限值。

表3－2　　PM 2.5浓度限值

		年均浓度限值	限值设定标准	24小时平均浓度限值	限值设定标准
中国环境空气质量标准（2012）	一类功能区	15	自然保护区、风景名胜区、其他需要特殊保护的区域	35	自然保护区、风景名胜区、其他需要特殊保护的区域
	二类功能区	35	居住区、商业交通居民混合区、文化区、工业区和农村地区	75	居住区、商业交通居民混合区、文化区、工业区和农村地区

续表

		年均浓度限值	限值设定标准	24 小时平均浓度限值	限值设定标准
世界卫生组织（2005）	空气质量准则值（AQG）	10	对于 PM 2.5 的长期暴露，这是一个最低水平，在这个水平，总死亡率、心肺疾病死亡率和肺癌的死亡率会增加	25	建立在 24 小时和年均暴露基础上
	过渡期目标 1	35	相对于 AQG 水平而言，在这些水平的长期暴露会增加大约 15% 的死亡风险	75	超过 AQG 值的短期暴露会增加 5% 的死亡率
	过渡期目标 2	25	除了其他健康利益外，与过渡时期目标 1 相比，在这个水平的暴露会降低大约 6% 的死亡风险	50	超过 AQG 值的短期暴露会增加 2.5% 的死亡率
	过渡期目标 3	15	除了其他健康利益外，与过渡时期目标 1 相比，在这个水平的暴露会降低大约 6% 的死亡风险	37.5	超过 AQG 值的短期暴露会增加 1.2% 的死亡率

由于 2014 年我国新标的空气质量监测点覆盖全国，因此，本书选择 2014—2018 年全国总量和 31 个省级行政区的空气质量指数（AQI）和 PM 2.5 浓度数值，分析大气污染防治的空气质量效果。数据来源于中国空气质量在线监测分析平台。

（二）大气污染物排放量指标

大气污染源包括固定源和移动源。固定源主要指工业废气排放，移动源主要指机动车尾气排放。工业废气排放总量是固定源废气排放的总量指标，工业二氧化硫、工业烟粉尘、工业氮氧化物是固定源废气排放的主要污染物指标。机动车尾气排放总量是移动源废气排放的总量指标，尾气中总颗粒物、氮氧化物、一氧化碳和碳氢化物是移动源废气排放的主要污染物指标。

工业废气指企业燃料燃烧和生产工艺过程中产生的各种排入空气的含有污染物的气体，具体包括二氧化碳、二硫化碳、硫化氢、氟化物、氮氧化物、氯、氯化氢、一氧化碳、硫酸（雾）、铅汞、铍化物、烟尘及生产性粉尘等污染物，其中，二氧化硫、烟粉尘、氮氧化物是主要污染物。根据可获性和适用性原则，本书选取1983—2015年全国工业废气排放总量数据，1999—2015年全国及各省级行政区工业废气、工业二氧化硫、工业烟粉尘、工业氮氧化物排放量数据分析大气污染固定源排放控制情况。数据来源于《中国环境年鉴》《中国统计年鉴》。

机动车尾气是指机动车燃料燃烧排入空气的含有污染物的气体，主要包括总颗粒物、氮氧化物、一氧化碳和碳氢化物。根据可获性原则，本书选取2011—2015年全国及各省级行政区机动车尾气总量，以及总颗粒物、氮氧化物、一氧化碳、碳氢化合物排放量分析大气污染移动源排放控制情况。数据来源于《中国环境年鉴》。

二　描述统计方法

（一）时间分布特征的描述统计方法

本书采取均值、增长率来分析大气污染防治效果随时间的变化。均值、增长率的表达式分别如公式 3-1、3-2 所示。本书对全国总量、各省级行政区的空气质量和大气污染物排放量进行时间分布分析。

$$AQF(F_{it}) = \frac{1}{n}\sum_{i=1}^{n} X_i(t) \tag{3-1}$$

$$VF(F_{it}) = \sqrt[n]{X_i(t)/X_i(t-n)} - 1 \tag{3-2}$$

（二）空间分布特征的描述统计方法

1. 空间权重

进行空间分析的前提是度量空间单元之间的空间距离，即构建空间权重矩阵。区域 i 与区域 j 距离为 W_{ij}，空间权重矩阵 W_{ij} 的基础表达式如公式 3-3 所示，主对角线上的元素 $W_{11} = W_{22} = \cdots = W_{nn} = 0$，即同一区域的距离为 0。

$$W = \begin{bmatrix} W_{11} & W_{12} & \cdots & \cdots & \cdots & W_{1n} \\ W_{21} & W_{22} & \cdots & \cdots & \cdots & W_{2n} \\ \vdots & \vdots & \ddots & \vdots & \vdots & \vdots \\ W_{i1} & W_{i2} & \cdots & W_{ii} & \cdots & W_{in} \\ \vdots & \vdots & \vdots & \vdots & \ddots & \vdots \\ W_{N1} & W_{N2} & \cdots & \cdots & \cdots & W_{nn} \end{bmatrix} \tag{3-3}$$

空间权重矩阵通常基于连通性（Continuity）和距离（Distance）

进行构建，包括邻接矩阵和距离矩阵。邻接矩阵包括一阶邻接矩阵与高阶邻接矩阵。一阶邻接矩阵的距离采用 Rook 邻接（共边）或 Queen 邻接（共边或共顶点）度量。本书采用 Rook 邻接度量我国省级行政区的空间距离，表达式如公式 3 - 4 所示。距离矩阵是基于地理距离构建的，空间关联效应因地理距离的增大而减弱。一般采用欧式最短距离和时间最短距离衡量空间单元间的地理距离。本书采用空间逆距离计算方法构建权重矩阵，表达式如公式 3 - 5 所示。

$$W_{ij} = \begin{cases} 1 \text{ 区域 } i \text{ 和区域 } j \text{ 拥有共同边界} \\ 0 \text{ 区域 } i \text{ 和区域 } j \text{ 没有共同边界} \end{cases} (i \neq j) \tag{3-4}$$

$$W_{ij} = d_{ij} - a\beta_{ij}b \quad (i \neq j) \tag{3-5}$$

式中：d_{ij}为区域 i 和 j 之间的距离，a 与 b 分别表示距离摩擦系数和边界共享效应系数，β_{ij}表示区域 i 和 j 共同边界的长度占空间单元 i 边界全长的比例。

2. 空间自相关分析

空间自相关分析表示某一指标在某地区与其相邻地区的相关性或者聚集程度，包括全局自相关和局部自相关，常用 Moran'I 指数和 Getis-Ord G 指数表示。全局自相关反映了在同一个分布区内观测数据之间潜在的相互依赖性；局部自相关可以用来识别不同空间位置上可能存在的不同空间关联模式，发现观测值在不同空间位置上的局部不平稳性，发现数据之间的空间异质性。Moran'I、Getis-Ord G 指数是表示观测值空间相关性和分布状态的常用指标，Moran'I 指数可以判断观测值是正相关集聚还是负相关集聚，但是在正相关集聚中无法区分是高值集聚还是低值集聚，而 Getis-Ord General G 指数可以区分“热点”和“冷点”两种不同正空间相关。

（1）Moran'I 指数。Moran'I 指数的表达式如公式 3－6 所示，是通过构造标准化统计量 Z 来检验区域空间自相关性的指数，其中 Z 的计算方式如公式 3－7 所示。Moran'I 指数范围在［－1，1］。当 Moran'I 指数为正数时，表示各地区之间的观测值具有正相关关系，即相似的观测值（高值或低值）趋于空间集聚，整个研究区域具有高高污染区域聚集、低低污染区域聚集的特征，观测值越接近 1，正相关性越强。当 Moran'I 指数为负数时，表示各地区之间的观测值具有负相关关系，即相似的观测值趋于分散，整个研究区域具有高低污染区域聚集、低高污染区域聚集的特征，观测值越接近－1，负相关性越强。

$$I = \frac{\sum_{i=1}^{n} \sum_{j=1}^{n} W_{ij}(x_i - \bar{x})(x_j - \bar{x})}{S^2 \sum_{i=1}^{n} \sum_{j=1}^{n} W_{ij}} \tag{3-6}$$

$$Z_I = \frac{I - E(I)}{\sqrt{VAR(I)}} \tag{3-7}$$

式中：W_{ij} 为权重矩阵，$S^2 = \frac{1}{n}\sum_{i=1}^{n}(x_i - \bar{x})^2$。

局部莫兰指数（Anselin Local Moran'I）的表达式如公式 3－8 所示。根据局部莫兰指数，可将研究区域分为高高聚类（HH）、低低聚类（LL）、高低聚类（HL）、低高聚类（LH）。高高聚类表示，高观测值的空间单元同样被高观测值的空间单元包围；低低聚类表示，低观测值的空间单元同样被低观测值的空间单元包围；高低聚类表示，高观测值的空间单元被低观测值的空间单元包围；低高聚类表示，低观测值的空间单元被高观测值的空间单元包围。

$$I_i = \frac{x_i - \bar{x}}{S_i^{\ 2}} \sum_{j=1, j \neq i}^{n} W_{ij}(x_j - \bar{x}) \tag{3-8}$$

式中：W_{ij} 为权重矩阵，$S_i^{\ 2} = \frac{\sum_{j=1, j \neq i}^{n} (x_j - \bar{x})^2}{n-1} - \bar{x}^2$。

（2）Getis-Ord G 指数。Getis-Ord General G 指数的表达式如公式 3-9 所示。用 Z 统计量来检验，其计算方式如公式 3-10 所示。当 General G 的值高于 E（G），且 Z 显著时，观测值之间呈现高值集聚；当 General G 的值低于 E（G），且 Z 显著时，观测值之间呈现低值集聚。当 General G 的值趋近于 E（G），观测值在空间上随机分布。

$$G = \frac{\sum_{i=1}^{n}\sum_{j=1}^{n} W_{ij}(d)x_i x_j}{\sum_{i=1}^{n}\sum_{j=1}^{n} x_i x_j}, \forall i \neq j \tag{3-9}$$

$$Z_I = \frac{G - E(G)}{\sqrt{VAR(G)}} \tag{3-10}$$

式中：$W_{ij}(d)$ 为根据距离规则定义的空间权重矩阵。

热点分析（Getis-Ord Gi*）的表达式如公式 3-11 所示，Z 统计量的表达式如公式 3-12 所示。热点分析（Getis-Ord Gi*）通过对相邻单元空间的要素进行评估，对比局部与全局情况，识别统计显著的热点（高值）和冷点（低值）的空间聚类。当 Z 值显著为正，表明区域 i 及其周围观测值高于全部区域均值，具有空间高值集聚特征；当 Z 值显著为负，表明区域 i 及其周围观测值低于全部区域均值，具有空间低值集聚特征。

$$G_i = \frac{\sum_{j=1}^{n} W_{ij}(d)x_j}{\sum_{j=1}^{n} x_j} \tag{3-11}$$

$$Z_i = \frac{\sum_{j=1}^{n} W_{ij}(d)x_j - \bar{x}\sum_{j=1}^{n} W_{ij}(d)}{S\sqrt{\frac{n\sum_{j=1}^{n} W_{ij}(d)^2 - \left(\sum_{j=1}^{n} W_{ij}(d)\right)^2}{n-1}}} \tag{3-12}$$

式中：$W_{ij}(d)$ 为权重矩阵，$S = \frac{\sum_{j=1}^{n} x_j}{n}\sqrt{\frac{\sum_{j=1}^{n} {x_j}^2}{n} - \bar{x}^2}$

第二节　中国空气质量的时空特征

一　空气质量逐步好转，秋冬反弹已成为常态

（一）中国空气质量指数（AQI）的时间分布特征

图3-1展示了2013年12月至2018年12月全国AQI的均值变化情况，其中，阴影表示全国AQI的年均值；实线表示全国AQI月均值；虚线表示全国AQI月均值的变化率。

总体来看，我国空气质量指数（AQI）整体下降，秋冬反弹明显，2016年起春夏也出现反弹。①从全国AQI年均值及其变化率来看，空气质量整体呈现好转趋势，2017年空气污染出现反弹。2014年全国AQI年均值为87.97，随后以年均18.97%的速度下降至2018年的75.70；其中，2015年、2016年、2017年的AQI年均值相差较小，分别为80.76、78.80、79.55，2017年的AQI年均值高于2016年0.75个百分点。②从全国AQI月均值及其变化率来看，2014—2018年，秋冬季空气污染反弹较为明显。我国地处温带地区，通常

将3—5月、6—8月、9—11月、12—2月分别划作春、夏、秋、冬。2014年的9月、10月、12月，2015年的1月、10月、11月、12月，2016年的9月、11月、12月，2017年的1月、9月、11月、12月，2018年的10月、11月、12月AQI月均值同上月相比均有升高。同时，自2016年起，春夏季空气污染也出现反弹，但反弹程度没有秋冬季高。2016年的3月、5月，2017年的4月、5月，2018年的3月、4月、6月、8月AQI月均值同上月相比均有升高。

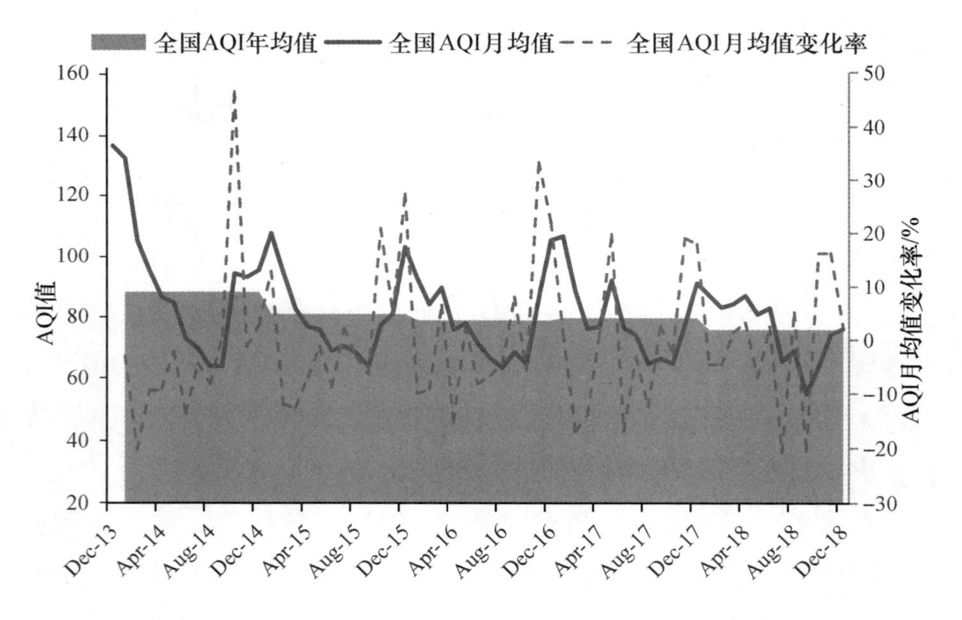

图3－1　2013年12月至2018年12月全国AQI均值变化情况

图3－2展示了2014—2018年31个省级行政区空气质量指数AQI的年均值，其中，实线表示各行政区AQI的年均值，虚线表示全国空气质量指数AQI年均值。比较全国AQI年均值与各省AQI年均值可以看出，大气污染较重的省级行政区依次是河北、河南、北京、天津、新疆，污染较轻的省级行政区是海南、云南。2014—2018年，北

京、天津、河北、山西、江苏、山东、河南、湖北、山西、甘肃、宁夏、新疆 12 个省级行政区域的 AQI 值每年都高于全国平均水平，其中，北京、天津、河北、河南、新疆 AQI 的 5 年均值高于 100，处于轻度污染水平；海南、云南的 AQI 的 5 年均值分别为 39.73、50.5，基本处于优的空气质量状态。

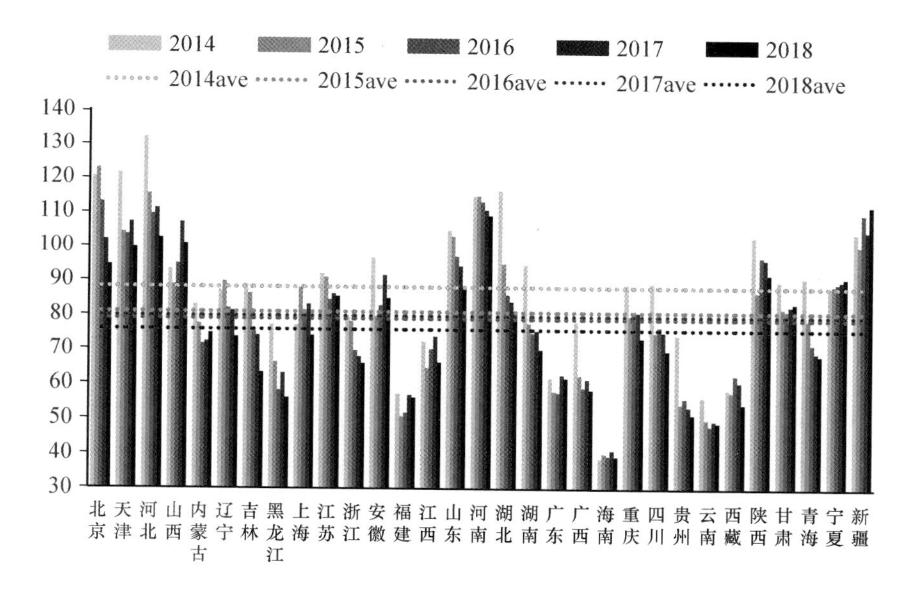

图 3-2　2014—2018 年全国及各省级行政区的 AQI 年均值

（二）中国细微颗粒物（PM 2.5）浓度的时间分布特征

图 3-3 展示了 2013 年 12 月至 2018 年 12 月全国 PM 2.5 均值变化情况。总体来看，我国 PM 2.5 浓度逐年下降，反弹特征与 AQI 反弹特征具有一致性，即秋冬反弹明显，2016 年起春夏也出现反弹。①从细微颗粒物 PM 2.5 年均值及其变化率来看，我国 PM 2.5 浓度逐年下降。2014 年全国 PM 2.5 年均值为 57.04μg/m^3，以年均 9.75% 的

速度下降至2018年的37.84μg/m³；其中，2016年、2017年的PM 2.5年下降率较小，分别为6.90%、6.05%，2014年、2018年的PM 2.5年下降率较高，分别为14.30%、11.49%。②从PM 2.5月均值及其变化率来看，2014—2018年，秋冬季PM 2.5反弹明显。2014年的9月、10月、11月，2015年的1月、10月、11月、12月，2016年的9月、11月、12月，2017年的1月、9月、11月、12月，2018年的10月、11月、12月PM 2.5月均值同上月相比均有升高。同时，自2016年起，春夏季空气污染也出现反弹，但反弹程度没有秋冬季高。2016年的3月，2017年的4月、5月，2018年的3月、4月、6月、8月PM 2.5月均值同上月相比均有升高，基本与AQI的特征相似。

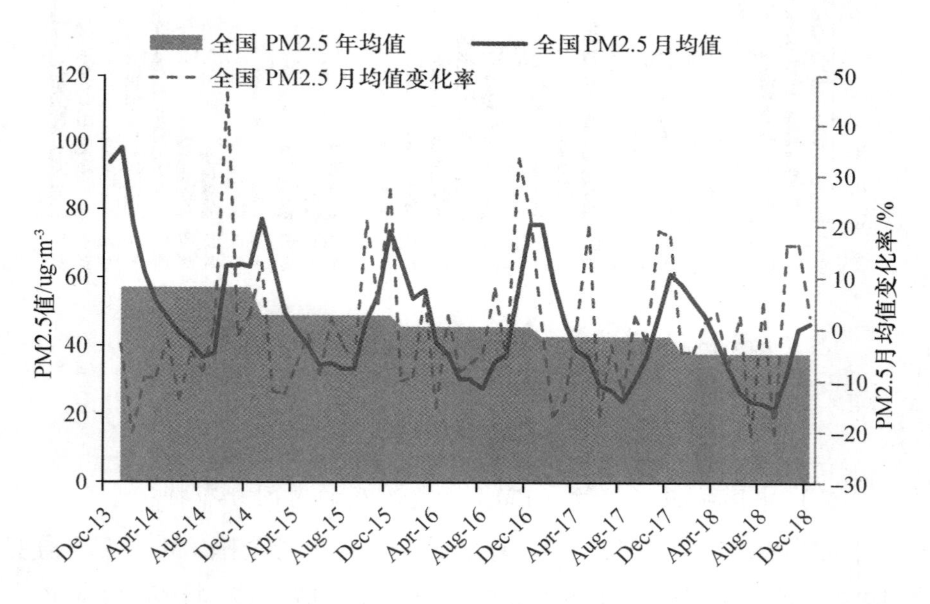

图3-3 2013年12月至2018年12月全国PM 2.5均值变化情况

图3-4展示了2014—2018年31个省级行政区PM 2.5的年均

值。比较全国和各省级行政区的 PM 2.5 年均值可以看出，大气污染较重的省级行政区依次是河南、河北、北京、天津，污染较轻的省级行政区是海南、西藏、云南、福建。2014—2018 年，北京、天津、河北、山西、江苏、安徽、山东、河南、湖北、湖南、陕西 11 个省级行政区域的 PM 2.5 每年都高于全国平均水平。2017 年、2018 年仅有内蒙古、福建、广东、海南、贵州、云南、西藏、青海 8 个省级行政区的年均浓度低于 35μg/m³。世界卫生组织认为，长期暴露在 PM 2.5 10μg/m³及以上年均浓度下，总死亡率、心肺疾病死亡率和肺癌的死亡率会增加，长期暴露在 35μg/m³及以上年均浓度下，会再增加 15% 的死亡风险。综合 AQI 和 PM 2.5 的时间分布特征，PM 2.5 污染危及我国大部分区域，河北、河南、北京、天津的空气质量亟待提高。

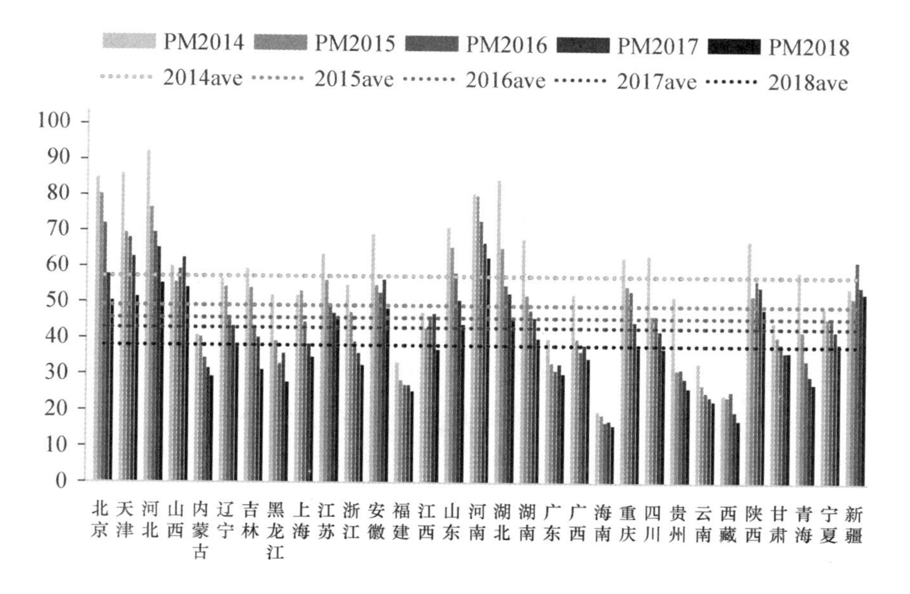

图 3－4　2014—2018 年全国及各省级行政区的 PM 2.5 年均值

二　空气质量省域相关，华北华中高污染集聚

（一）中国空气质量指数（AQI）的空间分布特征

我国AQI存在空间自相关、高污染集聚特征，北京、天津、河北、山西、内蒙古、辽宁、江苏、安徽、山东、河南、陕西的AQI控制效果不佳。表3－3、3－4分别显示了2014—2018年我国省域空气质量指数AQI的Moran's I指数和Getis-Ord General G指数。从表3－3结果可以看出，2014—2018年，我国AQI的Moran's I指数在采用Rook相邻与反距离权重矩阵下，均在1%的显著水平下显著，并且为正值，均高于0.5。这意味着我国空气质量指数AQI存在空间自相关，相关程度较高，即空气质量较好的省份，其相邻省份空气质量往往也较好；空气质量较差的省份，其相邻省份空气质量往往也较差。由于“高/低聚类”（Getis-Ord General G）更适用于二进制权重方案，因此本书选择“固定距离范围”，非标准化参数进行Getis-Ord General G指数计算。从表3－4结果可以看出，2014—2018年，我国AQI的G观测值大于期望值，Z值为正值，在1%的显著水平下显著。这意味着，我国空气质量指数AQI存在空间自相关，高值的空间分布与预期的空间分布相比在空间上的聚类程度更高。综合我国省域空气质量指数AQI的Moran's I指数和Getis-Ord General G指数结果，我国空气质量指数具有空间自相关，更多表现为高污染集聚。

表3－3　　2014—2018年全国各省级行政区AQI的Moran's I指数

年份	I（Rook法）	Z值	P值	I（Inverse Distance法）	Z值	P值
2014	0.529	4.854	0.000***	0.711	182.266	0.000***

续表

年份	I（Rook 法）	Z 值	P 值	I（Inverse Distance 法）	Z 值	P 值
2015	0. 592	5. 358	0. 000***	0. 750	192. 152	0. 000***
2016	0. 570	5. 145	0. 000***	0. 735	188. 302	0. 000***
2017	0. 574	5. 172	0. 000***	0. 706	181. 004	0. 000***
2018	0. 517	4. 685	0. 000***	0. 661	169. 564	0. 000***

注：*、**、*** 分别表示在 10%、5%、1% 的显著水平下显著，下同。

表 3 - 4　2014—2018 年全国各省级行政区 AQI 的 Getis-Ord General G 指数

年份	G	E（G）	Z 值	P 值
2014	0. 543	0. 519	7. 032	0. 000***
2015	0. 543	0. 519	6. 658	0. 000***
2016	0. 536	0. 519	5. 134	0. 000***
2017	0. 532	0. 519	4. 610	0. 000***
2018	0. 534	0. 519	5. 754	0. 000***

根据我国省域 AQI 局部 Moran's I 分布以及 Getis-Ord Gi* 热点分布，2014 年、2015 年、2018 年，北京、天津、河北、山西、内蒙古、辽宁、江苏、安徽、山东、河南、陕西 AQI 较高，并具有集聚效应，其原因可能在于，该部分地区的工业化、城市化水平较高，冬季长江以北地区供暖、气温较低、降雨量较少，污染物难以扩散。福建、广东、海南、广西、贵州、云南 AQI 较低，并具有集聚效应，其原因可能在于，该部分地区地处亚热带湿润区，地理位置优越，夏季偏南季风使得该区域降水较多。新疆的空气质量下降明显，2018 年成为 AQI 热点区域。

（二）中国细微颗粒物（PM 2.5）浓度的空间分布特征

我国 PM 2.5 存在空间自相关，2018 年高污染集聚区域扩增，北京、天津、河北、辽宁、山西、江苏、安徽、山东、河南的 PM 2.5控制效果不佳。①表 3－5 显示了 2014—2018 年我国省域 PM 2.5 的 Moran's I 指数。从表 3－5 结果可以看出，2014—2018 年，我国 PM 2.5 的 Moran's I 指数在采用 Rook 相邻与反距离权重矩阵下，均在 1% 的显著水平下显著，并且为正值，除 Rook 相邻法 2017 年、2018 年 Moran's I 指数外，均高于 0.5。这意味着我国空气质量指数 PM 2.5 存在空间自相关，相关程度较高，即 PM 2.5 浓度较低的省份，其相邻省份 PM 2.5 浓度往往也较低；PM 2.5 浓度较高的省份，其相邻省份 PM 2.5 浓度往往也较高。②表 3－6 显示了 2014—2018 年我国省域 PM 2.5 的 Getis-Ord General G 指数。从表 3－6 中结果可以看出，2014—2018 年，我国 PM 2.5 的 G 观测值大于期望值，Z 值为正值，在 1% 的显著水平下显著。这意味着我国 PM 2.5 存在空间自相关，高值的空间分布与预期的空间分布相比在空间上的聚类程度更高，即 PM 2.5 浓度较高的区域，可能促进周围区域的 PM 2.5 浓度升高。综合我国细微颗粒物 PM 2.5 浓度的 Moran's I 指数和 Getis-Ord General G 指数结果，我国 PM 2.5 浓度和 AQI 基本具有相似的全局空间特征。

表 3－5　2014—2018 年全国各省级行政区 PM 2.5 的 Moran's I 指数

年份	I（Rook 法）	Z 值	P 值	I（Inverse Distance 法）	Z 值	P 值
2014	0.580	4.414	0.000***	0.678	173.736	0.000***
2015	0.579	5.258	0.000***	0.738	189.082	0.000***

续表

年份	I（Rook 法）	Z 值	P 值	I（Inverse Distance 法）	Z 值	P 值
2016	0.523	4.746	0.000***	0.705	180.838	0.000***
2017	0.467	4.261	0.000***	0.672	172.443	0.000***
2018	0.424	3.910	0.000***	0.653	167.589	0.000***

表 3-6　2014—2018 年全国各省级行政区 PM 2.5 的 Getis-Ord General G 指数

年份	G	E（G）	Z 值	P 值
2014	0.556	0.519	9.032	0.000***
2015	0.556	0.519	8.595	0.000***
2016	0.548	0.519	7.045	0.000***
2017	0.538	0.519	5.288	0.000***
2018	0.538	0.519	5.936	0.000***

根据我国省域 PM 2.5 局部 Moran's I 分布以及 Getis-Ord Gi^* 热点分布，我国大气污染在省域空间上主要呈现出高高（HH）集聚和低低（LL）集聚的分布特征。北京、天津、山西、河北、辽宁、吉林、江苏、安徽、山东、河南的 PM 2.5 污染程度较高，并且具有集聚效应；受以上区域的影响，陕西、湖北、内蒙古的 PM 2.5 污染也较为严重；广东、福建、海南是 PM 2.5 的低值集聚区，PM 2.5 控制效果较好。2018 年较之前的年份，热点区域面积扩大，北京、天津、河北、辽宁、山西、江苏、安徽、山东、河南一直处于 PM 2.5 浓度的热点区域。

◈ 第三节 中国大气污染物排放量的时空特征

一 工业废气排放减速上升，机动车尾气排放略有下降

（一）大气污染固定源排放的时间分布特征

1. 工业废气排放总量的时间分布特征

工业废气排放总量整体呈现增长趋势，2011 年后工业废气排放总量增速明显放缓。（见图 3－5）从总量来看，1983 年，全国工业废气排放总量为 63167 亿标立方米，1999 年、2010 年该值分别增长到 126807 亿标立方米、518168 亿标立方米；2011 年相比 2010 年，全国工业废气排放总量大幅增长到 674509 亿标立方米，也在这一年爆发了全国范围较为严重的雾霾污染，引起国际国内社会各界密切关注。2012 年，全国工业废气排放总量降至 635519 亿标立方米，2013 年、2014 年有所回升，2015 年又由 2014 年的 694190 亿标立方米下降为 685190 亿标立方米。从变化率来看，1983—2015 年，全国工业废气排放总量以年均 7.73% 的速率增长。其中，1983—2015 年，全国工业废气排放总量年均增长率为 8.83%；2011—2015 年，全国工业废气排放总量年均增长率降低到 0.39%，2012 年、2015 年全国工业废气排放总量年均变化率为 －5.78%、－1.30%。总体来看，2011 年后，工业废气排放总量得到了明显控制，增速较之前大幅降低；但是，工业废气排放总量上升趋势还未转变，大气污染排放控制仍待加强。

各地工业废气排放总量呈现增长趋势，北京、黑龙江、上海工

业废气控制较好、排放总量增速较缓。（见图 3 - 6）2015 年，河北工业废气排放总量最高，为 78570 亿标立方米；山东、江苏的工业废气排放量也处于较高水平，2015 年工业废气排放量分别为 56808 亿标立方米、59653 亿标立方米；西藏工业废气排放总量最低，2015 年工业废气排放量为 183 亿标立方米。除西藏以外，海南工业废气排放总量最少，2015 年工业废气排放量为 2339 亿标立方米。从变化率来看，北京工业废气排放量控制最好，1999—2015 年，工业废气排放年均增长 1.11%。黑龙江、上海的工业废气排放量控制效果较好，1999—2015 年，工业废气排放年均增长率分别为 6.33%、6.12%。西藏、新疆、青海工业废气排放量增速最快，分别为 16.45%、16.12%、14.66%。

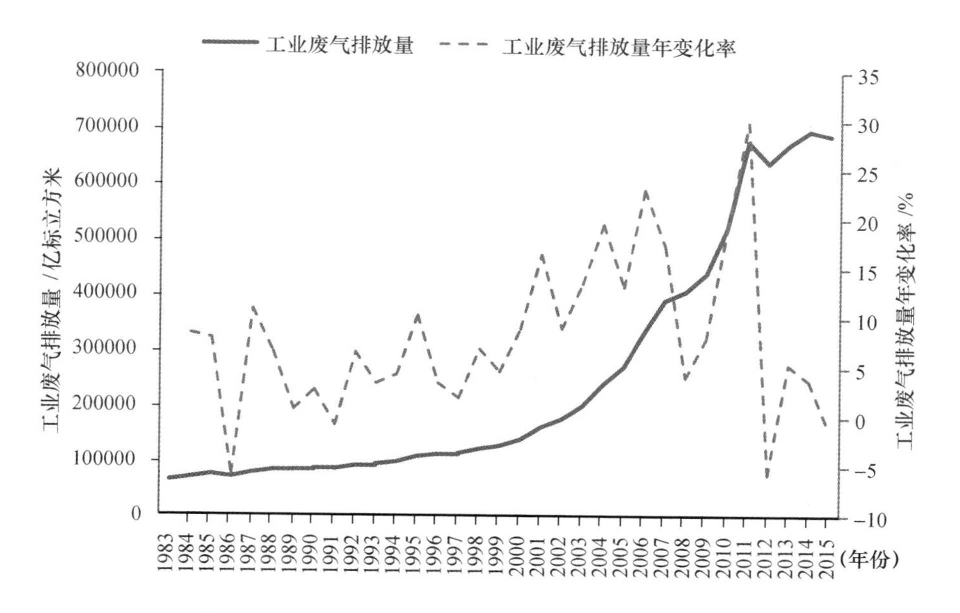

图 3 - 5　1983—2015 年我国工业废气排放量变化情况

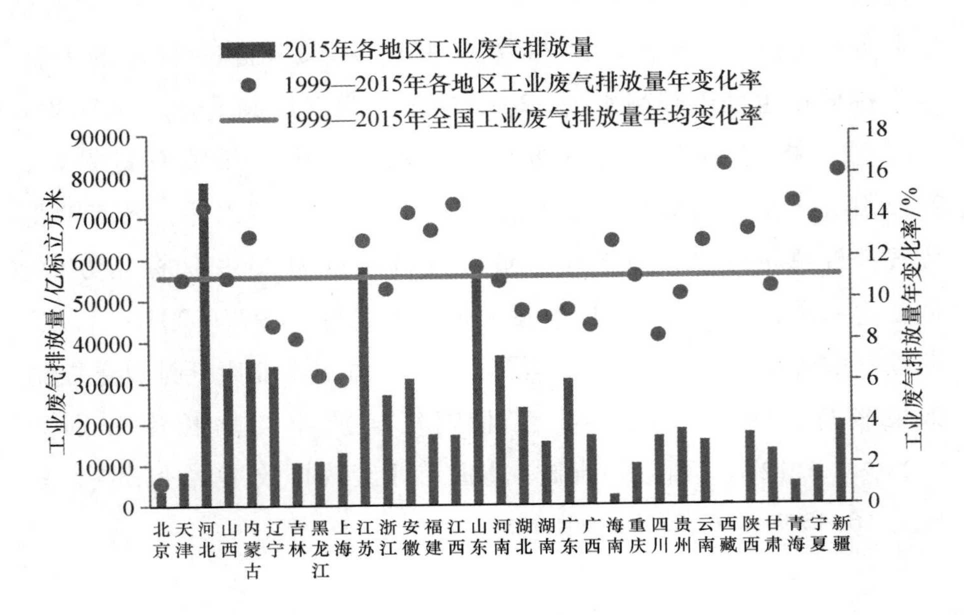

图3-6　1999—2015年各省级行政区工业废气排放量变化情况

2. 工业二氧化硫、工业烟粉尘、工业氮氧化物排放量的时间分布特征

工业二氧化硫排放量以2006年为分界点呈现先升后降趋势，工业烟粉尘排放量、工业氮氧化物排放量呈现下降趋势。（见图3-7）

我国工业二氧化硫排放量先升后降，2006年后呈现下降趋势。从绝对量来看，1999—2006年，工业二氧化硫总排放量整体上升，由1460万吨增长至2235万吨，年均增长6.27%；2006—2015年，工业二氧化硫总排放量整体下降，由2235万吨降低到1401万吨，年均下降5.06%，其中2011—2015年，年均下降8.71%。从变化率来看，2001年、2002年，二氧化硫排放变化率处于0值附近；2007年后，二氧化硫排放变化率除2011年、2014年均为负值。

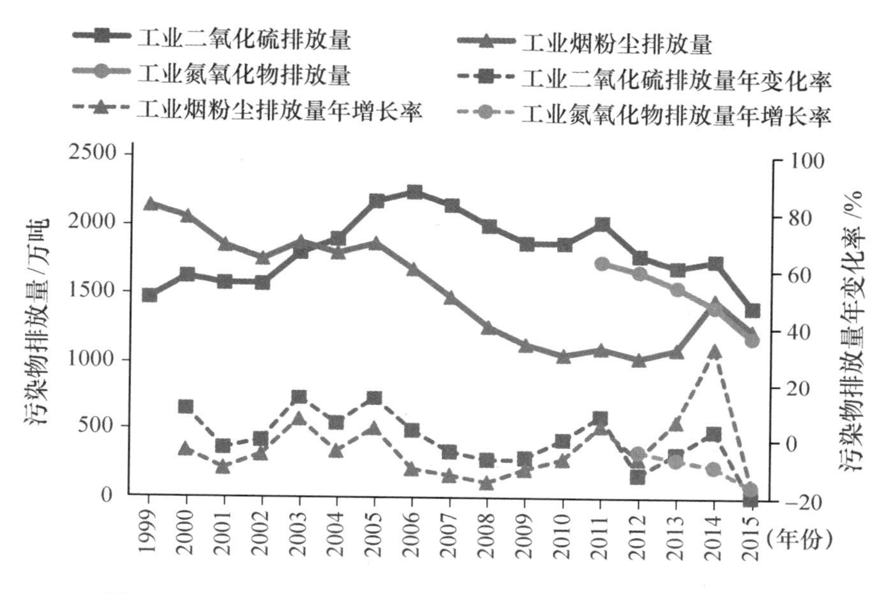

图 3－7　1999—2015 年我国工业废气主要污染物排放量变化情况

我国工业烟粉尘整体呈现下降趋势，2013 年后又出现增长。从绝对量来看，工业烟粉尘排放量从 1999 年的 2128.73 万吨下降到 2012 年的 1029.31 万吨，2013 年开始有所反弹，2015 年增长至 1232.60 万吨。从变化率来看，1999—2005 年工业烟粉尘以年均 2.22% 的速率下降；2005—2012 年工业烟粉尘以年均 8.11% 的速率下降；2000 年、2003 年、2005 年、2011 年、2013 年、2014 年工业烟粉尘的年变化率大于 0，其中，2013 年、2014 年工业烟粉尘排放量的年增长率分别为 6.35%、33.03%。

我国工业氮氧化物逐年下降。从绝对量来看，2011—2015 年，工业氮氧化物排放量逐年下降，由 2011 年的 1729.71 万吨下降到 2015 年的 1180.9 万吨，年均下降 9.10%。从变化率来看，2012—2015 年工业氮氧化物年变化率分别为 －4.14%、－6.78%、－9.11%、

-15.94%。工业氮氧化物排放控制效率逐步提高。

图3-8显示了2015年我国各省级行政区工业二氧化硫、工业烟粉尘、工业氮氧化物的排放量，1999—2015年我国各省级行政区工业二氧化硫、工业烟粉尘的年变化率和2011—2015年我国各省级行政区工业氮氧化物的年变化率情况。总体来看，各省级行政区工业氮氧化物排放控制效果最佳，工业二氧化硫排放控制效果最差。西藏、青海、内蒙古、新疆工业废气污染物整体控制效果不佳。

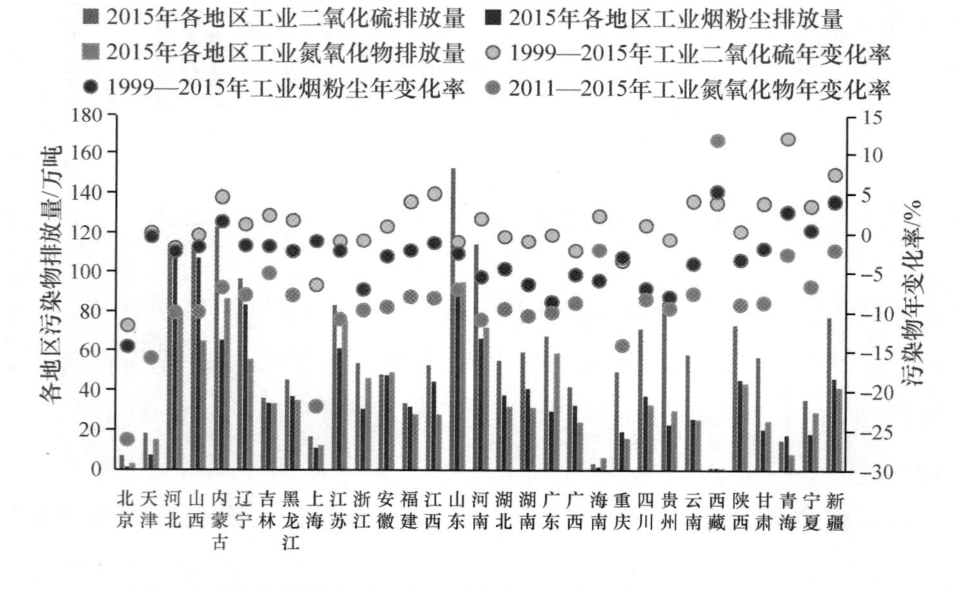

图3-8 各省级行政区工业二氧化硫、工业烟粉尘、工业氮氧化物排放情况

13个省级行政区的工业二氧化硫排放呈现下降趋势。从绝对量来看，2015年山东工业二氧化硫排放量最高，为122.09万吨；内蒙古、河南、山西的工业二氧化硫排放量也处于较高水平，2015年分别为106.10万吨、91.50万吨、90.08万吨；西藏工业二氧化硫排放量最低，除西藏以外，海南工业二氧化硫排放量最小，2015年为3.17万吨。从变化率来看，1999—2015年，北京、河北、山西、上海、江苏、浙江、山东、湖北、湖南、广东、广西、重庆、贵州的工业二氧化硫排放量年增长率为负值。北京工业二氧化硫排放量控制最好，1999—2015年，工业二氧化硫排放年均下降11.70%。重庆、上海、广西的工业二氧化硫排放量控制较好，1999—2015年，工业二氧化硫排放年均下降6.57%、3.53%、2.18%。

除内蒙古、西藏、青海、宁夏、新疆以外，其余省级行政区的工业烟粉尘排放呈现下降趋势。从绝对量来看，2015年河北工业烟粉尘排放量最高，为111.11万吨；山西、山东的工业烟粉尘排放量也处于较高水平，2015年分别为107.30万吨、90.30万吨；西藏工业烟粉尘排放量最低，除西藏以外，海南工业二氧化硫排放量最小，2015年为1.61万吨。从变化率来看，1999—2015年，仅有内蒙古、西藏、青海、宁夏、新疆的工业烟粉尘排放量有所增长。北京工业烟粉尘排放量控制最好，1999—2015年，工业烟粉尘排放年均下降14.41%。广东、贵州的工业烟粉尘排放量控制较好，1999—2015年，工业烟粉尘排放年均下降8.67%、8.06%。

除西藏以外，其余省级行政区的工业氮氧化物排放呈现下降趋势。从绝对量来看，2015年山东的工业氮氧化物排放量最高，为94.78万吨；内蒙古、河北的工业氮氧化物排放量也处于较高水平，2015年分别为86.45万吨、80.02万吨；西藏工业氮氧化物排放量最低，除西藏以外，海南工业氮氧化物排放量最小，2015年为6.01万吨。从变化率来看，2011—2015年，仅有西藏工业氮氧化物排放量有所增长。北京工业氮氧化物排放量控制最好，2011—

2015 年，工业氮氧化物排放年均下降 26.15%。上海的工业氮氧化物排放量控制也较好，2011—2015 年，工业氮氧化物排放年均下降 21.92%。

（二）大气污染移动源排放的时间分布特征

1. 机动车污染物排放总量的时间分布特征

2011—2015 年，我国机动车污染物排放总量先略微增加后大幅减少。（见图 3－9）从总量来看，2011 年，全国机动车尾气排放总量为 4607.55 万吨，2012 年增长到 4612 万吨，2013 年后持续下降，2015 年为 4533.01 万吨。从变化率来看，2011—2015 年，全国机动车尾气排放总量以年均 0.41% 的速率下降，其中，2012—2015 年全国机动车尾气排放总量逐步下降，年均变化率为－0.57%。

各省级行政区机动车尾气排放总量一半呈现上升趋势、一半呈现下降趋势，北京控制效果最佳，贵州控制效果最差。（见图 3－10）从绝对量来看，2015 年广东机动车尾气排放量最高，为 368.05 万吨；河北、河南、山东的机动车尾气排放量也处于较高水平，2015 年分别为 338.47 万吨、300.89 万吨、281.78 万吨；海南机动车尾气排放量最小，2015 年为 19.976 万吨；青海、西藏的机动车尾气排放量也较小，2015 年分别为 36.51 万吨、36.77 万吨。从变化率来看，北京机动车尾气排放总量控制最好，2011—2015 年均下降 10.39%；海南的机动车尾气排放总量控制效果较好，2011—2015 年均下降 8.16%。贵州、青海、云南、湖南、甘肃的机动车尾气排放控制效果不佳、总量增速最快，2011—2015 年均增长 5.35%、4.45%、3.84%、3.66%、3.46%。

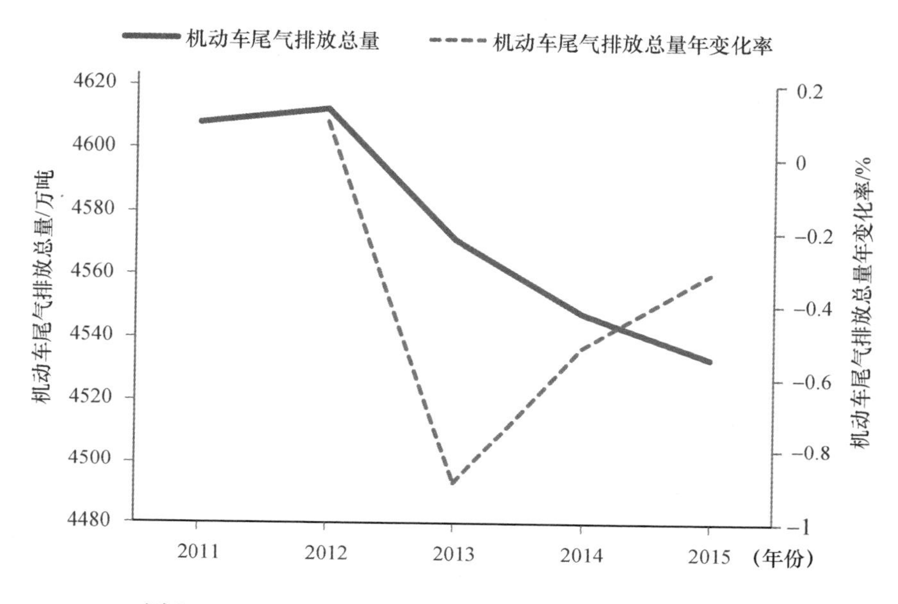

图 3-9　2011—2015 年全国机动车尾气排放总量变化情况

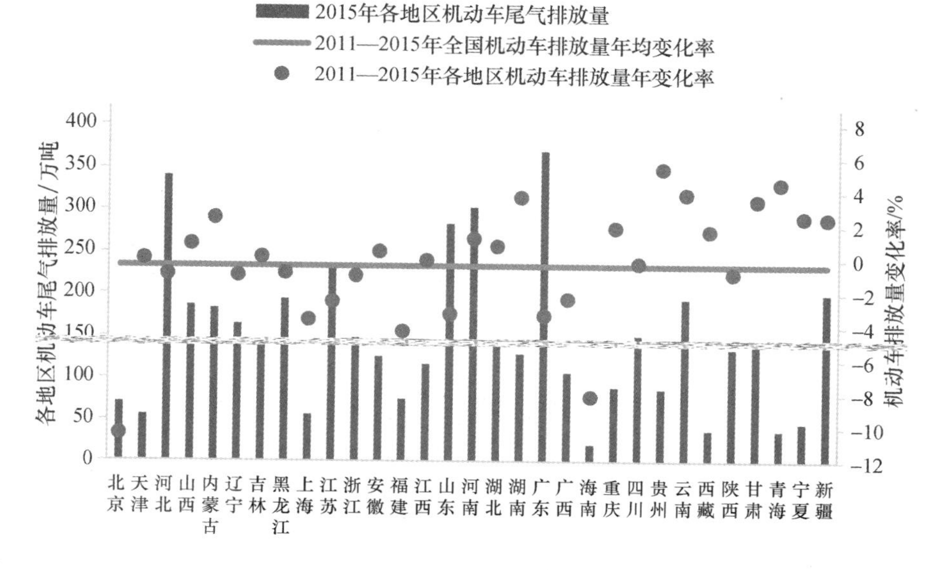

图 3-10　2011—2015 年各地区机动车尾气排放总量变化情况

2. 总颗粒物、氮氧化物、一氧化碳、碳氢化合物排放量的时间分布特征

2011—2015 年，总颗粒物排放量最低并逐年下降；一氧化碳排放量最高且无显著变化；2014 年后氮氧化物排放量显著下降，2015 年碳氢化合物排放量不降反增。除氮氧化物外，机动车尾气污染物的排放量均在 2013 年下降最快。（见图 3－11）

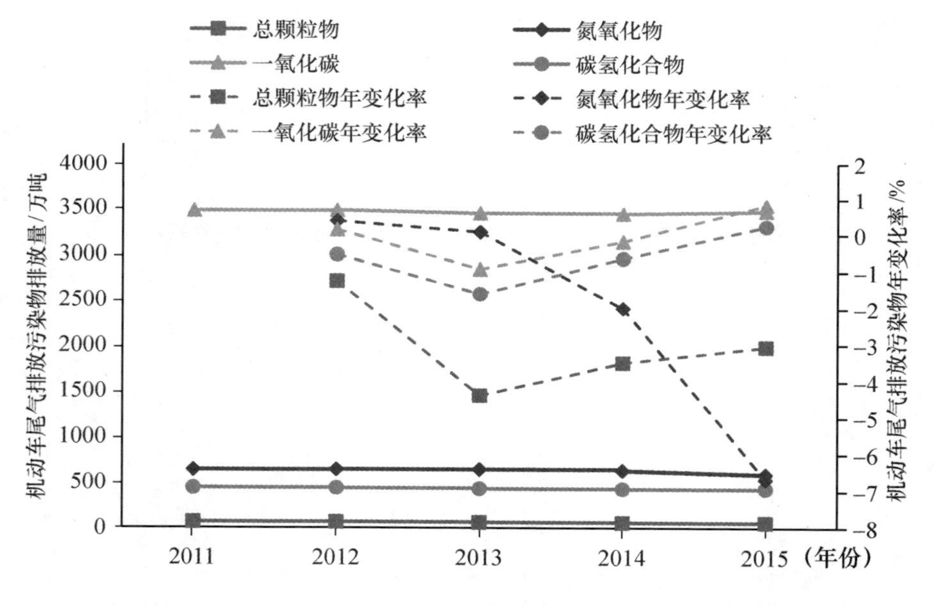

图 3－11　2011—2015 年全国机动车尾气主要污染物排放变化情况

第一，全国机动车尾气中总颗粒物排放量呈现下降趋势。2011—2015 年，总颗粒物排放量由 62. 92 万吨下降至 55. 60 万吨，年均下降 3. 05%；其中，2013 年，总颗粒物排放量下降最快，同比下降 4. 38%。第二，全国机动车尾气中氮氧化物排放量先升后降。2011—2013 年，氮氧化物排放量由 637. 58 万吨增长至 640. 55 万吨，年均增

长 0.23%；2013—2015 年氮氧化物排放量由 640.55 万吨下降至 585.91 万吨，年均下降 4.36%。第三，全国机动车尾气中一氧化碳排放量在四类污染物中排放量最高，波动最小。2011—2015 年，一氧化碳排放量分别为 3466.57 万吨、3471.67 万吨、3439.73 万吨、3433.69 万吨；2013 年一氧化碳排放量下降最快，同比下降 0.92%。第四，全国机动车尾气中碳氢化合物排放量整体呈现下降趋势，2015 年有所反弹。2011—2014 年，碳氢化合物排放量由 440.48 万吨下降至 428.45 万吨，年均下降 0.92%；2015 年碳氢化合物排放量增长至 429.43 万吨，同比增长 0.23%；2013 年碳氢化合物排放量下降最快，同比下降 1.59%。

图 3－12 显示了 2015 年我国各省级行政区机动车尾气中总颗粒物、氮氧化物、一氧化碳、碳氢化合物的排放量情况，2011—2015 年

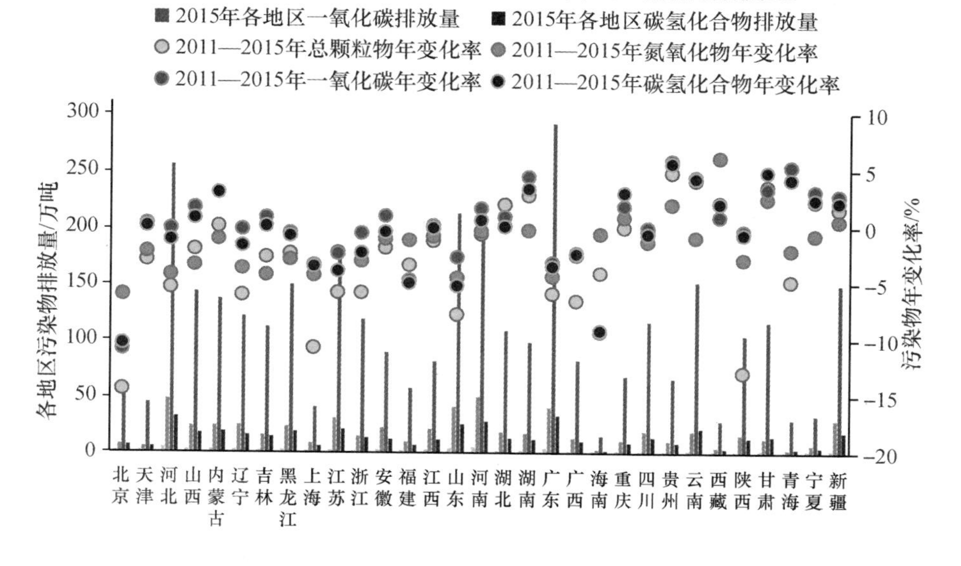

图 3－12　2011—2015 年各地区机动车尾气主要污染物排放变化情况

各省级行政区总颗粒物、氮氧化物、一氧化碳、碳氢化合物排放量的年变化率。总体来看，各省级行政区机动车尾气中氮氧化物排放控制效果最佳，一氧化碳排放控制效果最差。北京的机动车尾气污染物排放效果良好，2011—2015 年机动车尾气污染物排放量年均下降率居首位。

第一，除 9 个省级行政区外，其他区域机动车尾气中总颗粒物排放量均呈现下降趋势。2015 年，河南的总颗粒物排放量最高、北京的总颗粒物排放量最低，分别为 5.02 万吨、0.24 万吨；2011—2015 年，北京的总颗粒物排放控制效果最佳，年均下降 14.39%。第二，除 6 个省级行政区外，其他区域机动车尾气中氮氧化物排放量均呈现下降趋势。2015 年，河南的氮氧化物排放量最高、海南的氮氧化物排放量最低，分别为 49.19 万吨、2.9 万吨；2011—2015 年，北京的氮氧化物排放控制效果最佳，年均下降 6%。第三，31 个省级行政区中仅有 14 个地区机动车尾气中的一氧化碳排放量呈现下降趋势。2015 年，广东的一氧化碳排放量最高、海南的一氧化碳排放量最低，分别为 291.34 万吨、14.84 万吨；2011—2015 年，北京的总颗粒物排放控制效果最佳，年均下降 10.84%。第四，15 个省级行政区机动车尾气中的碳氢化合物排放量呈现下降趋势。2015 年，广东的碳氢化合物排放量最高、海南的一氧化碳排放量最低，分别为 32.83 万吨、1.88 万吨；2011—2015 年，北京的总颗粒物排放控制效果最佳，年均下降 10.33%。

二　工业废气排放高值集聚，机动车尾气排放无空间自相关

（一）固定源大气污染物排放的空间分布特征

我国工业废气排放量存在空间自相关，北京、天津、河北、内

蒙古、辽宁、山西、江苏、山东、河南的工业废气排放控制效果不佳，具有高值集聚特征。①表3－7显示了1999年、2014年、2015年我国省域工业废气排放的Moran's I指数。从表3－7结果可以看出，1999年、2014年、2015年，我国工业废气排放的Moran's I指数在采用Rook相邻与反距离权重矩阵下，均为正值，较为显著，但是在Rook相邻权重下Moran's I指数较小并且2014年Moran's I指数在5%的显著水平下显著。这意味着我国工业废气排放存在空间自相关，但空间相关程度没有AQI和PM 2.5高，却也存在高高、低低的集聚特征。②表3－8显示了1999年、2014年、2015年我国省域工业废气排放的Getis-Ord General G指数。从表3－8结果可以看出，1999年、2014年、2015年，我国工业废气排放量的G观测值大于期望值，Z值为正值，在1%的显著水平下显著。这意味着我国工业废气排放存在空间自相关，即工业废气排放较高的区域，可能促进周围区域的工业废气排放增加。综合我国省域工业废气排放的Moran's I指数和Getis-Ord General G指数结果，我国工业废气排放具有空间自相关，高高聚类特征明显。

表3－7　1999年、2014年、2015年全国各省级行政区工业废气排放的Moran's I指数

年份	I（Rook）	Z值	P值	I（Inverse Distance法）	Z值	P值
1999	0.250	2.422	0.008***	0.561	143.933	0.000***
2014	0.225	2.293	0.011**	0.625	160.315	0.000***
2015	0.247	2.534	0.006***	0.624	160.131	0.000***

表3-8 1999年、2014年、2015年全国各省级行政区工业废气排放的 Getis-Ord General G指数

年份	G	E（G）	Z值	P值
1999	0.581	0.519	7.268	0.000***
2014	0.560	0.519	5.762	0.000***
2015	0.559	0.519	5.777	0.000***

根据我国省域工业废气局部Moran's I分布以及Getis-Ord Gi*热点分布，我国大气污染在省域空间上主要呈现出高高（HH）集聚的分布特征。北京、天津、河北、内蒙古、辽宁、山西、江苏、山东、河南的工业废气排放较高，并且具有集聚效应；福建、海南是工业废气排放的低值集聚区，工业废气排放控制效果较好。江西、浙江、西藏的工业废气排放水平也较低。

（二）移动源大气污染物排放的空间分布特征

我国机动车尾气排放量不存在空间自相关。表3-9显示了2011年、2014年、2015年我国省域机动车尾气排放的Moran's I指数。①从表3-9结果可以看出，2011年、2014年、2015年，我国机动车尾气排放的Moran's I指数在采用Rook相邻权重矩阵下，均不显著；在反距离权重矩阵下，均在1%的显著水平下显著，并且为正值，但均值都低于0.5。②表3-10显示了2011年、2014年、2015年我国省域机动车尾气排放的Getis-Ord General G指数。从表3-10可以看出，2011年、2014年、2015年，我国机动车尾气排放的G观测值大于期望值，Z值为正值，但仅有2011年在10%的显著水平下显著，其余年份不显著。这意味着，根据Getis-Ord General G指数，

我国机动车尾气排放基本不存在空间自相关。综合我国省域机动车尾气排放的 Moran's I 指数和 Getis-Ord General G 指数结果，我国机动车尾气排放不存在空间自相关。

表 3－9　2011 年、2014 年、2015 年全国各省级行政区机动车尾气排放的 Moran's I 指数

年份	I（Rook）	Z score	P value	I（Inverse Distance）	Z score	P value
2011	－0.024	0.082	0.468	0.451	115.589	0.000***
2014	－0.049	－0.136	0.446	0.447	114.775	0.000***
2015	－0.051	－0.157	0.438	0.447	114.628	0.000***

表 3－10　2011 年、2014 年、2015 年全国各省级行政区机动车尾气排放的 Getis-Ord General G 指数

年份	G	E（G）	Z score	P value
2011	0.533	0.519	1.654	0.098*
2014	0.532	0.519	1.580	0.114
2015	0.531	0.519	1.458	0.145

本章通过分析我国大气污染状态，即空气质量和大气污染物排放的时空特征，表述中国大气污染的防治效果，有如下发现。

第一，我国空气质量呈现好转趋势，但秋冬季节常有反弹，华北华中 9 个省级行政区空气污染集中。从时间分布来看，年度 AQI 整体下降，年度 PM 2.5 浓度逐年下降，2017 年 AQI 出现反弹；季度 AQI 和 PM 2.5 浓度秋冬反弹明显，2016 年后春夏季也出现反弹，但反弹程度没有秋冬季高。从空间分布来看，我国 AQI 和 PM 2.5 浓度存在高值集聚性，即 AQI、PM 2.5 浓度高的省级行政区被 AQI、PM 2.5

浓度高的省级行政区包围；北京、天津、河北、山西、辽宁、江苏、安徽、山东、河南的 AQI 和 PM 2.5 浓度具有高值集聚特征，北京、天津、河北、河南、新疆的 AQI 最差，北京、天津、河北、辽宁、山西、江苏、安徽、山东、河南一直处于 PM 2.5 的热点区域，2018 年 PM 2.5 热点区域增多，PM 2.5 或成调控重点。

第二，我国工业废气排放总量减速上升，机动车尾气排放总量略有下降，空气污染集中的区域工业废气排放总量也具有高值集聚特征，机动车尾气排放总量不存在省域集聚特征，但一半省级行政区污染总量不降反增。从时间分布来看，我国工业废气排放总量呈现上升趋势，2011 年后增速放缓；工业二氧化硫先升后降，2006 年为拐点；工业烟粉尘整体下降，1998 年、2014 年大幅增长，2015 年工业烟粉尘排放水平与2008 年水平相当；工业氮氧化物排放量持续下降；机动车尾气排放略有下降。从空间分布来看，工业废气排放总量存在空间自相关，但相关程度没有空气质量空间相关程度高。北京、天津、河北、内蒙古、辽宁、山西、江苏、山东、河南的工业废气排放较高，并且具有集聚效应。我国机动车尾气排放量不存在空间自相关，但是贵州、青海、云南、湖南、甘肃的机动车尾气排放控制效果不佳、总量增速较快，一氧化碳在四类机动车尾气污染物调控中成效最不显著，一氧化碳或成调控重点。

第四章

中国工业化对大气污染的影响分析

根据PiSR模型，本书将压力（P）聚焦到工业化方面（Pi），研究工业化对大气污染的影响，即从工业化压力视角解释大气污染状态形成的原因。研究内容包括分析影响大气污染的工业化压力是什么（Pi）以及该压力如何影响大气污染（Pi-S）。

第一节　分析方法

一　变量设计

大气污染是被解释变量，表征工业化的总量与要素是解释变量。依据PiSR模型，工业化的特征表现在主导产业与主要产品、生产技术与要素投入、产品属性与销售范围、经济总量的变化方面；与之对应的与大气污染密切相关的变量包括产业结构、机动车辆、能源消费、技术水平、对外贸易、收入水平，其中，收入水平表征了工业化的总体进程。

（一）被解释变量

根据第三章所述，表示大气污染状态的指标包括空气质量和大气污染物排放量两个方面。空气质量指标相比排放指标与经济活动的相关性较低，受自然因素较大影响，能够准确表述大气污染的状态；大气污染物排放量与经济活动直接相关，与自然条件无关，不能准确表述大气污染状态。由于同一统计口径的空气质量指标时序较短，大气污染排放指标与工业化的相关性更高，因此，本书选取大气污染排放指标作为研究工业化对大气污染影响的被解释变量。

根据第三章所述，大气污染排放指标包括固定源和移动源大气污染物排放量。①工业废气排放总量是多种工业大气污染物的排放总量，是最具典型性、代表性、综合性的大气污染固定源排放指标。高明等以工业废气排放量表示大气污染，应用 STIRPAT 模型分析了城市化进程、环境规制对大气污染的影响。吕长明、李跃应用单位工业产值废气排放量作为被解释变量，通过 PSM-DID 法检验雾霾舆论爆发前后城市的减排差异。②机动车尾气排放总量是多种机动车污染物的排放总量，是大气污染移动源排放的代表指标。李思寰、张卫国基于 2010—2015 年的省域汽车注册数据和汽车尾气排放量，应用 Nordhau 模型测算了 2016—2020 年的汽车尾气减排率。因此，根据指标代表性、数据可获得性原则，本书选取工业废气排放总量、机动车尾气排放总量作为大气污染排放指标，分析我国工业化对大气污染的影响。

根据数据可获得性、样本充足性原则，本书选取 1983—2015 年的全国工业废气排放总量，1999—2015 年除西藏以外的 30 个省级行政区的工业废气排放总量；2011—2015年除西藏以外的30个省级行政区的机动车尾气排放总量作为表示大气污染的被解释变量。为减少共线性和异方差、压缩变量尺度，本书对原始数据进行对数处理，取对数之后不会改变数据性质和相关关系。经过对数处理的工业废气排放量以*lnext*表示，机动车尾气排放量以*lnvext*表示。数据来源于《中国统计年鉴》《中国环境统计年鉴》。

（二）解释变量

1. 收入水平

工业化是一个多因素变化的经济发展过程。根据钱纳里、库兹涅茨等学者研究，收入水平是表示工业化进程、划分工业化阶段的总量指标，是判断工业化程度的综合指标，通常以人均GDP来衡量。Bölük和Mert分析了1990—2008年16个欧洲国家人均GDP、可再生与不可再生能源对温室气体排放的影响。Gill等应用1970—2011年人均GDP表示经济增长，检验了马来西亚CO_2排放的EKC曲线。闫宁等构建工业废气排放量和人均GDP的非线性模型，应用江苏1999—2015年相关数据，分析了环境与经济的协调性。

由于人均GDP是工业化进程（即经济总量扩张）的综合指标，因此，本书选取人均GDP表示工业化进程。由于人均GDP的当年数值受价格指数影响，本书首先应用平减指数调整基年不变价实际人均GDP，再进行对数处理，以*lnpgdp*表示，数据来源于《中国统计年鉴》。

2. 产业结构

根据工业经济发展阶段模型和相关学者研究，产业结构是反映工业化主导产业的指标，是影响大气污染的工业化要素之一。①三次产业更替影响大气污染。Kofi 和 Bekoe 以工业占比表示三次产业结构，通过短期因果和长期均衡模型，分析了非洲三个国家产业结构对 CO_2 排放的影响。Guo 和 Guo 以第二产业占比表示产业结构，通过中国省域面板固定效应模型，发现不同区域的 PM 2.5 排放受产业结构的影响程度不同。刘军等采用动态空间面板模型分析了我国大气污染的影响因素，其中，以第二产业占 GDP 比重衡量的产业结构显著加剧城市大气污染。②工业内部结构影响大气污染。Wang 等通过误差修正模型，分析了重工业产值对 CO_2 的影响。马丽梅采用八大高耗能工业产值占工业总产值的比重表示工业结构，分析工业结构对 PM 10 的影响。

由于我国第二产业包括工业和建筑业，两者均是影响大气环境的重要行业，因此，本书选取第二产业占 GDP 的比重（简称第二产业占比）表示三次产业的结构变化，经过对数处理，以 *lnscdp* 表示，数据来源于《中国统计年鉴》。由于重工业、轻工业的划分方式较粗，重工业、高耗能产业大多属于基础工业，因此本书选用基础工业产值占工业总产值的比重（简称基础工业占比）表示工业内部结构，经过对数处理，以 *lnfundp* 表示，数据来源于《中国工业统计年鉴》。

3. 机动车辆

机动车辆是反映工业化主要产品的要素，是影响大气污染的重要因素。机动车辆作为典型的工业产品，是大气污染的移动来源。Faiz 等通过分析机动车数量、车况、交通设施等特征，讨论了拉丁美洲机动车对大气污染的影响。卢华、孙华臣应用民用车保有量作为影响可吸入颗粒物（PM 10）的影响因素之一，分析经济与环境的相关性。肖悦将民用汽车拥有量作为影响大气污染的社会经济因素之一，通过空间计量经济模型得出民用汽车拥有量对各地大气污染具有正向加重效应。

虽然汽车数量没有路面拥挤、出行密度对大气污染的解释力强，但是作为影响工业废气排放的工业产品变量，汽车数量反映了工业产品的生产规模，更适合作为工业废气排放的影响因素。同时，由于缺乏可靠的清洁车占比数据，因此，本书选取民用汽车拥有量作为机动车辆的代表指标，表示工业化主要产品的变化，经过对数处理，以 *lncar* 表示，数据来源于《中国统计年鉴》及地方统计年鉴。

4. 能源消费

根据工业经济发展阶段模型和相关学者研究，能源消费是反映工业化要素投入的要素，是影响大气污染的工业化要素之一。①能源消费强度是大气污染的影响因素。能源消费强度通常以单位 GDP 能耗表示，反映一定时期内，一个国家或地区生产一个单位生产总值所消耗的能源，是衡量能耗的综合指标，是能源利用效率的代表指标。Robaina 和 Moutinho 应用该指标通过完全分解技术对葡萄牙 1996—2009 年 CO_2 排放强度进行了因素分解，发现能源消费强度是 36 个经济要素中对 CO_2 排放强度影响程度最大的指标。Zhang 等应用该指标通过 LMDI 模型分析了 CO_2 排放的影响因素，发现能源消费强度是碳排放强度的关键要素。②能源消费结构也影响大气环境。Dogan 和 Seker 应用可再生能源消费比例表示能源消费结构，通过 1980—2012 年欧盟国家的相关数据，探讨了 CO_2 排放、可再生与不可再生能源、收入水平之间的关系。我国具有“富煤、贫油、少气”的能源资源禀赋特征，煤炭消费是我国大气污染的重要原因。马丽梅、张晓以煤耗比例表示能源结构，分析发现中国能源结构的变化与 PM 2. 5 的变化存在着高度相关性。汪克亮等以长江经济带各省市煤炭消费量占能源消费总量的比重作为能源消费结构的衡量，发现煤炭消费比重的增加会抑制大气污染排放效率。

本书采用单位 GDP 能耗表示能源消费强度，经过对数处理，以 *lneng* 表示，数据来源于《中国能源统计年鉴》；采用煤炭消费量在能源消费量中的比例（简称煤炭消费占比）表示能源消费结构，经过对数处理，以 *lncoal* 表示，数据来源于《中国能源统计年鉴》。

5. 技术水平

根据工业经济发展阶段模型和相关学者研究，技术水平是反映工业化生产技术的要素，是影响大气污染的工业化要素之一。①劳动技术水平影响大气污染。Broker 和 Taylor 通过构建绿色 SOLOW 模型，得出劳动技术的进步会产生规模效应，从而增加污染物排放。李伟娜用各行业全员劳动生产率来度量技术进步，得出技术进步与环境污染之间的关系并不显著的结论。②清洁技术水平的提升有利于大气污染减排。Johnstone 等利用环境专利数据，探讨了环境规制、创新与竞争力之间的关系，发现综合性技术创新比末端治理创新更能提高污染治理效率。胡雪萍选取有效发明专利数表示技术水平，分析其对大气污染的影响，得出技术创新并未在大气污染治理领域产生效用的结论。胥彦玲分别以汤森路透的德温特专利创新索引和智慧芽专利平台为数据库，应用大气污染防治技术专利数据分析了国际、我国大气污染防治技术发展态势。

本书选取第二产业劳动生产率表示劳动技术水平，经过对数处理，以 *lnlp* 表示，数据来源于《中国统计年鉴》及各省、自治区、直辖市的统计年鉴，其中，第二产业增加值采用基年不变价的实际值。本书基于中国知网专利数据库，以“二氧化硫、氮氧化物、烟气、烟尘、PM、可吸入颗粒物、汽车尾气、大气污染、空气污染、雾霾”与“治理、去除、防治”为关键词搜索大气污染防治相关技术专利，根据专利归属的省级行政区进行统计，以大气污染防治技术专利数作为表示清洁技术水平的指标，经过对数处理，以 *lnctec* 表示，数据来源于中国知网专利数据库。

6. 对外贸易

根据工业经济发展阶段模型和相关学者研究，对外贸易是反映工业化产品范围销售的要素，是与大气污染防治政策相互作用，通过影响产业结构、能源消费、技术创新等其他要素对大气污染产生影响的工业化要素。Andrew 等研究发现，主要经济体对碳贸易（出口、进口）的依赖程度逐渐增加，其他国家的能源和气候政策可能削弱本国的 CO_2 排放控制政策。Kanemoto 等研究发现国际贸易并没有实现国家减排目标。独孤昌慧以进出口总额与当年 GDP 的商值表示对外贸易，应用我国 2000—2011 年省际面板数据，分析了我国对外贸易对大气污染排放的规模、结构、技术效应，发现对外贸易引致的规模效应、结构效应促进大气污染排放，技术效应抑制大气污染，整体表现为抑制大气污染。周小亮使用进出口总额占 GDP 的比重表示对外开放程度，考察了对外开放条件下技术创新、能源效率与大气污染的动态作用机制。

对外贸易包括进口与出口，与防治政策相互作用，影响产业结构、能源消费、技术创新等工业化要素。为减少变量间内生性，本书选取进出口总额表示对外贸易，经过对数处理，以 *lninout* 表示，数据来源于《中国统计年鉴》。以上被解释变量大气污染、解释变量工业化要素的标识、数据类型、数据来源总结在表 4－1 中。

表 4－1　　　　大气污染与工业化要素的变量设计

<table>
<tr><th colspan="3">变量</th><th>变量标识</th><th>变量单位</th><th>数据区间及类型</th><th>数据来源</th></tr>
<tr><td rowspan="3">被解释变量</td><td colspan="2" rowspan="2">工业废气排放量</td><td rowspan="2">lnext</td><td rowspan="2">亿标立方米</td><td>1983—2015 年全国总量数据</td><td>中国统计年鉴</td></tr>
<tr><td>1999—2015 年面板数据</td><td>中国环境年鉴</td></tr>
<tr><td colspan="2">机动车尾气排放量</td><td>lnvext</td><td>吨</td><td>2011—2015 年面板数据</td><td>中国环境年鉴</td></tr>
<tr><td rowspan="10">解释变量</td><td rowspan="2">经济总量</td><td rowspan="2">人均 GDP</td><td rowspan="2">lnpgdp</td><td rowspan="2">元</td><td>1983—2015 年全国总量数据</td><td rowspan="2">中国统计年鉴</td></tr>
<tr><td>1999—2015 年面板数据</td></tr>
<tr><td rowspan="2">产业结构</td><td>第二产业占比</td><td>lnscdp</td><td>%</td><td rowspan="8">1999—2015 年面板数据</td><td>中国统计年鉴</td></tr>
<tr><td>基础工业占比</td><td>lnfundp</td><td>%</td><td>中国工业统计年鉴</td></tr>
<tr><td>机动车辆</td><td>民用机动车拥有量</td><td>lncar</td><td>万辆</td><td>中国统计年鉴</td></tr>
<tr><td rowspan="2">能源消费</td><td>能源消费强度</td><td>lneng</td><td>吨标准煤/万元</td><td>中国能源统计年鉴</td></tr>
<tr><td>煤炭消费占比</td><td>lncoal</td><td>%</td><td>中国能源统计年鉴</td></tr>
<tr><td rowspan="2">技术水平</td><td>第二产业劳动生产率</td><td>lnlp</td><td>万元/人</td><td>中国统计年鉴</td></tr>
<tr><td>大气污染防治专利量</td><td>lnctec</td><td>个</td><td>中国知网专利数据库</td></tr>
<tr><td>对外贸易</td><td>进出口总额</td><td>lninout</td><td>亿美元</td><td>中国统计年鉴</td></tr>
</table>

二　计量模型构建

（一）工业化进程与大气污染的相关性模型

为了得到直观的可视化图形，本书应用环境库兹涅茨曲线（EKC）的简单模型分析工业化与大气污染的整体趋势。其中，以人均GDP表示工业化进程，以工业废气排放总量表示大气污染。根据Shafik和Bandyopadhyay的EKC模型设定方法，三次多项式估计形式能够容纳N形、倒N形、U形、倒U形、单调线性等多种结果。因此，本书选取三次多项式的估计形式构建工业化与大气污染的简单模型，如公式4－1所示。在估计过程中，首先对三次多项式进行估计，如若三次项的系数不显著，则对二次多项式进行估计，如若二次项的系数仍不显著，则剔除二次项，以单调线性形式进行估计。

$$lnext_t = \alpha\, lnpgdp_t + \beta\,(lnpgdp_t)^2 + \delta ln\,(lnpgdp_t)^3 + \varepsilon_t \quad (4-1)$$

（二）工业化要素对大气污染的影响模型

由中国大气污染现状分析可知，工业废气排放具有空间相关性，机动车尾气排放不具有空间相关性。因此，本书构建空间面板计量模型分析工业化要素对工业废气排放的影响；构建静态短面板模型分析机动车辆对机动车尾气排放的影响。另外，对外贸易通过产业结构、能源消费等其他工业化要素影响大气污染，因此构建中介效应模型分析对外贸易对大气污染的影响。

1. 空间面板模型

工业废气排放具有空间自相关，产业结构、机动车辆、能源消费、技术水平、对外贸易也可能存在空间效应，本书经过以下步骤构建空间面板计量模型，分析产业结构、机动车辆、能源消费、技术水平、对外贸易对大气污染的影响。

（1）面板单位根检验。面板数据分析假定数据在时间维上是平稳的，一旦数据在时间维上非平稳，就有可能出现伪回归，因此需要检验面板数据变量的平稳性。面板数据的单位根检验方法可分为同根、异根两大类单位根检验。其中，同根单位根检验假设面板数据中的各截面序列有相同的单位根，即假设变量的一阶滞后项系数 ρi 满足 $\rho i = \rho$，包括 LLC（Levin-Lin-Chu）检验、HT 检验、Breitung 检验等；异根单位根检验假设面板数据中的各截面序列具有不同的单位根，包括 IPS（Im-Pesaran-Skin）检验、Fisher-ADF 检验、Fisher-PP 检验、hadri 检验等。

LLC 和 Fisher-ADF 检验方式分别是面板数据同根和异根情形下最常用的检验方法，也适用于本书的数据结构。因此，本书选择同根情形下的 LLC 和异根情形下的 Fisher-ADF 检验方法对模型中各变量进行单位根检验，其中滞后阶数由 BIC 准则确定，是否包含趋势项和截距项根据检验结果和曲线图确定，检验结果见表 4－2。

表 4－2　大气污染与工业化要素变量的面板单位根检验结果

变量	同根检验 LLC		异根检验 Fisher-ADF		检验结果
	检验统计量	检验类型	检验统计量	检验类型	
lnext	t* = −3.5039***	(C,T)	P = 169.9786***；Z = −7.5672*** L* = −7.8446***；Pm = 9.6968***	(C,0)	平稳
lnpgdp	t* = −6.4004***	(C,T)	P = 128.2291***；Z = −4.5989*** L* = −4.7416***；Pm = 6.2284***	(C,0)	平稳
$lnpgdp^2$	t* = −5.5059***	(C,T)	P = 156.2453***；Z = −6.5195*** L* = −6.7871***；Pm = 8.7860***	(C,0)	平稳

续表

变量	同根检验 LLC		异根检验 Fisher-ADF		检验结果
	检验统计量	检验类型	检验统计量	检验类型	
lnpgdp^3	t* = -4.8999***	(C,T)	P = 153.8270***; Z = -6.4097*** L* = -6.6803***; Pm = 8.5652***	(C,0)	平稳
lnsecp	t* = -6.9093***	(C,T)	P = 123.6137***; Z = -5.0585*** L* = -4.9672***; Pm = 5.8071***	(C,0)	平稳
lnfundp	t* = -5.1556***	(C,0)	P = 144.0957***; Z = -6.4579*** L* = -6.5624***; Pm = 7.6769***	(C,0)	平稳
lncar	t* = -4.7136***	(C,T)	P = 120.5703***; Z = -4.7774*** L* = -4.8353***; Pm = 5.5293***	(C,0)	平稳
lneng	t* = -11.1433***	(C,T)	P = 144.3640***; Z = -5.2475*** L* = -5.6532***; Pm = 7.7013***	(C,0)	平稳
lncoal	t* = -2.5984***	(C,T)	P = 98.4172***; Z = -2.3514*** L* = -2.4128***; Pm = 3.5070***	(C,0)	平稳
lnlp	t* = -2.9971***	(C,T)	P = 115.0906***; Z = -4.9090*** L* = -4.7943***; Pm = 5.0291***	(C,0)	平稳
lnctec	t* = -6.7978***	(C,T)	P = 110.1065***; Z = -2.9833*** L* = -2.8936***; Pm = 4.5741***	(C,0)	平稳
lninout	t* = -3.7761***	(0,0)	P = 86.5554**; Z = -2.7958*** L* = -2.6258***; Pm = 2.4242***	(C,0)	平稳

注：检验类型中（C，0）指仅包含截距项；（C，T）指包含截距项和趋势项；（0，0）指不包含截距项和趋势项。

表4-2显示，全部面板数据变量均平稳。其中，*lnfundp* 的 LLC 和 Fisher-ADF 检验均在截距项条件下平稳；*lninout* 的 LLC 检验在非趋势和非截距项条件下平稳，Fisher-ADF 检验在截距项条件下平稳；其余变量的 LLC 检验在具有趋势和截距项条件下平稳，Fisher-ADF 检验在截距项条件下平稳。

（2）空间权重矩阵构建。本书应用 Rook 相邻法构建权重矩阵，选取除西藏以外的30个省级行政区面板数据进行分析，为防止“孤岛现象”，假设海南与广东、广西相邻。省级行政区的地理位置编号同《中国统计年鉴》各省序号。以北京为例，北京的相邻信息为2、3，表示北京与天津、河北相邻，w_{12}、w_{13}、w_{21}、w_{31}为1，其他w_{1j}和w_{i1}均为0。

（3）空间面板模型选择。一般化的面板空间计量模型为：

$$\begin{aligned} Y_{it} &= u_i + \gamma_t + \eta Y_{i,t-1} + \rho w'_i Y_t + X'_{it}\beta + d_i X_t \delta + \varepsilon_{it} \\ \varepsilon_{it} &= \lambda m'_i \varepsilon_t + v_{it} \end{aligned} \tag{4-2}$$

式中：$i=1, 2, \cdots, N$；$t=2, \cdots, T$；β和δ为K维列向量；

$$W = \begin{bmatrix} w_{11} & w_{12} & \cdots & \cdots & \cdots & w_{1N} \\ w_{21} & w_{22} & \cdots & \cdots & \cdots & w_{2N} \\ \vdots & \vdots & \ddots & \vdots & \vdots & \vdots \\ w_{i1} & w_{i2} & \cdots & w_{ii} & \cdots & w_{iN} \\ \vdots & \vdots & \vdots & \vdots & \ddots & \vdots \\ w_{N1} & w_{N2} & \cdots & \cdots & \cdots & w_{NN} \end{bmatrix} = \begin{bmatrix} w'_1 \\ w'_2 \\ \vdots \\ w'_i \\ \vdots \\ w'_N \end{bmatrix}; Y_t = \begin{bmatrix} Y_{1t} \\ Y_{2t} \\ \vdots \\ Y_{Nt} \end{bmatrix}; X_t = \begin{bmatrix} X'_{1t} \\ X'_{2t} \\ \vdots \\ X'_{Nt} \end{bmatrix}$$

空间效应包括直接效应、间接效应、总效应。其中，区域i的变量X_{rit}变动对区域i的被解释变量Y_{it}产生的影响$\frac{\partial Y_{it}}{\partial X_{rit}}$称为直接效应；其他区域的变量$X_{rt}$变动对本区域$i$的被解释变量$Y_{it}$产生的影响$\sum_{j=1}^{N} \frac{\partial Y_{it}}{\partial X_{rjt}} - \frac{\partial Y_{it}}{\partial X_{rit}}$称为间接效应；所有区域的变量$X_{rt}$变动对区域$i$的被解释变量$Y_{it}$产生的影响$\sum_{j=1}^{N} \frac{\partial Y_{it}}{\partial X_{rjt}}$称为总效应。

面板空间误差模型（PSEM）假设被解释变量的空间溢出源于随机冲击，即空间效应通过误差项传导；面板空间自回归模型（PSAR）则假设被解释变量会通过空间相互作用对其他地区产生影响；而面板空间自相关模型（PSAC）和面板空间杜宾模型则同时考虑了上述两类空间效应的传导机制，并且面板空间杜宾模型（PSDM）还考虑了空间交互作用，即一个地区的被解释变量不仅受本地区的解释变量影响，还会受到其他区域被解释变量和解释变量的影响。由于面板空间杜宾模型（PSDM）同时考虑两类空间效应，工业废气排放具有时间滞后效应，因此，本书构建动态面板空间杜宾模型分析工业化要素对工业废气排放的影响，公式如4－3所示。

$$\begin{aligned} lnext_{it} = {} & u_i + \gamma_t + \varepsilon_{it} + \eta lnext_{i,t-1} + \rho w'_i lnext_t + lnpgdp'\beta_0 + \\ & (lnpgdp)^2{}'\beta_1 + (lnpgdp)^3{}'\beta_2 + lnscdp_{it}{}'\beta_3 + \\ & lnfundp_{it}{}'\beta_4 + lncar_{it}{}'\beta_5 + lneng_{it}{}'\beta_6 + lncoal_{it}{}'\beta_7 + \\ & lnlp_{it}{}'\beta_8 + lnctect_{it}{}'\beta_9 + lninout_{it}{}'\beta_{10} + d_i lnscdp_t \delta_1 + \\ & d_i lnfundp_t \delta_2 + d_i lncar_t \delta_3 + d_i lneng_t \delta_4 + \\ & d_i lncoal_t \delta_5 + d_i lnlp_t \delta_6 + d_i lnctect_t \delta_7 + d_i lninout_t \delta_8 \end{aligned} \quad (4-3)$$

2. 中介效应模型

对外贸易会影响产业结构、能源消费、技术水平，从而影响工业废气排放量，即产业结构、能源消费、技术水平是对外贸易与大气污染的中介变量。简单的中介模型如公式4－4所示，式中 X 是解释变量，Y 是被解释变量，M 是中介变量，为避免回归方程中与中介效应无关的截距项，公式4－4假设所有变量都已经进行了标准化，即均值为0标准差为1；中介效应以间接效应（indirect effect）表示，即等于系数a、b的乘积，它与总响应和直接效应的关系如公式4－5。

$$\begin{cases} Y = cX + e_1 \\ M = aX + e_2 \\ Y = c'X + bM + e_3 \end{cases} \quad (4-4)$$

$$c = c' + ab \tag{4-5}$$

式中：c 为解释变量 X 对被解释变量 Y 的总效应；a 为 X 对中介变量 M 的效应；b 是在控制了 X 对 Y 的影响后，M 对被解释变量 Y 的效应；c' 是在控制了 M 对 Y 的影响后，X 对 Y 的直接效应；e1—e3 是回归残差。

由于本书涉及多个中介变量，需要构建多重中介（Multiple Mediation）模型。多重中介效应分析可以从 3 个角度进行：第一，总的中介效应，即估计和检验所有间接效应的总和；第二，特定路径的中介效应，即估计和检验某些特定路径的间接效应；第三，对比中介效应，即估计和检验某两个路径的间接效应差异。检验多重中介模型，一般使用结构方程模型进行分析，比较好的方法是 Bootstrap 法。构建的对外贸易通过其他工业化要素影响工业废气排放的结构方程模型如公式 4－6 所示。

$$\begin{cases} lnext = clninout + e_0 \\ lnscdp = a_1 lninout + e_1 \\ lnfundp = a_2 lninout + e_2 \\ lneng = a_3 lninout + e_3 \\ lncoal = a_4 lninout + e_4 \\ lnlp = a_5 lninout + e_5 \\ lnctec = a_6 lninout + e_6 \\ lnext = c'lninout + b_1 lnscdp + b_2 lnfundp + \\ b_3 lneng + b_4 lncoal + b_5 lnlp + b_6 lnctec + e_7 \end{cases} \tag{4-6}$$

3. 静态短面板模型

工业化要素中的机动车数量、大气污染防治技术水平，不仅影响工业废气排放，也影响机动车尾气排放。受数据可获得性影响，本书通过2011—2015年30个省份的短面板数据，分析机动车数量、大气污染防治技术水平对机动车尾气排放的影响。当面板数据的时间维度较少、个体信息较少时，一般假设数据平稳、ε_{it}为独立同分布。由于本书数据的$T=5$，因而直接构建静态面板模型分析机动车数量、大气污染防治技术水平对机动车尾气的影响。静态面板数据模型的一般表达式如公式4－7所示。

$$y_{it} = x'_{it}\beta + z_i'\delta + \mu_i + \varepsilon_{it} \quad i = 1,2,\cdots,N; t = 1,2,\cdots,T \quad (4-7)$$

式中：z_i'为不随时间而变的个体特征；x'_{it}随个体及时间而变。μ_i是代表个体异质性的不可观测的随机变量，ε_{it}是随个体与时间而改变的扰动项，$\mu_i + \varepsilon_{it}$合称为复合扰动项。

如果μ_i为常数，即所有个体都拥有完全一样的回归方程，则成为混合效应模型；如果μ_i与某个解释变量相关，则称为固定效应模型（Fixed Effects Model，FE）；如果μ_i与所有解释变量均不相关，则称为随机效应模型（Random Effects Model，RE）。本书遵照混合效应、个体时点固定、个体固定、时点固定、随机效应模型的路径对模型进行设定和检验。涉及F检验（Chow检验）、LR检验、Hausman检验。构建的机动车尾气排放的工业化要素影响模型如公式4－8所示。

$$\begin{aligned} lnvext_{it} = {} & lncar_{it}'\beta_1 + lnctect_{it}'\beta_2 + lnpgdp_{it}'\beta_3 + \\ & lnpgdp_{it}^{2}{}'\beta_4 + lnpgdp_{it}^{3}{}'\beta_5 + z_i'\delta + \mu_i + \varepsilon_{it} \end{aligned} \quad (4-8)$$

第二节　大气污染的工业化压力

根据PiSR模型可知，大气污染的产生来源于工业化对大气环境的压力。本章首先将中国的工业化进程进行阶段划分，然后通过分析产业结构、机动车辆、能源消费、技术水平、对外贸易等工业化要素的变化，研究工业化各个阶段对大气环境产生的压力。其中，工业阶段的划分参考钱纳里以人均 GDP 划分工业阶段的办法，应用张思锋的工业经济发展阶段理论，结合我国发展时间和相关学者研究，将我国工业化分为四个阶段，即1949—1977 年的重工业优先发展阶段，1978—1995 年的轻纺工业迅速发展阶段，1996—2010 年的基础工业快速成长阶段和2011 年至今高附加高技术工业推向前台阶段。

一　重工业优先发展时期大气污染的工业化压力

1949—1977 年，即改革开放前，新中国为了建立独立的工业体系和国家安全体系，采取了重工业优先发展的赶超战略。第二次世界大战（1939—1945）尤其是朝鲜战争的爆发使中国切实感受到重工业的薄弱。因此，我国学习苏联制订第一个五年计划（1953—1957），集中人力、物力、财力发展重工业，开始走传统的社会主义工业化道路。受历史条件、理论实践的局限，该条路没有摆脱“以重工业为中心”的发展理念，反而在“大跃进”运动中把钢铁、煤炭等重工业提高到压倒一切的至高地位。

重工业优先发展时期，大气污染的工业化压力主要体现在如下方面。

第一，我国经济总量处于较低水平，变化率剧烈抖动（GDP、人均 GDP 是以 1952 年为底的实际值，下同）。1952—1977 年，我国 GDP 和人均 GDP 整体呈现上升趋势，1977 年我国 GDP、人均 GDP 分别为2866.97亿元、301.93元；GDP和人均GDP变化率剧烈抖动，年均增长率分别为5.93%、3.79%；GDP年变化率最大值、最小值分别为1958年的21.3%、1961年的－27.3%，人均GDP变化率最大值、最小值分别为1958年的18.3%、1961年的－26.6%。（见图4－1）

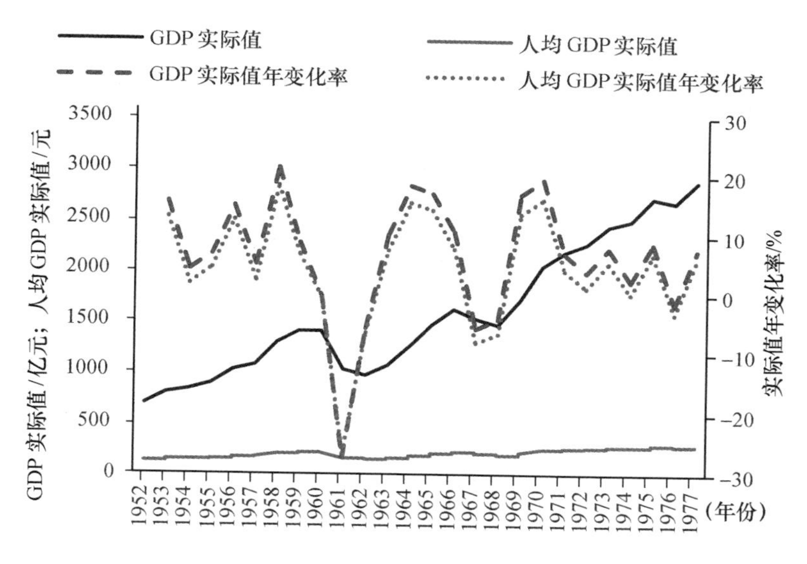

图4－1　1952—1977年经济总量的变化情况

第二，我国建立了独立的工业体系，第二产业增加值占GDP的比重不断增高，呈现重工业畸形发展、农业严重损害、服务业十分落后的高投入、低效率状态。1952—1977年，我国第二产业增加值占GDP的比重由20.9%增长至47.1%；重工业产值在工业总产值中的比例先升后降再升，1971—1977年重工业总产值占比稳定在56%左右；重工业年增长率除个别年份，均高于轻工业增长率。（见图4－2）

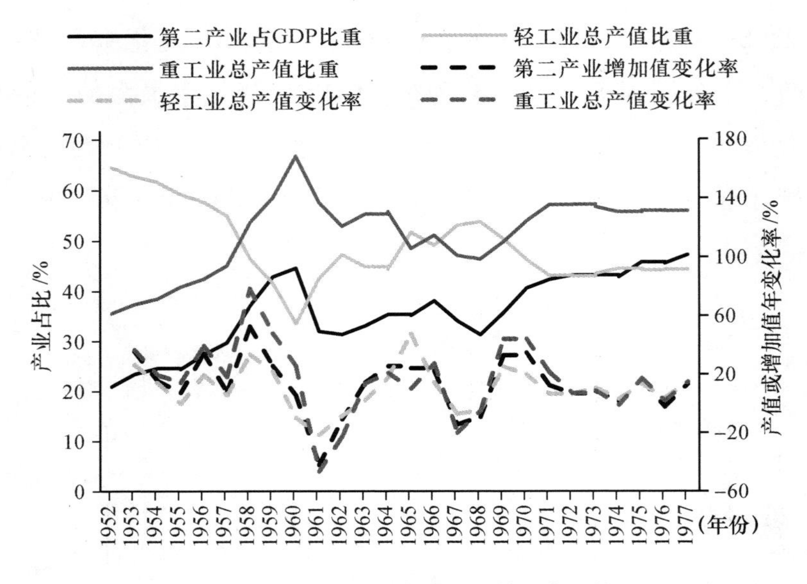

图4－2　1952—1977年产业结构的变化情况

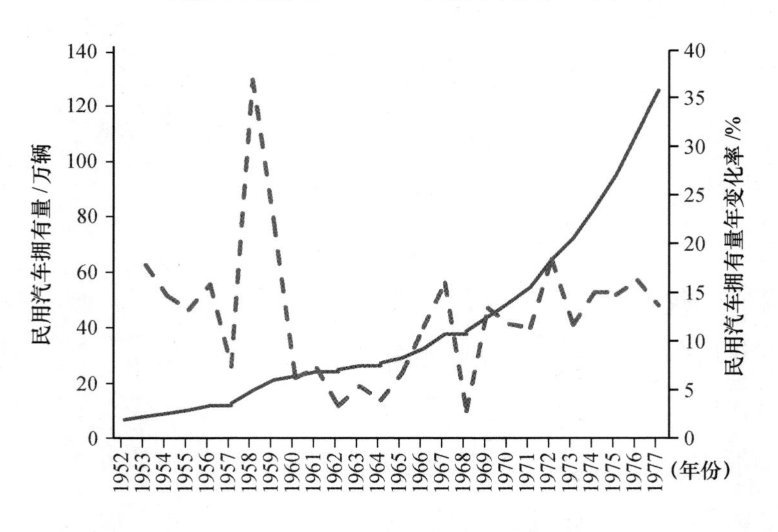

图4－3　1952—1977年汽车总量的变化情况

第三，民用汽车拥有量虽持续增长但总体规模较小。1952—1977年，民用汽车拥有量年均增长率为12.47%，1977年全中国民用汽车拥有量为125.08万辆，平均每1000人仅拥有1辆民用汽车。（见图4－3）

第四，能源消费强度逐步提升，煤炭消费占比有所下降。由于重工业优先战略，能源消费强度逐步上升，1953年能源消费强度为6.57吨标准煤/万元，1958—1960年“大跃进”时期能源消费强度迅速攀升至1960年的20.72吨标准煤/万元。随后能源消费强度先回落再上升，1977年为16.35吨标准煤/万元。煤炭消费占比有所下降，1952年为94.3%，1977年为70.3%，年均下降1.17%。（见图4－4）

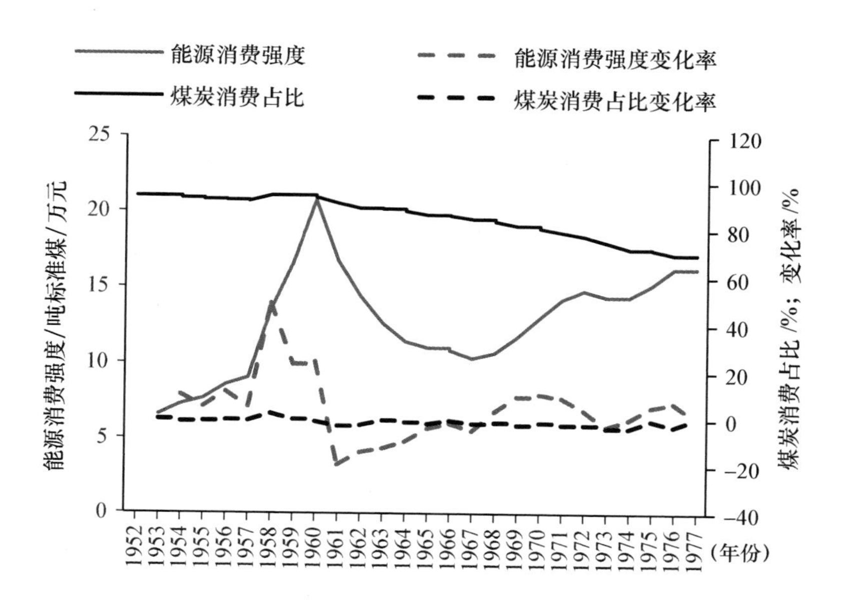

图4－4　1952—1977年能源消费的变化情况

第五，第二产业劳动生产率有所提升，技术突破主要在国防领域，环保技术开始萌芽（第二产业劳动生产率中第二产业增加值是以1952年为底的实际值，下同）。第二产业劳动生产率抖动上升，由1952年的926.19元/人增长到1977年的3218.89元/人。该阶段，我国以引进成套设备为主，大规模引进了冶金、石油化工、电力等重工业技术，在国防领域取得了重大成就。20世纪70年代，随着中国代表团第一次参加联合国人类环境大会，我国环保意识逐渐萌芽，《关于保护和改善环境的若干规定（试行）》（1973）对工业设备和交通工具的技术提出了以减少“三废”为目标的技术革新要求。（见图4－5）

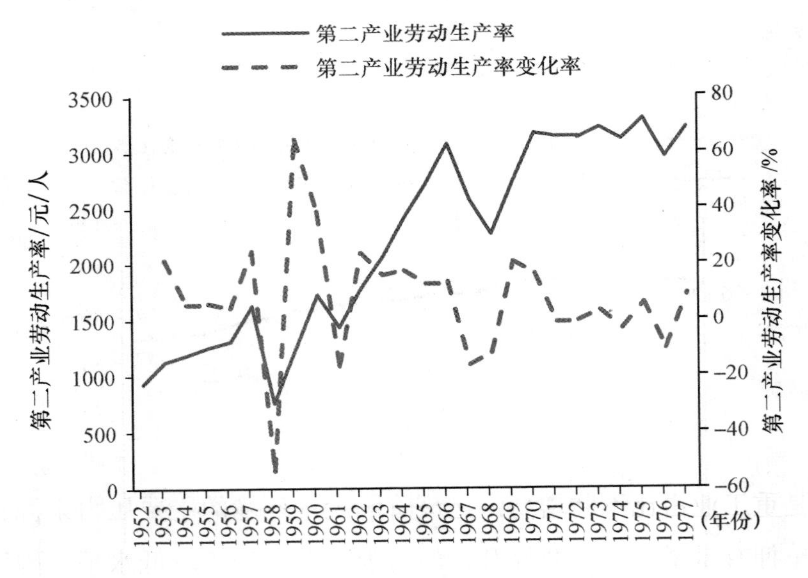

图4－5　1952—1977年技术水平的变化情况

第六，中国实行进口替代和扩大商品出口的政策以换取外汇，形成了主要进口成套设备、引进先进技术等生产资料以推动工业迅速发展，在特别时期进口粮食、砂糖、动植物油、棉花等生活资料以满足国内消费需求的进口模式；形成了轻纺工业产品、重化工产品等工业制成品出口比例扩大，但依旧以工矿产品、农副产品加工品等初级产品为主的出口模式。我国进出口在1973年出现大幅提升，年均增长74.29%（见图4-6）

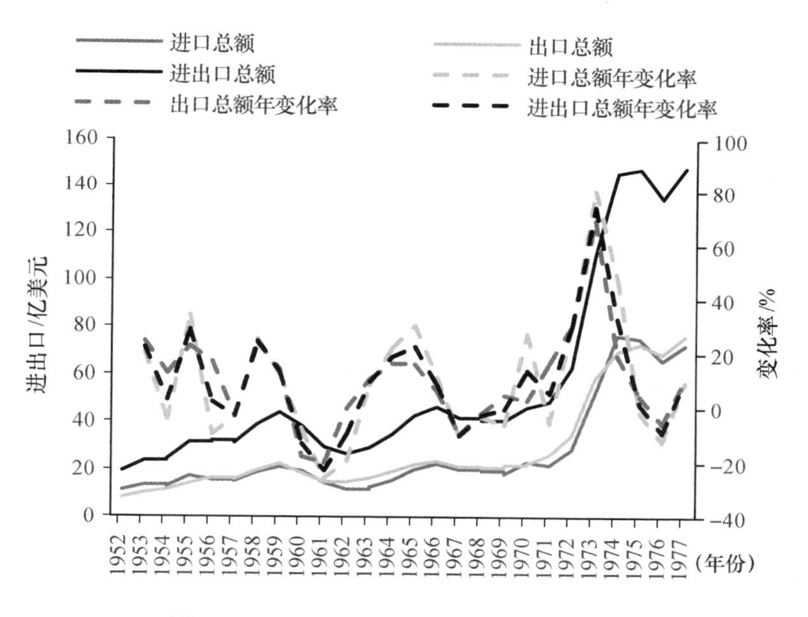

图4-6　1952—1977年对外贸易的变化情况

综上所述，1949—1977年的重工业优先发展时期，第二产业占比尤其是重工业占比不断增高，是该阶段大气环境的主要压力来源；民用汽车拥有量增长率不断提升，但由于其总量处于较低水平，因而对大气环境的压力较小；虽然煤炭消费占比有所下降，但是以环境保护为目的的技术刚刚起步，能源的清洁程度处于较低水平，大力发展重工业以及高占比的初级能源出口，造成了快速能源消耗，对大气环境产生了较大的压力。

二 轻纺工业迅速扩张时期大气污染的工业化压力

改革开放以来，我国逐步由计划经济体制向市场经济体制转型，工业进入结构调整纠偏、轻重工业协调发展的恢复理顺阶段。1978 年，我国属于极低收入国家。为了解决消费品不足和经济结构严重失调的问题，1979 年，我国开始实行“调整、改革、整顿、提高”的经济发展方针，在农村推行家庭联产承包责任制，在城市推行国有企业改革，推动了以轻纺工业为主的乡镇企业、非国有经济迅速发展。1992 年社会主义市场经济体制进一步确立，集体、私营经济蓬勃发展，国外资本和技术大量涌入，为下一阶段经济高速发展奠定基础。

轻纺工业迅速发展时期，大气污染的工业化压力主要体现在如下方面。

第一，我国经济总量抖动上升。1978—1995 年，我国 GDP 和人均 GDP 逐步上升，1978—1995 年，我国 GDP、人均 GDP 实际值分别从 3202.40 亿元、332.73 元增长到 16085.02 亿元、1327.86 元；GDP 和人均 GDP 的变化率有所波动，但均为正值，年均增长率分别为 6.16%、5.26%，均高于前一阶段；GDP 和人均 GDP 的年增长率在 1984 年达到最大值，分别为 15.2%、13.7%。（见图 4 -7）

第二，国家大力推进轻纺工业以满足国内消费需求，第二产业先降后升，轻工业快速增长，但占比仍低于重工业。第二产业占 GDP 的比重在 1978—1990 年呈现下降趋势，由 1978 年的 47.7% 下降到 1990 年的 41%，1991 年开始回升，逐步增长到 1995 年的 46.8%。轻工业年增长率除 1982—1984 年、1992—1994 年低于重工业增长率，

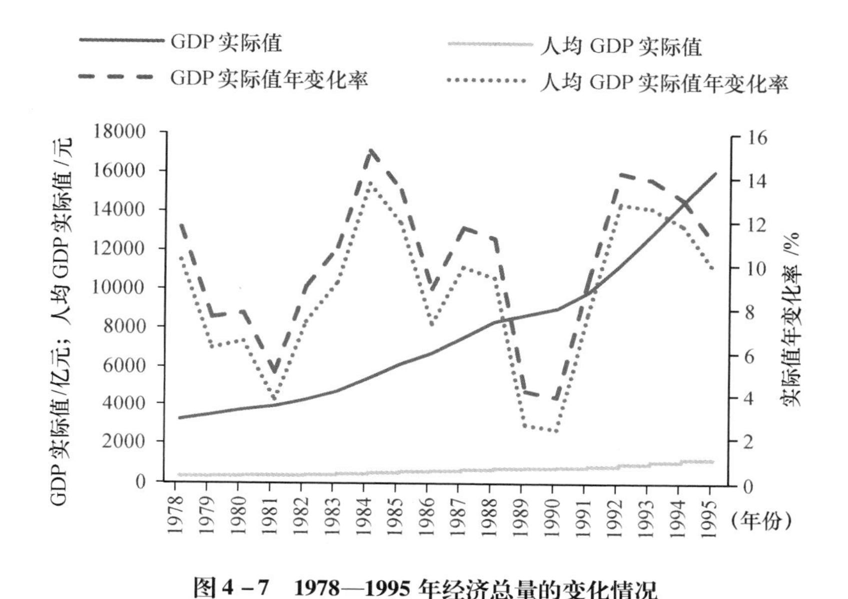

图4－7　1978—1995年经济总量的变化情况

其余年份均高于重工业年增长率。截至1994年，全国共有服装企业4.4万家，从业人员370万人，服装总产量78亿件，出口40亿件，出口额237亿美元，占全球出口额的16.7%，总产量和总出口为世界第一。（见图4－8）

第三，民用汽车拥有量不断增长，1978—1995年，从1978年的135.8万辆增长至1995年的1040万辆，民用汽车拥有量年均增长率为12.72%，略高于重工业优先发展时期的年均增长率。其中，1985年、1993年民用汽车拥有量涨幅最大，年增长率分别为23.31%、18.20%，其可能原因在于我国1985年决定在长江三角洲、珠江三角洲和厦漳泉三角地区开辟沿海经济开放区，1992年确立了市场经济体制改革目标。（见图4－9）

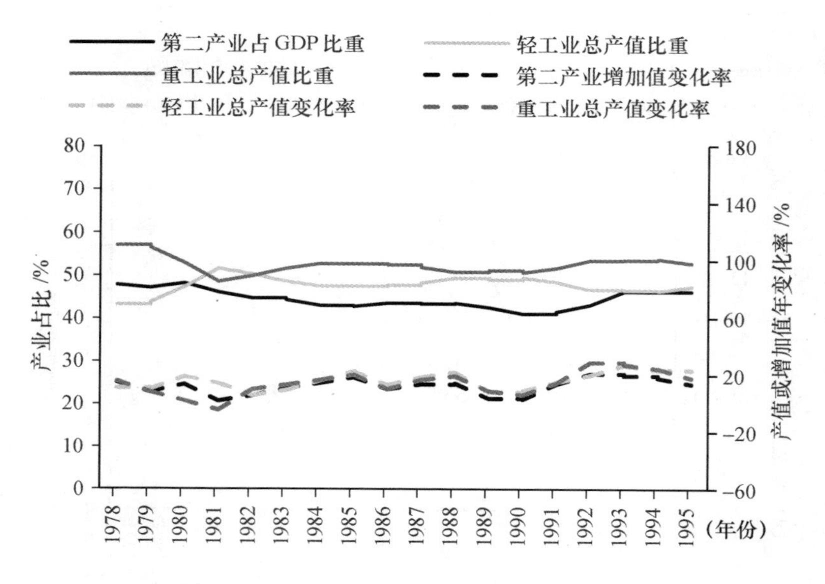

图 4－8 1978—1995 年产业结构的变化情况

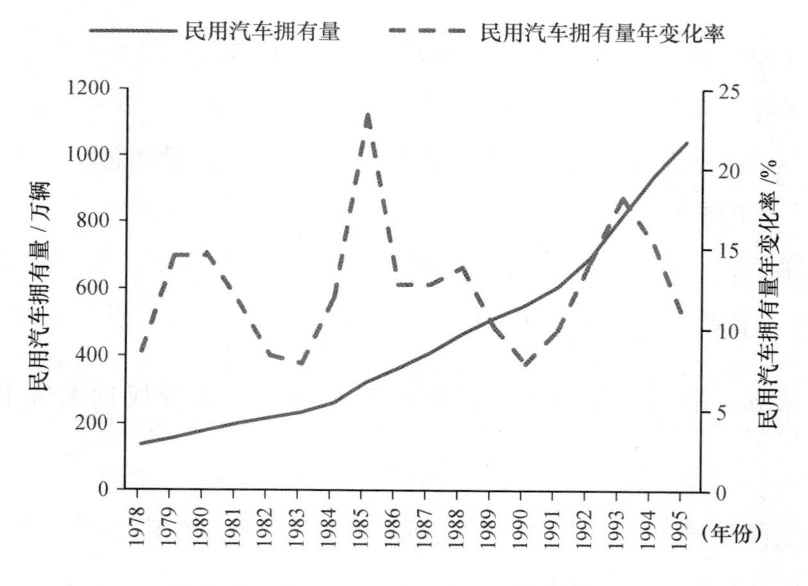

图 4－9 1978—1995 年汽车总量的变化情况

第四，能源消费强度逐渐下降，煤炭消费占比小幅上升。与重工业优先发展时期不同，能源消费强度逐步下降。1978 年，能源消费强度为 15.53 吨标准煤/万元，1995 年能源消费强度下降至 2.14 吨标准煤/万元，年均下降 11.01%。煤炭消费占比却有小幅反弹，1978 年，煤炭消费占比为 70.7%，1995 年煤炭消费占比增加至 74.6%，年均增长 0.32%。（见图 4－10）

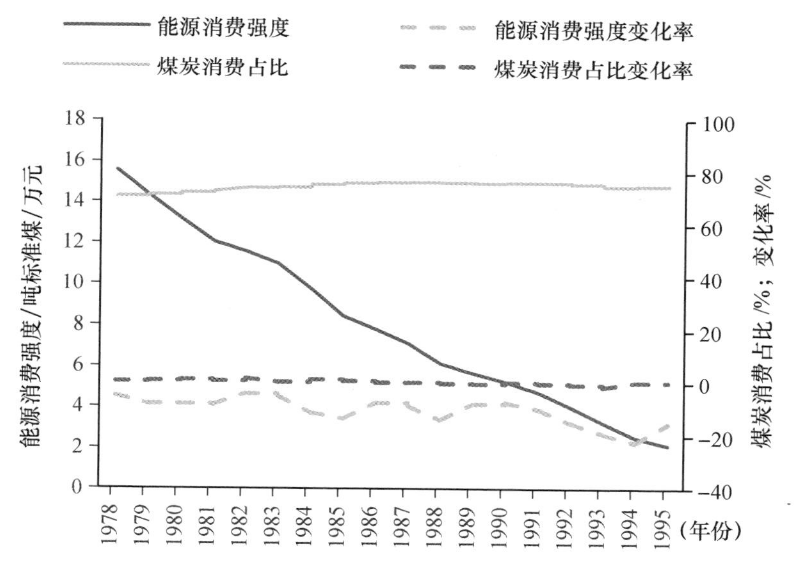

图 4－10　1978—1995 年能源消费的变化情况

第五，第二产业劳动生产率不断提升，专利授权量大幅上升。1978—1995 年，第二产业劳动生产率除 1981 年、1990 年外，均呈现上升趋势。其中，1978—1990 年，劳动生产率以年均 3.47% 的增长率增长，随后以 14.41% 的年增长率增长，1995 年第二产业劳动生产率为 9242.32 元/人。我国因低价劳动力成为世界的“代工厂”，通过市场换技术，1975—1990 年，我国引进国际先进技术 3000 余项、重大技术项目12项，促进企业的先进技术吸收和自身技术改进。1986年，我国专利授权量为3024项，1987年翻番至6811项。随后继续高速增长，1993年我国专利授权量为62127项，是1987年的9倍。1986—1995年我国专利授权量年均增长65.32%。（见图4-11）

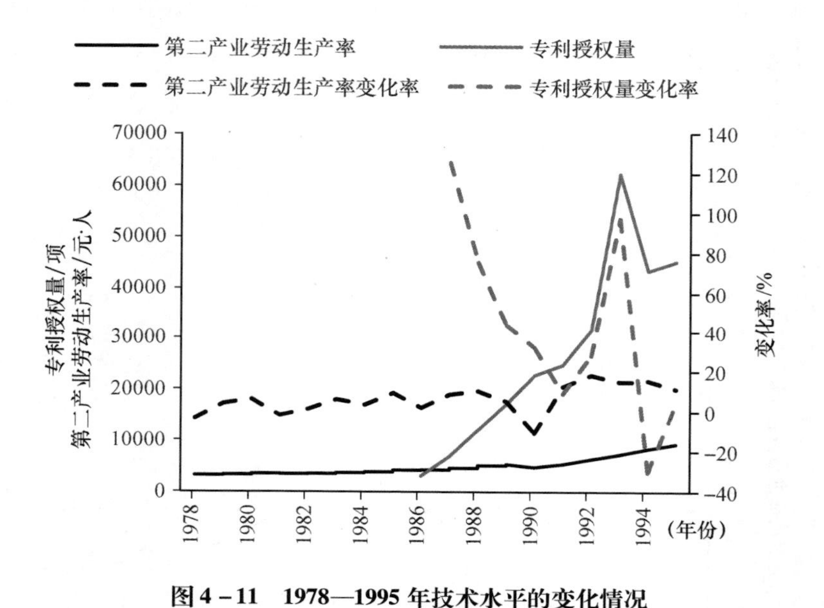

图4-11　1978—1995年技术水平的变化情况

第六，外贸依存度稳步提高，以沿海地区为主的对外进出口快速增长。1979年，我国在深圳、珠海、汕头、厦门设立经济特区，以“三来一补”为特色进行对外开放试点；1984年，对外开放试点增加了14个沿海城市；1988年沿海地区全面实施对外开放战略。该阶段，我国进出口总额由1978年的206.4亿美元增长至1995年的2808.6亿美元，年均增长率16.60%。进口总额年均增长15.81%，1978年、1979年、1985年进口年增长率分别为51.04%、43.89%、54.14%；出口总额年均增长17.39%，1979年、1980年、1994年出口年增长

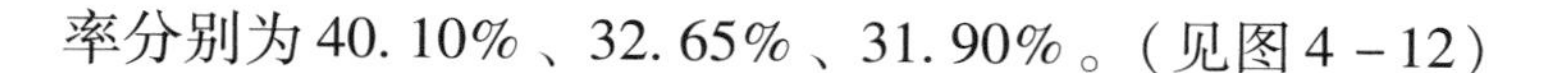
率分别为40.10%、32.65%、31.90%。（见图4－12）

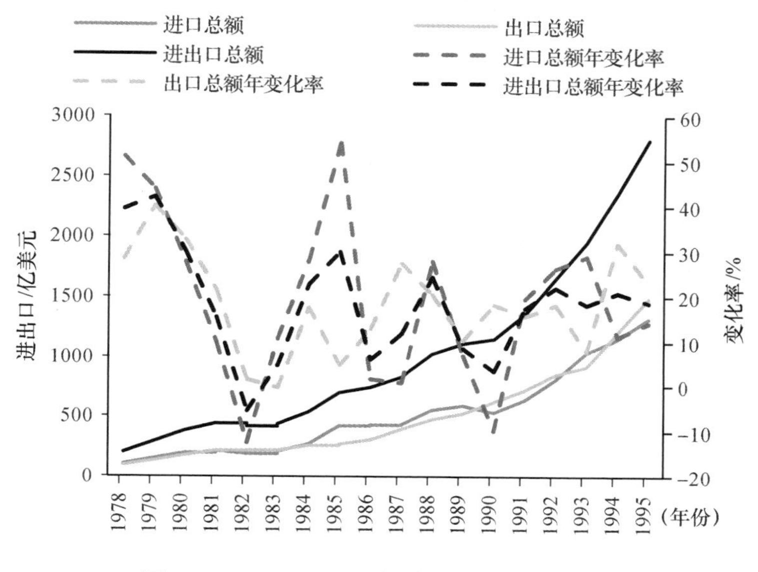

图4－12　1978—1995年对外贸易的变化情况

综上所述，1978—1995年的轻纺工业迅速发展时期，第二产业先降后升、能源消费强度下降，释放了部分对大气环境的压力。但是，该时期民用汽车拥有量稳步增长，掩藏了机动车污染隐患；小幅回弹的煤炭消费占比，给大气环境造成压力；以来料加工的进出口增长，使中国成为先行工业化国家污染转移的对象，产生了大气污染。

三　基础工业快速成长时期大气污染的工业化压力

20世纪90年代中期，社会主义市场经济已经基本建立，我国工业化由供给短缺转为需求导向的快速发展，受需求升级和发展需要的影响，基础工业成为高增长行业。这一时期，工业产品从严重短缺转向相对过剩，我国摆脱了短缺经济，经济进入快速增长阶段。

基础工业快速成长时期，大气污染的工业化压力体现在如下方面。

第一，我国经济总量快速上升，年均增长率处于高位。1996—2010年，我国GDP和人均GDP快速上升，1996—2010年我国GDP、人均GDP从17677.44亿元、1444.71元分别增长到66220.70亿元、4933.99元；GDP和人均GDP的变化率有所波动，但均为正值，年均增长率分别为9.89%、9.17%，高于上一阶段近四个百分点；GDP和人均GDP的年增长率在2007年达到最大值，分别为12.7%、12.1%，1999年的GDP和人均GDP的年增长率最低，分别为7.7%、6.7%。（见图4-13）

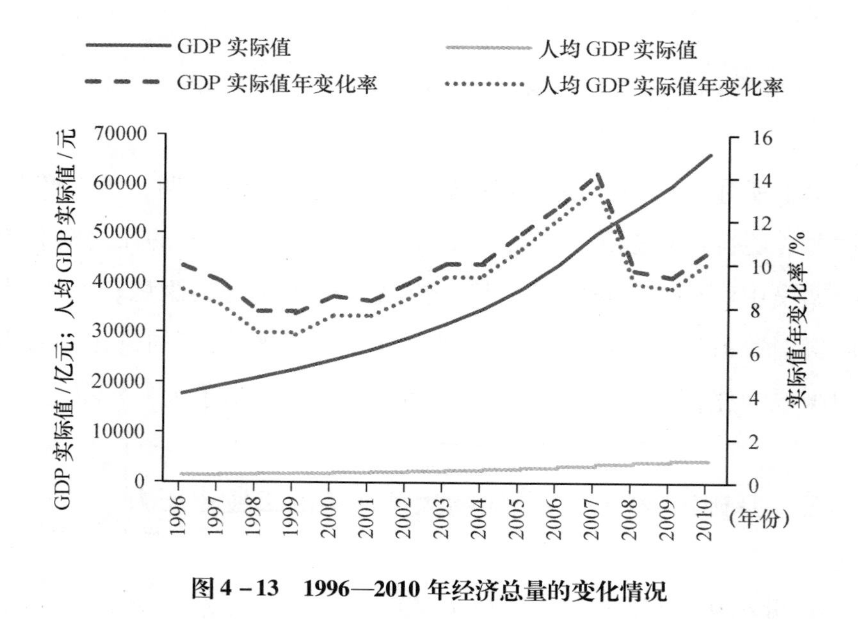

图4-13 1996—2010年经济总量的变化情况

第二，第二产业在GDP中的占比较为平稳，基础工业快速增长。高速的城市化增加了居民尤其是城市居民对住房、汽车、通信等消费品需求，引发了对能源、交通、原材料等基础工业和基础设施建设的巨大需求，表现为重工业占比增加，重工业中的基础工业快速增长。1996—2010年，第二产业增加值的GDP占比较为平稳，在46.16%左右小幅波动，其中2006年占比最高，达到47.6%，2002年占比最低，达到44.5%。1996—2010年，重工业占比逐步提升，其中，1996—1998年，轻、重工业占比相近，轻工业总产值年增长率从24%下降至10.9%，重工业总产值年增长率在10%左右波动，1999—2010年，重工业占比显著高于轻工业占比，轻工业、重工业总产值均逐步上升，但是重工业总产值年增长率高于轻工业年增长率。1999—2010年，工业内部的基础工业占比最高，2010年基础工业占比为44.81%；基础工业产值变化率除2001年、2002—2009年为负值，其余年份均为正值，2008年的基础工业产值年增长率最高，为13.86%。（见图4-14）

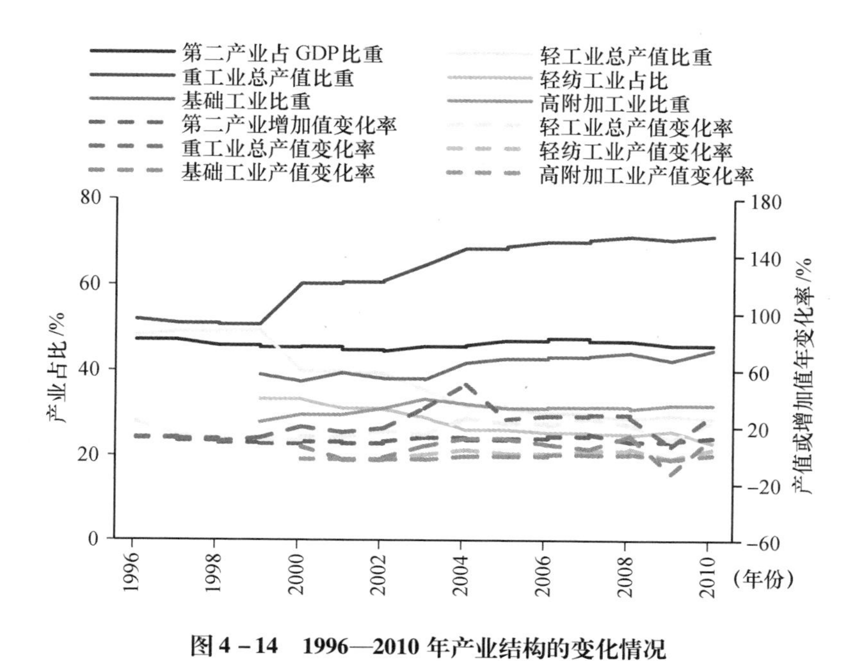

图4-14　1996—2010年产业结构的变化情况

第三，民用汽车拥有量快速增长。1996 年民用汽车拥有量为 1100 万辆，2010 年民用汽车拥有量为 7801.8 万辆，年均增速为 15.02%，2009 年、2010 年民用汽车拥有量迅速增加，分别同上年相比增加 23.16%、24.22%。（见图 4－15）

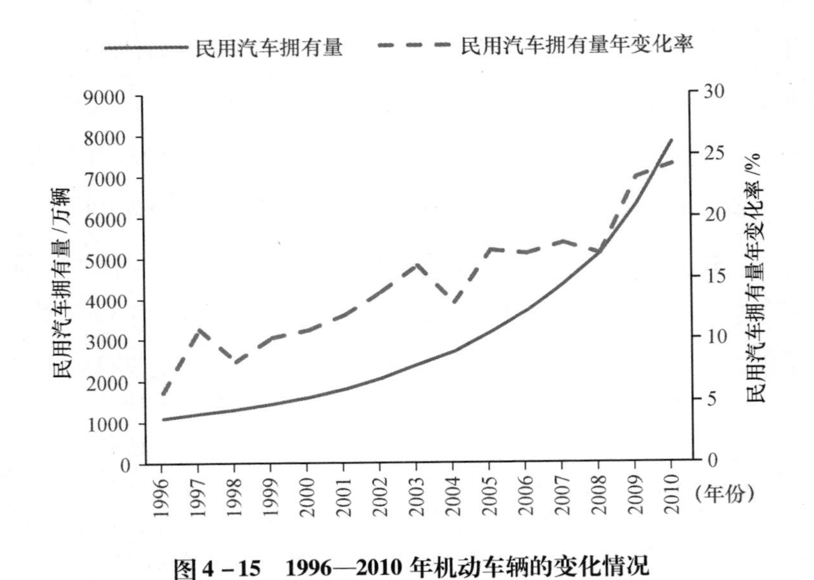

图 4－15　1996—2010 年机动车辆的变化情况

第四，能源消费强度继续下降，煤炭消费占比波动下降。1996—2010 年，能源消费强度除 2003 年，均呈现下降趋势，年均下降 5.34%，低于轻纺工业迅速发展时期的年均下降率。1996—2010 年，煤炭消费占比年均下降 0.55%，其中 1996 年煤炭消费占比为 73.5%，随后下降至 2002 年的 68%，然后再上升至 2007 年的 71.1%，最后下降至 2010 年的 68%。（见图 4－16）

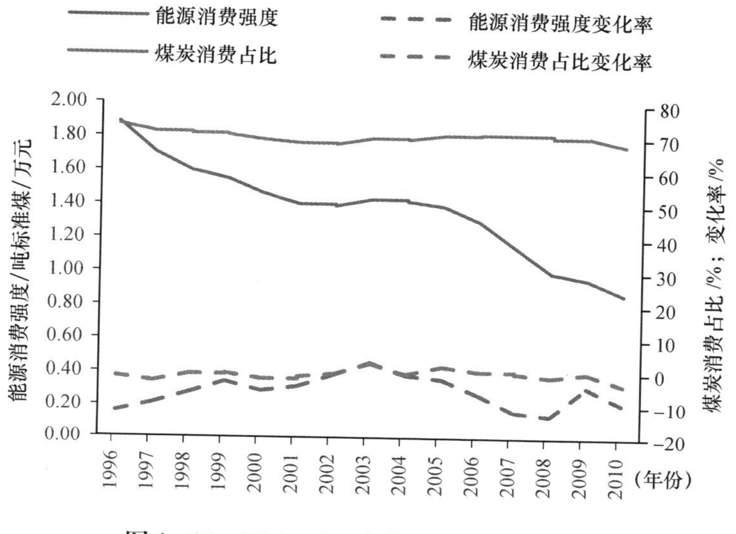

图 4-16　1996—2010 年能源消费的变化情况

第五，第二产业劳动生产率、专利授权量持续上升。1996—2010 年，第二产业劳动生产率年均增长 8.56%，专利授权量年均增长 23.23%。第二产业劳动生产率年增长率较为稳定，在 8.5% 左右波动；专利授权量的年增长率呈现抖动状态，一个周期为 4 年。（见图 4-17）

第六，除国际金融危机外，我国对外贸易总量不断提升。20 世纪 90 年代中期，我国已经具备从较低层次的国际产业分工向中高等层次迈进的能力，逐步与跨国公司开展战略合作。随着金融资本的全球化，先行工业化国家将基础工业向新兴发展中国家转移，外商投资逐步从生产环节向研发、设计、管理、服务环节扩展。2001 年中国加入 WTO，我国经济全面深入地融入了国际产业分工体系。21 世纪，借助国际投资自由化，我国企业积极参与经济全球化，形成“双向开放”的黄金局面。除了受金融危机影响，2009 年我国进出口总额

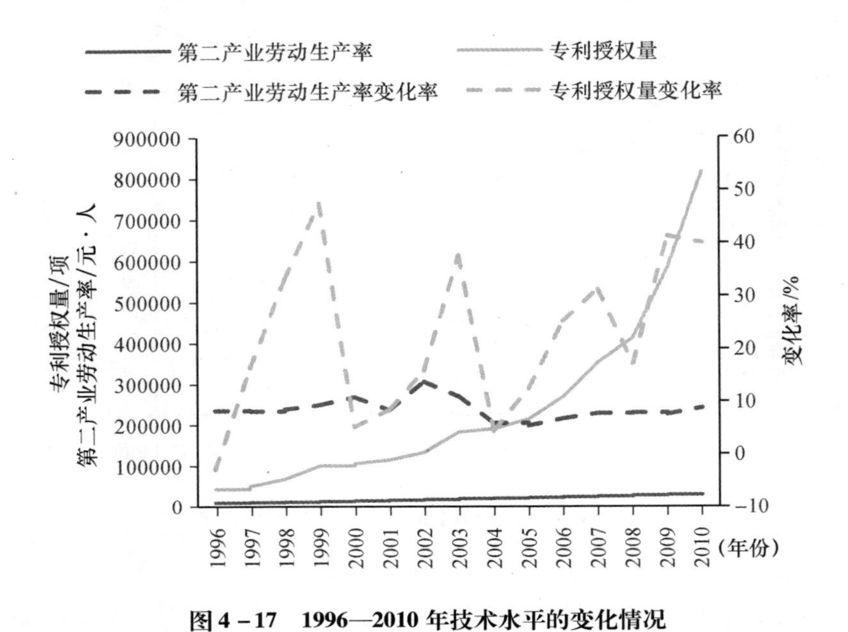

图 4－17　1996—2010 年技术水平的变化情况

回落，其余年份均保持较高的年增长率。1996—2010 年，对外贸易呈现上升趋势，进出口、进口、出口的年均增长率分别为 18.09%、17.92%、18.24%。（见图 4－18）

综上所述，基础工业快速成长时期，虽然第二产业占比保持平稳，但是第二产业内部基础工业占比的提升向大气环境施加了巨大压力。快速增长的民用机动车数量，使大气污染的来源从固定源变为固定源与移动源并重，主要大气污染物从工业废气扩展到工业废气与机动车尾气。同时，虽然该阶段全球一体化进程加快，我国技术水平在模仿、学习、创造中不断提升，能源消耗继续下降，但是大气污染防治技术依旧薄弱，居高不下的煤炭消费成为大气环境的主要压力来源。

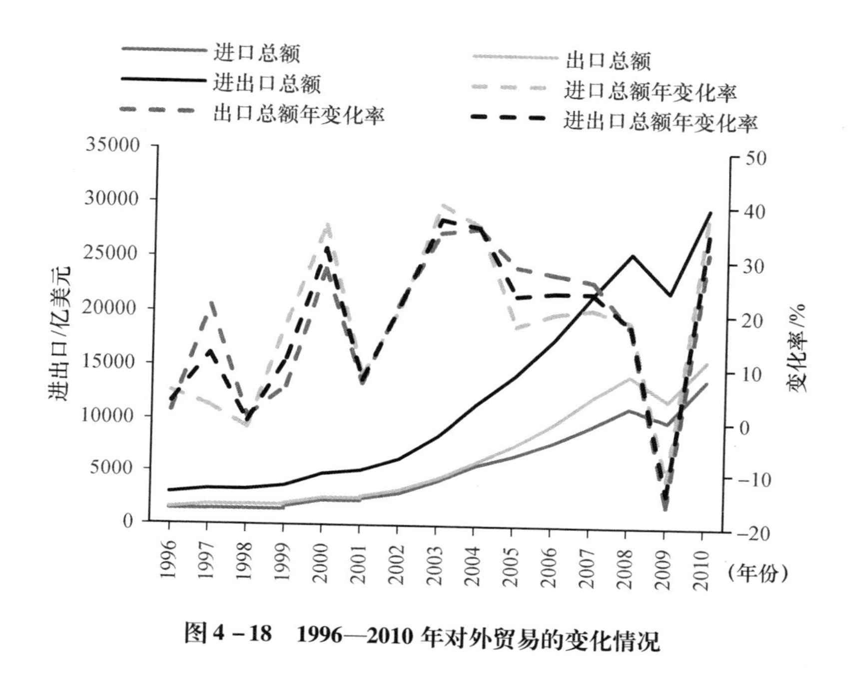

图 4-18 1996—2010 年对外贸易的变化情况

四 高附加高技术工业走向前台时期大气污染的工业化压力

2011 年，我国提出由工业大国向工业强国转型的经济发展战略。受中国自身发展阶段的变化和全球经济增长放缓以及新工业革命到来的影响，中国难以像以前一样承接国际产业转移，还要面对来自发达国家的激烈竞争。

高附加高技术工业走向前台时期，大气污染的工业化压力主要体现在如下方面。

第一，我国经济总量稳步上升，但是年均增长率逐年下降。2011—2017 年，我国 GDP 和人均 GDP 稳步上升，GDP、人均 GDP 实际值（1952 年可比价格）从 72511.66 亿元、5378.05 元分别增长至 110348.80 亿元、7928.31 元；GDP 和人均 GDP 的变化率逐步下降，但均为正值，年均增长率分别为7.25%、6.68%；GDP和人均GDP的年增长率在2011年达到最大值，分别为9.5%、9%，2017年的GDP和人均GDP的年增长率最低，分别为6.9%、6.3%。（见图4－19）

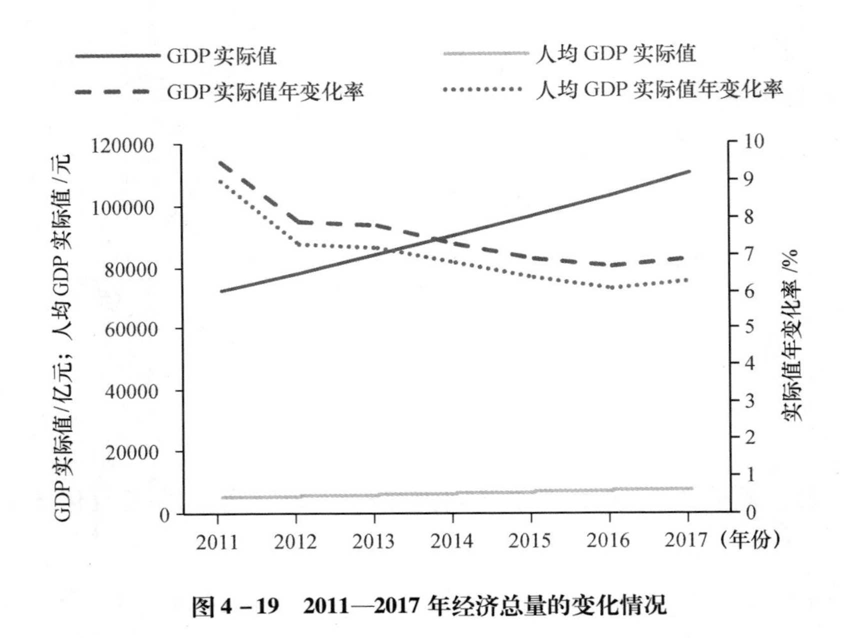

图4－19　2011—2017年经济总量的变化情况

第二，第二产业占GDP的比重持续下降，由2011年的46.4%下降到2017年的40.5%；轻纺工业、基础工业、高附加高技术工业的产值均呈现下降趋势，年均分别下降0.36%、6.42%、1.15%。由于轻纺工业产值下降程度最小，因而其占比反而从2011年的24.79%增加至2015年的28.58%；基础工业产值下降程度最大，其占比从2011年的44.82%下降至2015年的39.64%；高附加高技术工业占比基本保持稳定，约为30.5%。由此可以看出，第二产业占比的降低主要来自基础工业产值的减少。（见图4－20）

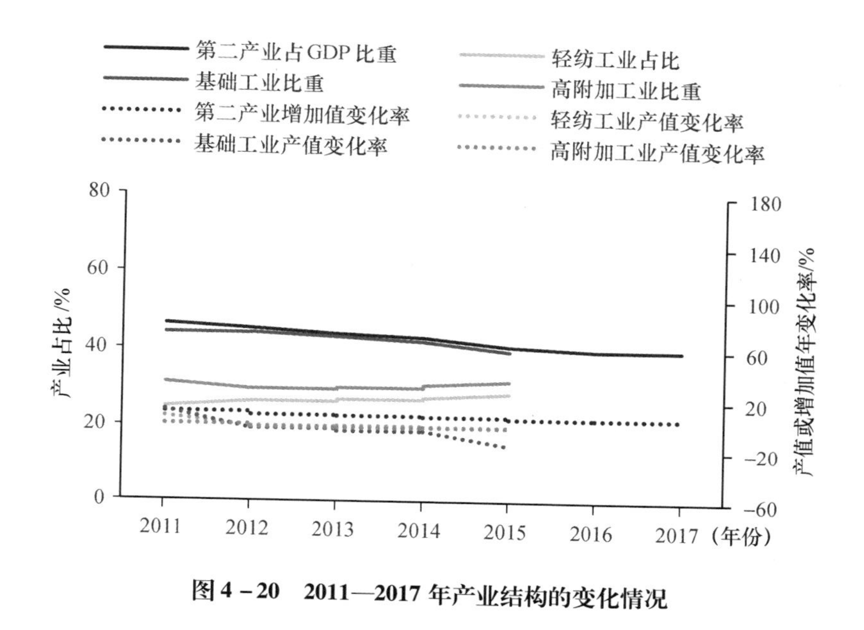

图4-20　2011—2017年产业结构的变化情况

第三，民用汽车拥有量继续上升，但增长率不断下降。2011年，我国民用汽车拥有量为9356.3万辆，2017年增长至20906.7万辆，年均增长14.34%。虽然年均增速仍处于较高水平，但是年均增长率不断下降。2011年，民用汽车拥有量较2010年增长19.92%，2017年民用汽车拥有量较2016年增长12.56%。（见图4-21）

第四，能源消费强度、煤炭消费占比均呈现下降趋势。2011—2017年，能源消费强度除2016年，均呈现下降趋势，年均下降6.08%，下降速率高于基础工业快速成长时期的下降速率。2011—2015年，煤炭消费占比除2013年以外整体呈现下降趋势，年均下降1.76%，下降速率高于基础工业快速成长时期的下降速率。但是，煤炭消费占比依旧处于高位，2015年，煤炭消费占比为63.7%，这与我国“富煤少油贫气”的资源禀赋密切相关。（见图4-22）

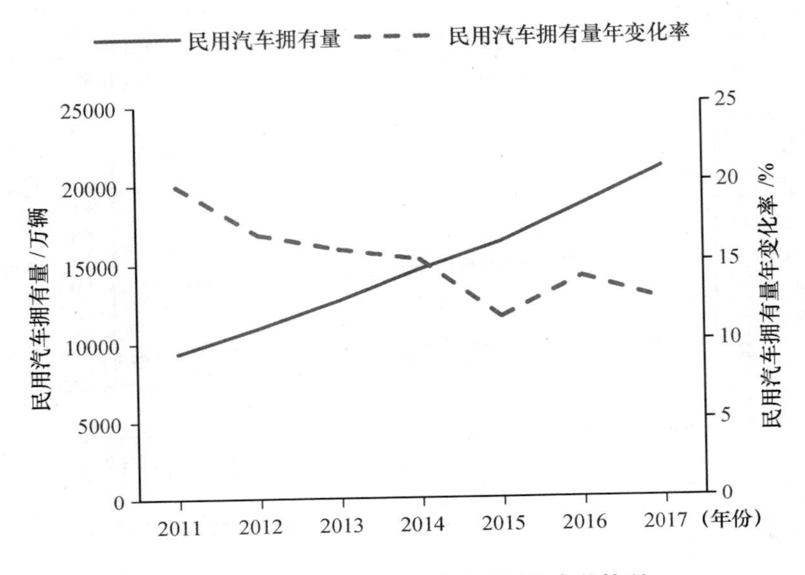

图4-21　2011—2017年汽车总量的变化情况

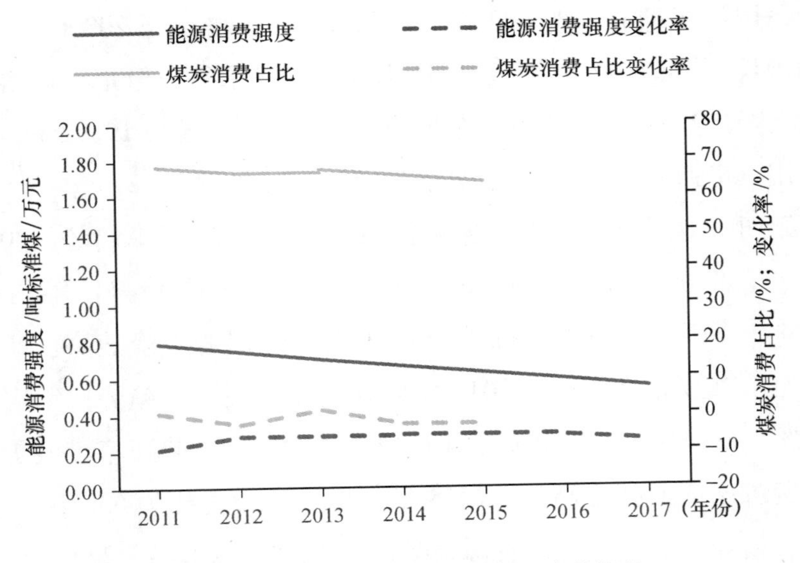

图4-22　2011—2017年能源消费的变化情况

第五，第二产业劳动生产率、专利授权量继续上升，但其年均增长率均低于基础工业快速成长时期的年均增长率。2011—2016 年，我国劳动生产率、专利授权量的年均增长率分别为 7.44%、12.80%。自 2011 年，尤其是党的十八大以来，创新成为经济高质量发展的驱动力。创新投入更多、转化更高效、版图更辽阔、模式更多样，科技实力不断提升，助力中国经济调结构促转型、迈向“中高端”。虽然专利授权量增长率低于上一时期，但是大气污染防治技术受到空前重视，出台了一批专项技术政策，促进大气污染防治技术快速发展。（见图 4－23）

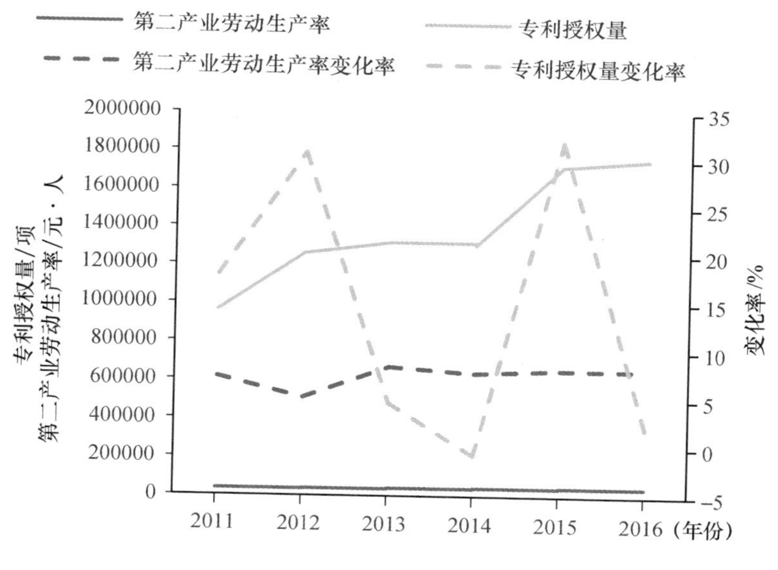

图 4－23 2011—2016 年技术水平的变化情况

第六，国际形势较为复杂，进出口呈现先升后降。2011—2014 年，我国进出口小幅上升，年均增长 5.72%；进口额年均增长 3.98%，出口额年均增长 7.26%。2015 年、2016 年，我国进出口回落，其中，进口减少的程度高于出口减少的程度，2014—2016 年进口年均减少 10.00%，出口年均减少 5.36%。（见图 4-24）

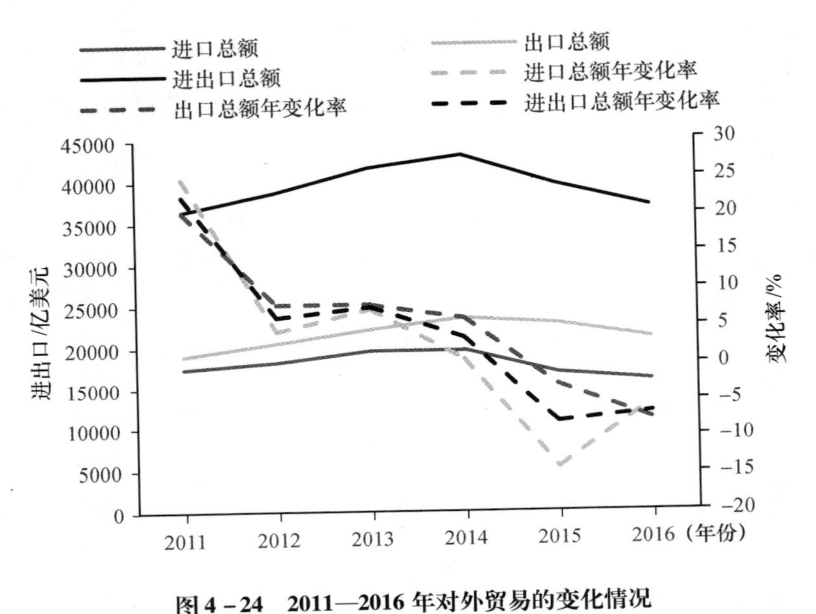

图 4-24　2011—2016 年对外贸易的变化情况

综上所述，2011 年至今高技术高附加工业推向前台，第二产业占比、基础工业占比持续下降，缓解了大气环境压力。民用汽车拥有量依旧上升，机动车尾气对大气环境的压力依旧增长，但随着机动车年增长率不断下降，其对大气环境的压力也有望逐步减少。我国重视科技创新，尤其是党的十八大以来，创新投入更多、转化更高效、版图更辽阔、模式更多样，虽然技术水平的年增长率低于上一阶段，但科技实力不断提升，大气污染防治水平大幅提高，为改善空气质量打下良好基础。国际形势较为复杂，2011—2014 年进出口总额增加，2015 年、2016 年进出口总额减少，可能不利于产业转型、技术提升等，不易释放大气环境压力。

纵观我国工业发展进程，各工业化要素在不同工业阶段的变化不同，对大气环境的压力此消彼长，形成的压力在基础工业快速成长阶段达到顶峰。①第二产业占比在重工业优先发展时期、轻纺工业迅速扩张时期、基础工业快速成长时期、高附加高技术工业走向前台时期先后呈现大幅增长、有所调整、高位稳定、逐步下降的特征；基础工业占比在基础工业快速成长时期、高附加高技术工业推向前台时期先升后降。整体来看，工业化第三阶段，即以基础工业快速成长时期，较高的第二产业占比、攀升的基础工业占比可能对大气环境造成了较大压力。②民用机动车数量在重工业优先发展时期、轻纺工业迅速扩张时期、基础工业快速成长时期、高附加高技术工业走向前台时期逐步上涨，增长率呈现较缓、高速、下降特征。整体来看，基础工业快速成长时期，快速增长的汽车数量可能对大气环境造成了较大压力。③能源消费强度进入轻纺工业迅速发展时期后持续下降，年均下降率在3.5%左右；煤炭消费占比在重工业优先发展时期逐步下降，在轻纺工业迅速发展时期、基础工业快速成长时期出现小幅反弹，高附加高技术工业走向前台时期不断下降。整体来看，重工业优先发展时期、基础工业快速成长时期，能源消费结构可能对大气污染排放产生较大压力。④第二产业劳动生产率不断上升，在基础工业快速成长时期快速增长；专利授权量在基础工业快速成长时期的后半段快速增长，高附加高技术工业走向前台时期增长速度放缓。整体来看，从基础工业快速成长时期的中后段开始，科学技术的发展可能为大气污染防治增添技术动力。⑤进出口总额在重工业优先发展时期、轻纺工业迅速扩张时期、基础工业快速成长时期、高附加高技术工业走向前台时期逐步增长，其中在基础工业快速成长时期具有极高的年增长率，可能促进其他工业化要素变革。⑥在工业化要素综合作用下，工业化进程整体表现为人均 GDP 不断提升。人均 GDP 变化率在重工业优先发展时期剧烈抖动，轻纺工业迅速发展时期抖动上升，基础工业快速成长时期高速发展，高附加高技术工业推向前台时期下降。

从我国工业化进程来看，基础工业快速成长时期，产业结构、机动车辆、能源消费等工业化要素可能对大气环境造成巨大压力；但是，该阶段同时也孕育了大气污染防治技术，奠定了大气污染防治的经济基础。2011 年至今，即高附加高技术工业走向前台时期，产业结构不断完善，能源消费逐步合理，大气污染防治技术水平快速提升，工业化对大气污染的压力逐步减小。

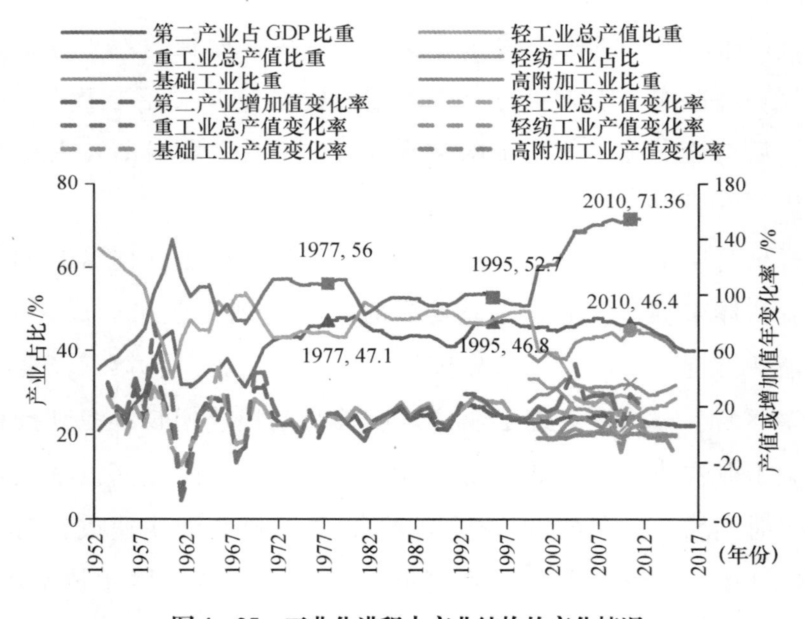

图 4-25 工业化进程中产业结构的变化情况

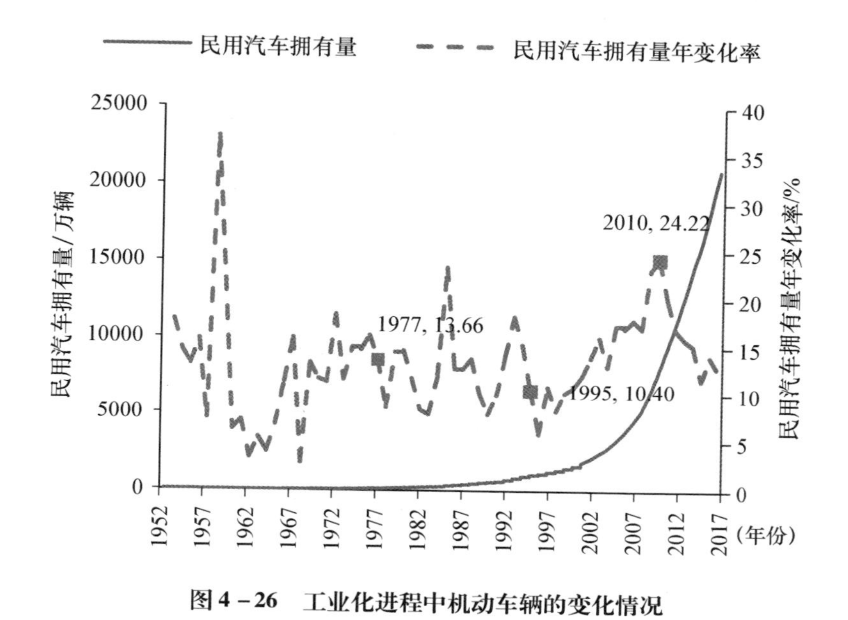

图 4－26　工业化进程中机动车辆的变化情况

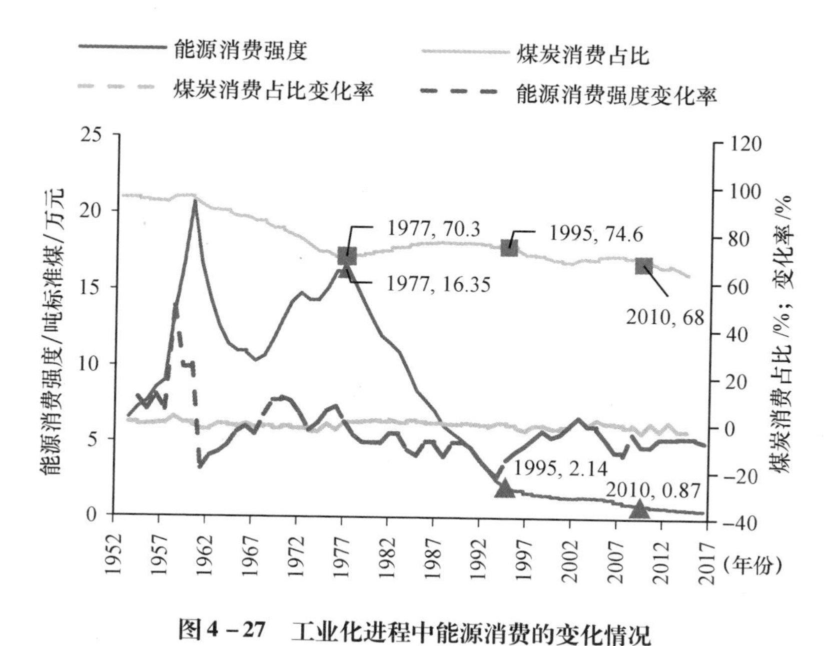

图 4－27　工业化进程中能源消费的变化情况

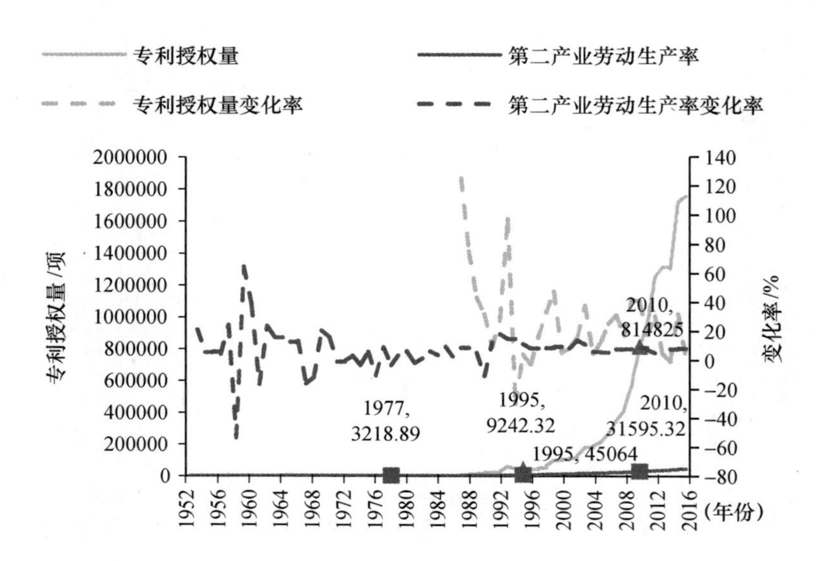

图4－28 工业化进程中技术水平的变化情况

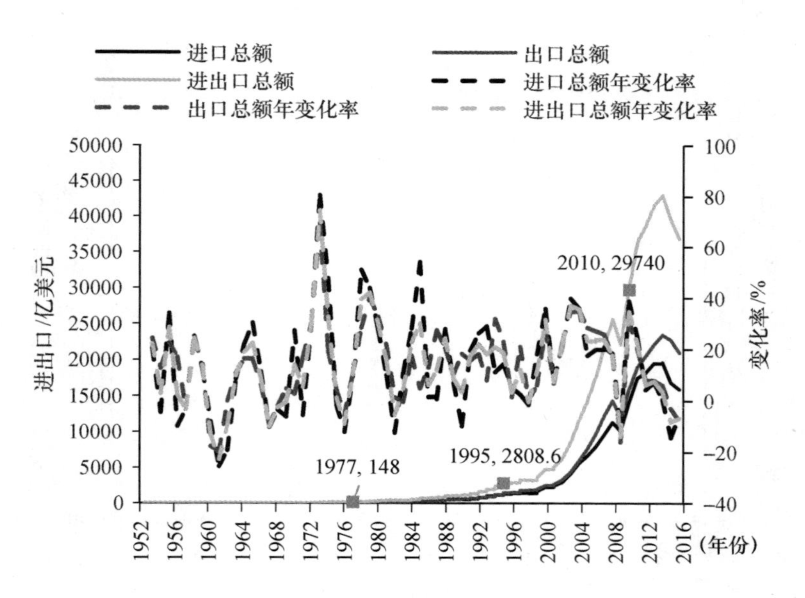

图4－29 工业化进程中对外贸易的变化情况

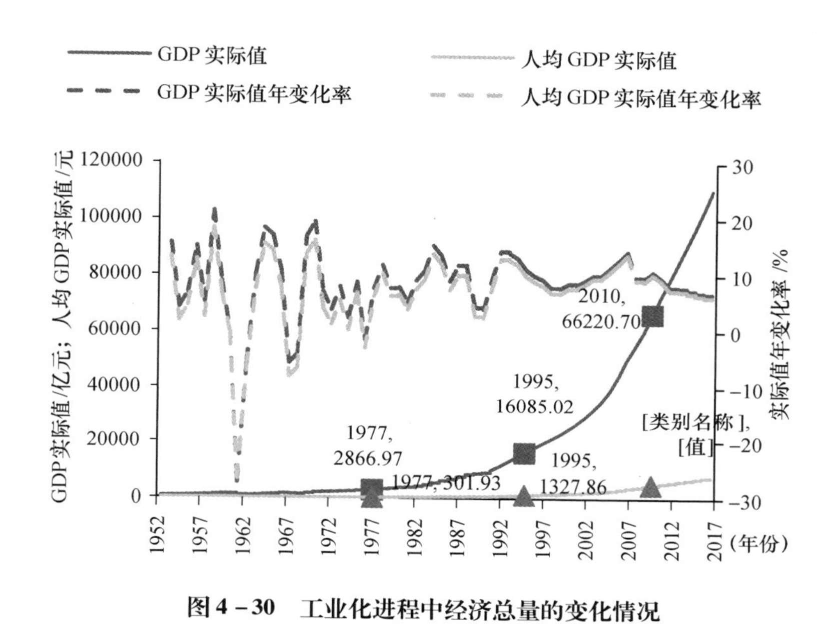

图4-30　工业化进程中经济总量的变化情况

第三节　工业化对大气污染的影响

一　变量的描述性统计

本书构建大气污染EKC简单模型、空间面板模型、中介效应模型、静态短面板模型分析工业化对大气污染的影响。表4-3显示了工业废气排放量、机动车尾气排放量、人均GDP、第二产业占比、基础工业占比、民用机动车拥有量、能源消费强度、煤炭消费占比、第二产业劳动生产率、大气污染防治专利量、进出口总额的对数及原始值的平均值、标准差、最小值、最大值的统计量。

表 4-3　　大气污染与工业化要素的描述统计量

变量	平均值	标准差	最小值	最大值
$lnext_t$	12.076	0.821	11.054	13.451
$lnext$	9.074	0.966	5.832	11.279
$lnvext$	4.829	0.658	2.995	6.043
$lnpgdp_t$	7.761	0.830	6.377	9.107
$lnpgdp_l$	9.629	0.721	7.842	11.409
$lnpgdp_s$	10.690	0.437	9.706	11.659
$lnscdp$	3.813	0.193	2.983	4.077
$lnfundp$	3.924	0.333	3.257	4.527
$lncar_l$	4.809	1.093	2.053	7.320
$lncar_s$	5.779	0.782	3.685	7.320
$lneng$	0.167	0.538	-1.211	1.666
$lncoal$	4.135	0.311	3.016	4.577
$lnlp$	1.818	0.609	0.201	3.407
$lnctec_l$	0.608	0.856	0	4.007
$lnctec_s$	1.320	1.041	0	4.007
$lninout$	5.068	1.831	0.076	9.298
ext_t	247463.152	217341.806	63167	694190
ext	13221.22	12726.66	341	79121
$vext$	151.281	89.761	19.976	421.27
$pgdp_t$	3226.488	2551.065	588	9022.383
$pgdp_l$	19686.43	15094.03	2545	90089.64
$pgdp_s$	48447.57	22902.27	16413	115729.9
$scdp$	46.050	7.628	19.738	58.993
$fundp$	53.490	17.899	25.975	92.503
car_l	212.112	243.796	7.79	1510.81
car_s	425.641	320.914	39.850	1510.81

续表

变量	平均值	标准差	最小值	最大值
eng	1. 373	0. 823	0. 298	5. 291
coal	65. 205	17. 301	20. 4	97. 2
lp	7. 389	4. 647	1. 223	30. 164
$ctec_l$	3. 151	5. 558	1	55
$ctec_s$	6. 693	9. 002	1	55
inout	727. 336	1525. 304	1. 0785	10915. 7

本书构建 EKC 简单模型分析大气污染与工业化进程的整体趋势，通过我国 1983—2015 年工业废气排放量以及人均 GDP 的全国总量数据进行分析，为与面板数据做区分，将工业废气排放和人均 GDP 的时间序列数据分别表示为 ext_t、$pgdp_t$，其中，$pgdp_t$按照 1983 年可比价格计算实际值。本书构建空间面板模型、中介效应模型、静态面板模型分析工业化要素对大气污染的影响机理。空间面板模型、中介效应模型通过我国 1999—2015 年除西藏以外 30 个省级行政区的工业废气排放量以及工业化要素的面板数据进行分析，为与短面板数据做区分，将 1999—2015 年的人均 GDP 面板数据表示为 $pgdp_l$，其中，$pgdp_l$、*lnlp* 中经济变量按照 1999 年可比价格计算实际值。静态短面板模型通过我国 2011—2015 年除西藏以外 30 个省级行政区的机动车尾气排放量与人均 GDP、民用汽车拥有量、大气污染防治专利量的面板数据进行分析，为与长面板数据做区分，将 2011—2015 年的人均 GDP、民用汽车拥有量、大气污染防治专利量的面板数据分别表示为 $pgdp_s$、car_s、$ctec_s$。

结合表 4 - 3 以及工业化各变量原始数据可以看出：①产业结构方面，第二产业占比、基础工业占比，在 1999—2015 年波动较为明显，2011年后年均下降率分别为3.09%、4.46%；各地产业结构变动呈现多种状态，北京、上海等地第二产业占比和基础工业产比明显下降，但是内蒙古、安徽、广西等地第二产业占比仍在增加，山西、甘肃、新疆等地基础工业占比过高。②机动车辆方面，民用汽车拥有量逐年上升，进入2011年后，民用汽车拥有量的年均增长速率有所减缓，1999—2010年、2011—2015年的增长率分别为16.51%、14.86%，大部分地区民用汽车拥有量降速增长，河南、湖北、湖南、广西、重庆、贵州、云南、甘肃、青海、宁夏、新疆的民用汽车拥有量继续快速增长。③能源消费方面，能源消费强度持续下降，煤炭消费占比波动下降。各地能源消费强度均呈现下降趋势，山西、贵州、宁夏的下降幅度最大。煤炭消费占比的降低出现“疲软”态势，2008—2011年、2011—2015年，煤炭消费占比年均下降1.76%、0.91%；各地煤炭消费占比变动存在差异，北京能源消费结构调整效果最为明显，天津、河北、山西煤炭消费占比基本保持不变，吉林、宁夏不降反升，河北省煤炭依存度很高，1999—2015年的煤炭消费占比均值为90.68%。④技术水平方面，第二产业劳动生产率平稳增长，大气污染防治专利量2011年后骤增。1999—2015年，第二产业劳动生产率平稳增长，年均增长8.14%。在2011年以前，大气污染防治专利量增长较为缓慢，1999—2011年年均增长6.67%；2011—2015年，大气污染防治技术呈现指数增长，年均增长54.94%。内蒙古的劳动生产率增幅最大，1999—2015年年均增长16.07%；北京、江苏、上海、浙江、山东、广东、天津的大气污染防治技术专利较多，其中江苏、浙江、山东2011年后大气污染防治专利量增长明显，年均增长率分别为44.53%、55.57%、69.22%。⑤对外贸易方面，受2008年西方国家金融危机和2015年复杂的国际形势影响，我国进出口总额除2009年、2015年以外整体呈现上升趋势。广东、江苏、北京对外贸易较为发达，青海外贸处于较低水平，重庆、河南、江西进出口增长较快，1999—2015年年均增长29.37%、26.35%、24.26%。

二 工业化进程与大气污染的相关性分析

本书使用1983—2015年人均GDP和全国工业废气排放总量数据，检验工业化进程与大气污染的整体关联趋势。为了检验工业化进程与大气污染的非线性关系，本书选取人均GDP的三次多项式，进行估计。如果三次项的系数不显著，则剔除三次项，重新以二次多项式进行估计；如果二次多项式估计中二次项系数不显著，则进一步剔除二次项，得到线性形式的模型。依据模型4-1，进行时间序列的简单线性回归，估计结果见表4-4。

表4-4 工业废气排放与人均GDP的EKC简单模型估计结果

变量			lnext		
ln pgdp			-19.966***		
$ln\ pgdp^2$			2.441***		
$ln\ pgdp^3$			-0.093**		
C			64.450***		
R^2	0.991	F值	1048.092	DW值	0.610

注：**、***表示回归系数在5%、1%显著性水平下显著。

从回归结果看，工业污染的回归方程系数在5%、1%的显著水平下显著，回归方程见表达式4-9。

$$lnext_t = 63.450 - 19.966\,lnpgdp_t + 2.441\,(lnpgdp_t)^2 - 0.093\,(lnpgdp_t)^3 \quad (4-9)$$

将方程以图形表示（见图 4－31），可以看出工业废气排放与人均 GDP 呈现倒 N 形（И）关系，即随着人均收入的增加，工业废气先经历下降，然后上升，然后再下降。以 1983 年为基准的实际人均 GDP 达到 678.58 元时，曲线到达第一个拐点，即我国 1985 年前，工业废气是随着人均 GDP 增加而减少的。1985 年以后，工业废气随着人均 GDP 的增加而增加，以 1983 年为基准的实际人均 GDP 达到 58688.55 元时，曲线达到另一个拐点，该拐点由上升趋势转为下降趋势。人均 GDP 如若保持 1983—2015 年平均 8.91% 的增长率增长，到 2037 年工业废气排放量将随人均 GDP 增加而减少。

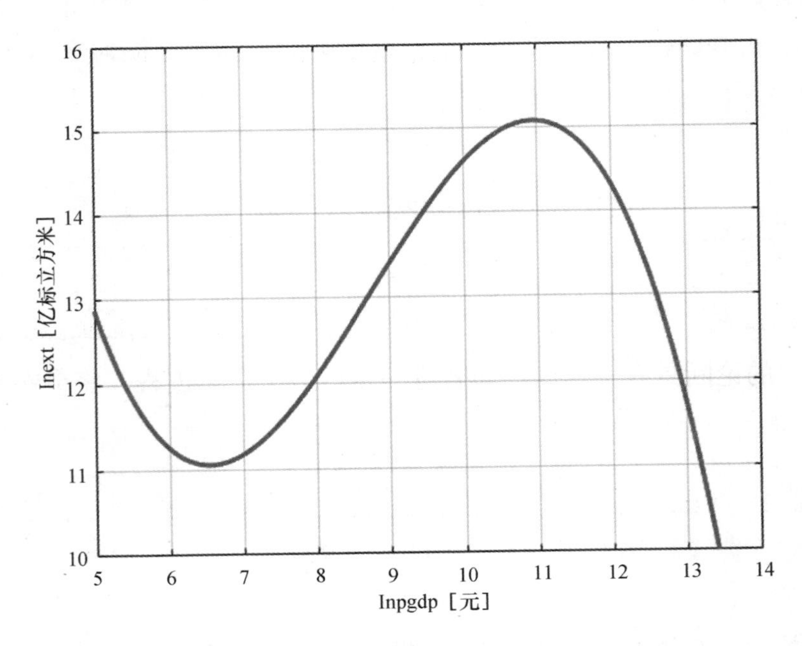

图 4－31　工业废气排放随工业化进程的整体趋势

结合我国工业进程可知，1949—1977 年，我国处于以发展重工业为主的重工业优先发展时期，可能存在较高的大气污染。1978—1995 年，我国处于以发展轻工业为主的轻纺工业迅速发展时期，在该阶段之初，重工业占比快速下降，因此，1978—1985 年我国大气污染逐步下降，1985—1995 年大气污染程度又逐步提高；整体来看，我国轻纺工业阶段，因产业结构纠偏，工业废气排放先有所下降，随即逐步上升。1996—2010 年，我国处于以基础工业为主的基础工业快速成长时期，曲线坐标由（7.51，11.79）上升至（8.74，13.32），工业废气排放快速上升。2011—2015 年，我国工业化处于推动经济高质量发展的高附加高技术工业推向前台时期，曲线坐标由（8.83，13.44）上升至（9.09，13.81），工业废气排放总量上升，但增速减缓。

根据测算结果可知，虽然我国工业废气排放总量增长速率降低，但尚未到达拐点，即我国在未来一段时间还将面临人均 GDP 与工业废气排放同步增长的阶段。如果维持改革开放以来人均 GDP 的年均增长速度，我国在 2037 年，工业废气就将进入下降拐点，这与《中国制造 2025》做出“2035 年我国制造业将整体达到世界制造强国阵营中等水平”和党的十九大报告做出“2035 年基本实现社会主义现代化”的论断具有一致性。如若进一步推进工业化进程，将会在推动工业高质量发展的同时降低大气污染，提前迎来拐点，实现“金山银山”与“蓝天白云”的双赢。

三　工业化要素对大气污染的影响分析

当前，我国工业化进程与大气污染尚未跨越拐点，寻找影响大气污染的关键要素，有助于推动工业化高质量发展和大气污染减排。本节基于理论模型，分析产业结构、能源消费、技术水平等工业化要素对大气污染的影响。

（一）工业化要素对工业废气排放的影响分析

1. 产业结构、能源消费等工业化要素对工业废气排放的影响

工业废气排放具有空间自相关，因此本书在工业废气排放的EKC简单模型基础上，引入产业结构、机动车辆、能源消费、技术水平、对外贸易5个方面8个指标，应用除西藏外30个省级行政区的1999—2015年面板数据，构建动态面板空间杜宾模型（DPSDM），分析工业化要素对大气污染的影响。本书首先构建包括被解释变量时间滞后项和$lnext_{(i,t-1)}$空间滞后项的动态面板杜宾模型，发现$lnext_{(i,t-1)}$的空间滞后项不显著；并通过豪斯曼检验，发现个体固定空间面板杜宾模型的拟合效果最佳。因此，本书建立含有解释变量时间滞后项的个体固定杜宾面板模型，分析产业结构、能源消费、技术水平、对外贸易对工业废气排放的影响，拟合结果如表4－5所示。

表4－5　基于DPSDM的工业化要素对工业废气排放的影响

变量	主函数	短期效应			长期效应		
		直接效应	间接效应	总效应	直接效应	间接效应	总效应
lnpgdp	1.298***	1.292***	0.232***	1.524***	3.207***	1.841**	5.048***
	(0.283)	(0.276)	(0.075)	(0.304)	(0.660)	(0.660)	(1.123)
$lnpgdp^2$	−0.055***	−0.055***	−0.010***	−0.064***	−0.135***	−0.078**	−0.213***
	(0.014)	(0.013)	(0.003)	(0.015)	(0.032)	(0.032)	(0.053)

续表

变量	主函数	短期效应			长期效应		
		直接效应	间接效应	总效应	直接效应	间接效应	总效应
lnscdp	0.192 * * (0.097)	0.189 * * (0.094)	0.034 * (0.019)	0.223 * * (0.110)	0.469 * * (0.232)	0.266 * (0.232)	0.735 * * (0.374)
lnfundp	0.020 (0.063)	0.032 (0.061)	0.379 * * (0.149)	0.411 * * * (0.150)	0.129 (0.148)	1.198 * * * (0.148)	1.327 * * * (0.427)
lncar	0.120 * * (0.054)	0.119 * * (0.051)	0.021 * * (0.010)	0.140 * * (0.058)	0.296 * * (0.124)	0.168 * (0.124)	0.464 * * (0.194)
lneng	0.071 (0.074)	0.076 (0.079)	0.017 (0.018)	0.092 (0.097)	0.191 (0.200)	0.140 (0.200)	0.331 (0.359)
lncoal	0.168 * * (0.077)	0.166 * * (0.081)	0.031 * (0.019)	0.197 * * (0.096)	0.414 * * (0.201)	0.247 (0.201)	0.661 * (0.351)
lnlp	-0.027 (0.061)	-0.029 (0.060)	-0.007 (0.013)	-0.036 (0.072)	-0.074 (0.151)	-0.058 (0.151)	-0.132 (0.257)
lnctec	-0.003 * (0.015)	-0.003 * (0.016)	-0.001 (0.003)	-0.003 * (0.018)	-0.007 * (0.039)	-0.006 * (0.039)	-0.013 * (0.063)
lninout	-0.056 * * (0.027)	-0.059 * * (0.026)	-0.011 * (0.006)	-0.070 * * (0.031)	-0.147 * * (0.064)	-0.084 * * (0.064)	-0.231 * * (0.107)
lnext (-1)	0.582 * * * (0.047)	W × *lnfundp*	0.323 * * (0.140)	Spatial Rho	0.160 * * * (0.049)	R^2	0.9393
log - pseudolikelihood	251.135		类型		个体固定		

注：括号内为稳健标准误。

由主函数可以看出：①*lnpgdp*、*lnpgdp*^{2}的估计系数分别是1.298和-0.055，在1%的显著水平下显著。表明，1999年后，大气污染与工业化呈现倒U形，与前文以时间序列检验的EKC简单模型具有一致性结果。②*lnext*(-1)的估计系数是0.582，在1%的显著水平下显著，表明本省当年的工业废气排放量会增加下一年的工业废气排放量。③*lnscdp*、*lncar*、*lncoal*、*lnctec*、*lninout* 的估计系数分别是 0.192、0.120、0.168、-0.003、-0.056，均在 5% 的显著水平下显著，其余变量不显著。表明，第二产业占比、民用汽车拥有量、煤炭消费占比显著增加工业废气排放；大气污染防治技术水平、进出口总额显著负向影响工业废气排放。④基础工业占比具有空间效应，$W \times lnfundp$ 估计系数为 0.323，即相邻区域的基础工业占比会增加本区域的工业废气排放量。⑤能源消费强度、第二产业劳动率对工业废气排放的影响不显著。

由短期效应和长期效应、直接效应和间接效应可以看出以下几点。①第二产业占比对工业废气排放量的短期直接、间接、总效应分别为 0.189、0.034、0.223，长期直接、间接、总效应分别为 0.469、0.266、0.735，直接效应在 5% 的显著水平下显著，间接效应在 1% 的显著水平下显著；短期总效应系数在同等显著水平下小于长期总效应系数。表明，本地区的工业废气排放量受本地区和其他区域的第二产业占比的正向影响，本地区的影响更大；第二产业占比的降低对大气污染减排具有长效影响。②民用汽车拥有量对工业废气排放量的短期直接、间接、总效应分别为 0.119、0.021、0.140，长期直接、间接、总效应分别为 0.296、0.168、0.464，长期间接效应在 10% 的显著水平下显著，其他效应在 5% 的显著水平下显著；短期总效应系数在同等显著水平下小于长期总效应系数。表明，本地区的工业废气排放量受本地区和其他区域的民用汽车拥有量的正向影响，本地区的影响更大；民用汽车拥有量对大气环境的压力较为长远。③煤炭消费占比对工业废气排放量的短期直接、间接、总效应分别为 0.166、0.031、0.197，长期直接、间接、总效应分别为 0.414、0.247、

0.661；直接效应在5%的显著水平下显著，显著水平高于间接效应的显著水平；短期总效应在5%的显著水平下显著，显著水平小于长期总效应的显著水平。表明，本地区大气污染受本地区和其他地区煤炭消费占比的正向影响，本地区的影响较大；煤炭消费占比的降低是短期内减少大气污染的有效方法。④大气污染防治专利量对工业废气排放量的短期直接、间接、总效应分别为－0.003、－0.001、－0.003，长期直接、间接、总效应分别为－0.007、－0.006、－0.013；短期间接效应不显著，其余均在10%的显著水平下显著，显著水平低于其他工业化要素。表明，本地区大气污染受本地区和其他地区大气污染防治技术水平的负向影响，本地区的影响较大；大气污染防治技术具有长期溢出效应；尚未完全释放大气污染防治技术对大气污染减排的影响。⑤对外贸易对工业废气排放量的短期直接、间接、总效应分别为－0.059、－0.011、－0.070，长期直接、间接、总效应分别为－0.147、－0.084、－0.231，短期间接效应在10%的显著水平下显著，其他效应在5%的显著水平下显著；短期总效应系数在同等显著水平下大于长期总效应系数。表明，本地区大气污染受本地区和其他地区对外贸易的负向影响，短期内自身的对外贸易对本地区大气污染的影响更强，长期其他区域的对外贸易对本地区大气污染的影响更强。

综合来看，产业结构对工业废气污染案具有深远影响，第二产业占比对工业废气排放量的长期影响显著；基础工业占比的区域特征突出，易形成污染集聚和跨省流动；短期内，能源消费结构的清洁化即煤炭消费占比的降低，是减少工业废气排放的有效方法，不仅可以降低本地污染，也有助于相邻区域；长期来看，清洁技术水平的提升即大气污染防治专利量的增加能够有效带动本地和周边的工业废气排放减少。

2. 对外贸易通过其他工业化要素对工业废气排放的影响

依据 PiSR 模型，对外贸易对大气污染的影响机理较为复杂，可能通过影响产业结构、能源消费、技术水平等工业化要素对大气污染产生影响。本书以进出口总额表示对外贸易，分析进出口通过影响产业结构、能源消费、技术水平等工业化要素对大气污染的影响。其中，民用汽车拥有量是对外贸易影响工业废气排放的外生变量，产业结构、能源消费、技术水平等工业化要素是对外贸易影响工业废气排放的中介变量。检验结果如表 4 –6 所示。

表 4 –6　基于中介效应模型的工业化要素对工业废气排放的影响

路径		估计值	标准误	95% 的置信区间		P 值 (2 – tailed)
lncar→lnext		0. 984	0. 034	0. 928	1. 041	0. 000
lninout→lnext Direct		0. 022	0. 044	–0. 052	0. 091	0. 625
lninout→lnext Sum of indirect		–0. 156	0. 033	–0. 102	–0. 052	0. 000
lninout→lnext Specific indirect:						
(a1)	*lninout→lnscdp*	0. 147	0. 054	0. 057	0. 232	0. 007
(a2)	*lninout→lnfundp*	–0. 575	0. 031	–0. 625	–0. 520	0. 000
(a3)	*lninout→lneng*	–0. 788	0. 016	–0. 811	–0. 760	0. 000
(a4)	*lninout→lncoal*	–0. 073	0. 052	–0. 151	0. 013	0. 162
(a5)	*lninout→lnlp*	0. 585	0. 026	0. 541	0. 626	0. 000
(a6)	*lninout→lnctec*	0. 634	0. 023	0. 596	0. 670	0. 000
(b1)	*lnscdp→lnext*	0. 254	0. 033	0. 206	0. 311	0. 000
(b2)	*lnfundp→lnext*	0. 061	0. 026	0. 013	0. 102	0. 020
(b3)	*lneng→lnext*	0. 157	0. 033	0. 104	0. 213	0. 000
(b4)	*lncoal→lnext*	0. 085	0. 019	0. 056	0. 118	0. 000
(b5)	*lnlp→lnext*	–0. 014	0. 021	–0. 048	0. 023	0. 509

续表

路径		估计值	标准误	95%的置信区间		P值（2－tailed）
（b6）	*lnctec→lnext*	－0.032	0.025	－0.071	0.011	0.195
（a1×b1）	*lninout→lnscdp→lnext*	0.037	0.011	0.018	0.054	0.001
（a2×b2）	*lninout→lnfundp→lnext*	－0.035	0.015	－0.059	－0.008	0.022
（a3×b3）	*lninout→lneng→lnext*	－0.123	0.026	－0.171	－0.083	0.000
（a4×b4）	*lninout→lncoal→lnext*	－0.006	0.005	－0.015	0.000	0.200
（a5×b5）	*lninout→lnlp→lnext*	－0.008	0.012	－0.028	0.013	0.510
（a6×b6）	*lninout→lnctec→lnext*	－0.020	0.016	－0.046	0.007	0.197
$a1 \times b1 - a2 \times b2$（非标准化的）		0.035	0.010	0.019	0.050	0.000
$a1 \times b1 - a3 \times b3$（非标准化的）		0.079	0.013	0.058	0.100	0.000
$a2 \times b2 - a3 \times b3$（非标准化的）		0.043	0.017	0.016	0.074	0.011
拟合度检验		Chi-Square Test of Model Fit＝728.191***；RMSEA＝0.257***；CFI＝0.764；TLI＝0.606；均在可接受范围				

注：→表示路径，A→B是指A对B的影响，A→B→C是指A通过B对C的影响。

表4－6结果显示，①当引入产业结构、能源消费、技术水平等中介变量，对外贸易对工业废气排放量的直接影响不显著，表明对外贸易对工业废气排放量的影响，完全是通过产业结构、能源消费、技术水平等中介变量产生的。②对外贸易对工业废气排放的总间接影响为－0.156，在1%的显著水平下显著。表明，我国对外贸易水平的提升有利于大气污染减排。与动态空间面板杜宾模型的拟合结果具有一致性。

将对外贸易对工业废气排放的间接影响进行分解，发现：①对外贸易通过第二产业占比对工业废气排放的中介效应为0.037，在1%

显著水平下显著，其中，对外贸易显著正向影响第二产业占比，第二产业占比显著正向影响工业废气排放，影响系数分别为 0.147、0.254。即我国对外贸易越发达，第二产业在 GDP 中的比重越高，大气污染越严重。②对外贸易通过基础工业占比对工业废气排放的中介效应为 -0.035，在5%显著水平下显著，其中，对外贸易显著负向影响基础工业占比，基础工业占比显著正向影响工业废气排放，影响系数分别为 -0.575、0.061。即我国对外贸易越发达，基础工业占比越低，大气污染排放越少。③对外贸易通过能源消费强度对工业废气排放的中介效应为 -0.123，在1%显著水平下显著，其中，对外贸易显著负向影响能源消费强度，能源消费强度显著正向影响工业废气排放，影响系数分别为 -0.788、0.157。即我国对外贸易越发达，我国能源消费强度越低，大气污染排放越低。④对外贸易通过煤炭消费占比、第二产业劳动生产率、大气污染防治技术水平对工业废气排放的中介效应不显著。

综合来看，对外贸易通过正向影响第二产业占比、负向影响基础工业占比、负向影响能源消费强度，对工业废气起到减排作用。其中，$a1 \times b1 - a2 \times b2$、$a1 \times b1 - a3 \times b3$、$a2 \times b2 - a3 \times b3$ 的估计值分别在1%、1%、5%的显著性水平下显著，表明，对外贸易通过能源消费强度、第二产业占比对工业废气排放的影响更为显著。虽然对外贸易通过第二产业占比正向影响工业废气排放量，但是影响程度小于通过能源消费强度对工业废气排放量的负向影响，再加上通过基础工业占比对工业废气排放量的负向影响，整体表现为负向影响工业废气排放量。

（二）工业化要素对机动车尾气排放的影响分析

根据 PiSR 模型，机动车数量以及清洁技术水平影响机动车尾气排放。本书构建静态短面板模型分析民用机动车数量、大气污染防治专利量对机动车尾气排放量的影响。本书以人均 GDP 为控制变量，民用汽车拥有量、大气污染防治专利量为解释变量，机动车尾气排放为被解释变量，构建静态变截距模型。通过 F、Chow、LR 检验方法选择个体、时点双固定变截距模型，分析工业化要素对机动车尾气排放的影响，拟合结果如表 4－7 所示。

表 4－7　　　　工业化要素对机动车尾气排放的影响

<table>
<tr><td colspan="5">变量</td><td colspan="5">lnext</td></tr>
<tr><td colspan="5">lncar</td><td colspan="3">0.320**</td><td colspan="2">(0.172)</td></tr>
<tr><td colspan="5">lnctec</td><td colspan="3">−2.487e−2*</td><td colspan="2">(0.001)</td></tr>
<tr><td colspan="5">lnpgdp</td><td colspan="3">0.931</td><td colspan="2">(1.984)</td></tr>
<tr><td colspan="5">lnpgdp^2</td><td colspan="3">−0.013</td><td colspan="2">(0.107)</td></tr>
<tr><td colspan="5">year2012</td><td colspan="3">−0.106**</td><td colspan="2">(0.042)</td></tr>
<tr><td colspan="5">year2013</td><td colspan="3">−0.220**</td><td colspan="2">(0.085)</td></tr>
<tr><td colspan="5">year2014</td><td colspan="3">−0.306**</td><td colspan="2">(0.120)</td></tr>
<tr><td colspan="5">year2015</td><td colspan="3">−0.374**</td><td colspan="2">(0.153)</td></tr>
<tr><td colspan="5">C</td><td colspan="3">−5.215**</td><td colspan="2">(9.335)</td></tr>
<tr><td>Sigma_ u</td><td>0.592</td><td>Sigma_ e</td><td>0.048</td><td>R^2</td><td>0.4121</td><td>F（8，26）</td><td>6.22***</td><td>类型</td><td>个体时点双固定</td></tr>
</table>

注：括号内为稳健标准误。

表 4－7 显示，民用汽车拥有量越多，机动车尾气排放越多，这符合基本常识，同时说明了机动车总量决定尾气排放的基数；大气污染防治技术水平越高，机动车尾气排放越少，即技术水平的提升是降低机动车污染的关键。另外，由于数据的时间序列较短，民用汽车拥有量对机动车尾气排放的影响具有时间固定效应，每一年的系数均为负数，并且绝对值越来越大，表明了被解释变量和解释变量向相反的

方向变动，且速率增快。即随着时间的推移，机动车尾气污染将在工业化要素的作用下，逐步降低。

第四节　工业化对大气污染影响的结果探讨

一　中国工业化进程与大气污染程度呈倒N形（И）关系

结合工业经济发展阶段理论以及我国各要素变化特征，本书认为1949—1977年，我国工业化处于重工业优先发展时期；1979—1995年，我国工业化处于轻纺工业迅速扩张时期；1996—2010年，我国处于基础工业快速成长时期；2011年至今，我国处于高附加高技术工业走向前台的时期。

根据1983—2015年我国工业废气排放量与人均GDP的全国总量数据，应用EKC简单模型，得出我国大气污染随着工业化进程呈现倒N形（И），拐点分别是1985年和2037年。1985年前，我国工业废气排放量随人均GDP增加而降低，这与我国1949—1977年优先发展重工业、1978年后快速发展轻纺工业的特征吻合。1985年后，我国工业化经历了纠偏后步入与其他发达国家相近的工业化进程，因此本书通过1999—2015年各省面板数据构建的动态面板杜宾模型，得出了我国大气污染随工业化进程呈现倒U形曲线（“∩”）的结论。排除我国优先发展重工业这一特殊时期，我国工业化阶段与大气污染的相关性基本满足倒U形曲线的学术假设，即在轻纺工业迅速扩张阶段，大气污染程度逐步提高；在基础工业快速成长阶段，大气污染程度攀升到极顶；在高附加高技术工业走向前台的当前阶段，即将迎来大气污染下降拐点。

根据我国工业化进程与大气污染的相关性与各阶段工业化压力的描述分析可知，我国进入轻纺工业迅速扩张时期，工业内部结构较重工业优先发展时期呈现轻型化特征，能源消费强度逐渐下降，工业废气排放总量小于上一阶段，但也呈现小幅增长趋势；我国进入基础工业快速成长时期，较高的第二产业占比、攀升的基础工业占比、暴增的民用机动车数量对大气环境造成了巨大压力，大气污染物累加，形成了严重的大气污染。在高附加高技术工业走向前台的当前阶段，我国第二产业占比、基础工业占比逐步缩小，民用机动车数量减速增长，能源消费强度、煤炭消费占比持续下降，劳动和清洁技术水平不断提升，释放了部分工业化对大气环境的压力，大气污染排放呈现减速上升趋势。如果保持当前工业化推进速度，预计在 2037 年迎来大气污染排放下降转折点。根据《中国制造 2025》要求，我国制造业在整体达到世界制造强国阵营中等水平之时（2035 年）就可能提前实现该转折点。

二　优化产业结构、加强技术创新是减少工业化对大气压力的关键

工业化进程与大气污染的关联趋势是工业化要素变化的结果。根据我国工业化进程与大气污染的相关性分析可知，未来一段时间，我们仍将面临大气污染物排放继续增加的情况。为此，进一步调整工业化要素、高质量推进工业化进程，有助于释放工业化对大气环境的压力，增添大气污染防治动力，促进我国提前迎来曲线拐点，即实现人均 GDP 增长的同时大气污染物排放量不再增长。基于工业化要素对

工业废气排放的影响分析可以看出，工业化要素对大气污染具有短期影响和长期影响，在同等显著水平下，长期影响程度高于短期影响程度；工业化要素对大气污染具有直接影响和间接影响，即某地区工业化要素的优化，不仅有利于本地区工业废气减排，而且有利于相邻区域的工业废气减排。基于工业化要素对机动车尾气排放的影响分析可以看出，机动车数量显著正向影响机动车尾气排放，清洁技术水平显著负向影响机动车尾气排放。

在工业化要素中，产业结构是影响大气污染的关键指标，较高的第二产业占比、基础工业占比是固定源废气排放的主要压力来源。①第二产业占比显著正向影响大气污染程度，即第二产业占比越高、工业废气排放越多。第二产业占比的降低，对工业废气减排具有短期和长效影响；某地区第二产业占比的降低不仅能够促进本地区工业废气减排，而且能够促进相邻地区工业废气减排。②基础工业占比显著正向影响大气污染程度，即基础工业占比越高、大气污染越严重。基础工业占比的降低，能够对工业废气减排具有短期和长效影响；基础工业占比的间接影响最强，即某地区基础工业占比的降低对相邻区域工业废气减排的带动作用最明显。由此看出，使产业结构高级化、轻型化是降低工业化压力、减少工业废气排放的重要举措。

能源消费结构、清洁技术水平也是影响大气污染的关键指标，较高的煤炭消费占比是固定源废气排放的重要压力来源，较高的清洁技术水平是释放固定源、移动源废气排放压力的重要帮手。①煤炭消费占比显著正向影响大气污染程度，即煤炭消费占比越高、工业废气排放越多。煤炭消费占比的降低是短期减少工业废气排放的有效方法；某地区煤炭消费占比的降低不仅能够促进本地区工业废气减排，而且能够促进相邻地区工业废气减排。②大气污染防治专利量显著负向影响大气污染程度，即大气污染防治专利量越多、工业废气排放和机动车尾气排放越少。大气污染防治技术水平的提升是长期减少工业废气排放的有效方法；某地区大气污染防治技术水平的提升不仅能够促进本地区工业废气减排，而且能够促进相邻地区工业废气减排。大气污染防治技术水平的提升也是降低机动车尾气排放的有效方法。降低煤炭消费占比、提升清洁技术水平需要加强技术创新，推动新能源、清洁能源、可再生能源的开发利用，提升燃油效率与品质，加快清洁能源汽车技术完善。

第 五 章

中国大气污染防治政策对大气污染的作用分析

依据 PiSR 模型，本书将响应（S）聚焦到大气污染防治政策，研究大气污染防治政策对大气污染的影响。研究内容包括分析各工业化阶段大气污染的响应政策是什么（R）以及大气污染防治政策如何影响大气污染，其中，后者又包括大气污染防治政策对大气污染的直接作用（R-S）以及大气污染防治政策通过调节工业化要素对大气污染的间接作用（R-Pi-S）。

第一节　分析方法

一　变量设计

大气污染是被解释变量，表征大气污染防治政策的指标是解释变量。依据 PiSR 模型，被解释变量的选择同第四章第一节，解释变量继承大气污染防治政策的常用分类，将其分为命令型、市场型、引导型政策，在本节逐一探讨。

（一）命令型政策

环境标准、环境行政处罚是控制大气污染固定源的常用命令型政策工具，限制通行是控制大气污染移动源的常用命令型政策工具。①颁布环境标准、执行环境行政处罚分别是地方人民政府、行政机关治理环境问题时最常用的立法、执法手段，是命令型政策工具的代表指标。李树从环境法规与执法两个方面，分析了环保产业发展的影响因素和程度。白雪洁应用地方环境标准数、法规与行政规章数量表示环境规制强度，分析其对空气中二氧化硫排放量的影响。冯玮、姚西龙以当年实施的行政处罚数对数来衡量政府对污染的监管，得出污染监管抑制工业废气排放的结论。②机动车限行是常用的控制机动车尾气污染的办法。蓝艳等介绍了韩国民众对车辆限行的调查结果，82.5%的民众认为应当进行车辆限行，54.8%的民众偏向于汽车尾号与日期尾数对应的限行方式。孙坤鑫构造尾号限行、单双号限行哑变量，应用断点回归的方法分析了机动车尾气排放标准对空气质量的改善效果。易兰等在控制风级、降雨、湿度等气象条件下，分析了北京、西安、太原等11个城市限行政策日变化对PM 2.5浓度的影响。

本书选取当年地方颁布环境标准数作为环境标准的代表指标，当年环境行政处罚案件数作为环境行政处罚的代表指标，表示防治固定源大气污染的命令型政策工具，经过对数处理，以 *lnstd*、*lnpun* 表示，数据来源于《中国环境年鉴》。本书选取各地区颁布限制通行的政策文件数（即交通限行的政策文件数）作为调节机动车污染的命令型政策工具，以 *carlmt* 表示，数据来源于“北大法宝”数据库。

（二）市场型政策

科技研发投入和环境治理投资分别是源头、末端控制大气污染固定源的常用市场型政策工具，淘汰黄标车、推广新能源汽车的财政补贴、税收优惠是控制大气污染移动源的常用市场型政策工具。①R&D投入是指研究与发展投入；环境污染治理投资包括工业污染源治理投资、城市环境基础设施建设投资、建设项目三同时投资。R&D 投入既包括改善环境治理的技术也包括提高生产效能的技术。工业废气治理投资包含于工业污染源治理投资中，来源于政府排污费及其他补助、企业自筹、银行贷款，是政府通过补助促进企业自筹从而减少大气污染排放的防治方式。李停认为 R&D 激励能够促进环境治理技术改善，降低污染成本，减少环境税负。高明采用单位国内生产总值的治理投资额作为环境政策的指标，得出环保投资对工业污染减排存在正向影响等结论。王梓慕、高明等通过工业治理废气投资来衡量环保投资，发现环保投资是我国工业废气减排的显著影响因素。②政府通过向车主提供补贴的方式，鼓励车主提前淘汰黄标车、老旧车；政府通过适度减征低污染排放汽车的消费税，对新能源汽车的销售商和消费者予以财政补贴的方式，鼓励车主购买低排放汽车或新能源汽车。

由于本书要分析防治政策与对外贸易的交互项通过工业化要素对大气污染产生影响，若使用污染治理投资与 GDP 的比值作为政策指标，交互项中将多了 GDP 的作用，因此，本书选取 R&D 内部投入和工业废气治理投资额作为大气污染防治市场型政策工具的代表指标。经过对数处理，以 *lnrdi*、*lninv* 表示，数据来源于《中国环境年鉴》。由于缺乏淘汰黄标车老旧车、发展新能源汽车的税收优惠和财政补贴数据，本书没有设计调节大气污染移动源的市场型政策工具变量。

（三）引导型政策

大气污染防治中存在信息不对称和委托代理，因而需要媒体监督、公众参与等引导型政策工具；另外，引导绿色消费也是防治大气污染的常用引导型政策工具。①近年来，环境保护的媒体宣传与监督不断增强，通过不断向公众传播大气污染防治相关知识，曝光企业环境污染，促进公民主动减排、发挥公众的监督作用。郑思齐等通过选取各城市重要地方报纸，采用关键词搜索构造 Google Search 指数，衡量媒体对环境污染的报道数量，反映媒体宣传与监督强度。②环境保护公众参与的相关政策逐步完善，助力污染治理机制创新、推动生态环保工作顺利进行。张晓杰等比较了不同环保公众参与方式对环境质量的影响差异，认为环境来信对环境质量提升具有显著的促进作用，而环境来访的影响不显著。③引导公民不燃放烟花爆竹、选用低排放车辆、乘坐公交出行等绿色消费行为的工作稳步推进，促进全社会共同参与污染防治的全民行动体系建成。其中，近年来政府通过限购、补贴等方式大力推广新能源汽车，促进公众购买，低排放车辆的保有量和产销量持续增长。

本书以“大气污染”“雾霾”“空气污染”为主题关键词，统计省委或直辖市委报纸的报道数量作为媒体宣传与监督的指标，表示控制固定源和移动源大气污染的引导型政策工具，来信来访数作为公众参与的指标，表示控制固定源大气污染的引导型政策工具，经过对数处理，以 *lnmed*、*lnvis* 表示，数据来源于《中国环境年鉴》。本书选取各地区颁布的改善机动车结构的政策文件数（即淘汰黄标车老旧车及推广新能源汽车的政策文件数）作为引导绿色消费的指标，表示控制移动源大气污染的引导型政策工具，以 *carnev* 表示，数据来源于“北大法宝”数据库。

以上大气污染防治政策的变量标识、数据类型、数据来源总结在表 5－1 中，大气污染防治政策是解释变量，大气污染是被解释变量，工业化要素是中介变量，被解释变量与中介变量继承第四章的变量设计，具体见表4－1，这里不再赘述。

表5－1　　　　大气污染防治政策的变量设计

变量		变量标识	变量单位	数据区间及类型	数据来源
命令型政策工具	地方环境标准数	*lnstd*	个	1999—2015年面板数据	中国环境年鉴
	环境行政处罚案件数	*lnpun*	个	1999—2015年面板数据	中国环境年鉴
	交通限行政策文件数	*carlmt*	个	2011—2015年面板数据	“北大法宝”数据库
市场型政策工具	R&D内部支出	*lnrdi*	万元	1999—2015年面板数据	中国科技统计年鉴
	工业废气治理投资额	*lninv*	万元	1999—2015年面板数据	中国环境年鉴
引导型政策工具	大气污染相关报道数	*lnmed*	篇	1999—2015年面板数据	中国知网报纸数据库
	来信来访数	*lnvis*	次	1999—2015年面板数据	中国环境年鉴
	淘汰黄标车老旧车及推广新能源汽车的政策文件数	*carnev*	个	2011—2015年面板数据	“北大法宝”数据库

二　文本分析方法

（一）文本收集与筛选

本书对1949年以来涉及大气污染防治的政策文本进行了收集与

选择，具体步骤和文本选择标准如下。

第一，对大气污染防治政策变迁的文献进行阅读，确定检索方向和检索词。由于本书以国家大气污染防治政策为研究对象，因此选定中央层面出台的政策作为搜索区间，即搜索法律、国务院及各部委出台的行政法规和部门规章。

第二，收集文件。本书以尽可能查全的原则首先进行大气污染防治相关政策的初选。改革开放以前的政策，通过文献进行名称摘录，随后通过“读秀”“超星”数据库搜索全文。改革开放以后的环境政策，参照中华人民共和国生态环境部的政策法规专栏，应用“北大法宝”数据库，根据法律、法规、规章、环境经济政策四个层次，以“环境”“污染”为关键词进行标题检索，得到环境保护、污染防治的综合性文件；再以“大气”“空气”为关键词进行内容检索，得到与大气污染防治相关的环境类综合文件。其中，环境经济政策按照《“十二五”全国环境保护法规和环境经济政策建设规划》中对经济政策的分类，进行关键词检索，如“排污费”“专项资金”等。改革开放以后的大气污染专项政策，应用“北大法宝”数据库，以“大气”“烟尘”“二氧化硫”“机动车”等关键词进行标题检索。搜索“八五”“九五”计划等作为补充。

第三，由于涉及大气污染防治的政策文本数量繁多，为了保证政策选取的准确性和代表性，对文本进行了整理和遴选。遴选原则为：与大气污染防治的相关程度高，文中明确提及或涉及大气污染防治措施；选取法律、法规、意见、办法、决定、通知等能直接体现政府对大气污染防治所持态度的政策，不采用仅传达政策意图或督促贯彻落实而无具体可操作性工具的政策文件；采纳国家级环境标准、技术规定，不采纳行业标准和规定。

根据以上收集和选择原则，本书梳理了有效政策样本 177 份，并按照工业化四个阶段进行标号，重工业优先发展时期的标识为 1，轻纺工业迅速扩张时期的标识为 2，基础工业快速成长时期的标识为 3，高附加高技术工业走向前台时期的标识为 4；每一时期的大气污染防治政策按照出台时间顺序标号。

（二）文本分析框架

本书从工业化视角，通过分析新中国成立以来大气污染防治的政策文本，总结大气污染防治政策在调节产业结构、能源消费等工业化要素方面的历史贡献。选取的政策文本是 1949 年以来 177 份大气污染防治政策；采用的分析方法是内容分析法，即构建政策工具（X）、工业化要素（Y）的二维分析框架对大气污染防治的政策文本进行分析。

X 维度是大气污染防治政策工具维度，包括命令型、市场型、引导型三类。①命令型工具使被调控者在环境目标选择或达成目标的技术手段上无法做出自由选择，包括污染物排放标准、技术标准、“三同时”制度、环境影响评价、污染总量控制、环境行政处罚、机动车限行等。②市场型工具通过市场信号刺激行为人的动机，可以利用市场和创建市场，包括财税政策、生态补偿、环境价格、排污权有偿使用、绿色金融、绿色贸易等。③引导型政策工具通过非强制手段改变被引导者在决策框架中的观念和优先级，从而使其主动采取有利于环境的行动，包括公民参与、技术引导、环境标识、信息舆论、协商规劝、道德说教等。

Y 维度是工业化要素维度，包括产业结构、机动车辆、能源消费、技术水平、对外贸易五类。①调整产业结构的大气污染防治政策工具主要包括企业准入、升级、淘汰等；②调整机动车辆的大气污染防治政策工具主要包括区域时段限行、淘汰黄标车老旧车、促进新能源汽车推广应用等；③调整能源消费的大气污染防治政策工具主要包括提高能源利用率、调节生产与消费用能结构、促进新能源与可再生能源开发等；④调整技术水平的大气污染防治政策工具主要包括调整劳动生产效率和清洁技术水平等；⑤调整对外贸易的大气污染防治政策工具主要包括禁止不符合规定、不利于大气环境保护的产品进口和限制高耗能、高排放产品出口等。

内容分析法首先需要选定样本的分析单元，本书将政策文本的句子作为分析单元，按照“政策编号—条款序列—句子序列号”进行编码，编码表在此不做展示。其中，针对特定区域的国务院及各部委颁布的大气污染防治政策文件，如关于京津冀大气污染防治的政策文件虽进行了编号，但不作为分析对象。其次，内容分析法易受到主观判断的影响，需要对内容分析的类目信度和判断者信度进行检验。在类目信度检验方面，X 维度，即政策工具维度是环境政策工具常用且经过较多实证检验的维度；Y 维度，即工业化要素维度也是依据理论模型而划分的，基本满足类目“详尽互斥”的标准，满足类目信度。本书从 177 篇政策中随机抽取了 30 篇政策。请同为公共管理领域的博士生 3 名，环境管理领域从事政策研究的 2 名博士生对一致性进行检验。结果显示，政策工具维度（X 维度）的一致性检验系数为 0.98，工业化要素工具维度（Y 维度）的一致性检验系数为 0.90。根据 Kassarjian 的研究，一致性系数在 0.8 以上接受，大于 0.9 相当不错，因而本书基本满足判断者信度要求。

三 计量模型构建

（一）大气污染防治政策对工业废气排放的作用

本书通过多重中介效应检验来分析大气污染防治政策对大气污染的作用，既包括大气污染防治政策对大气污染的直接作用，又包括通过调节工业化要素对大气污染的间接作用。本书分别构建了综合政策、命令型政策、市场型政策、引导型政策的中介效应检验模型，其中综合政策是通过构建潜变量将命令型政策、市场型政策、引导型政策进行综合分析的政策变量。各类政策工具的中介效应模型形式类似，仅政策变量有所不同，因此，本书以行政处罚 *lnpun* 为例展示构建的方程，如公式 5－1 所示。

$$\begin{cases} lnext = c_1 lnpun + \rho lncar + e_0 \\ lnscdp = a_1 lnpun + e_1 \\ lnfundp = a_2 lnpun + e_2 \\ lneng = a_3 lnpun + e_3 \\ lncoal = a_4 lnpun + e_4 \\ lnlp = a_5 lnpun + e_5 \\ lnctec = a_6 lnpun + e_6 \\ lnext = c'_1 lnpun + b_1 lnscdp + b_2 lnfundp + b_3 lneng + \\ \qquad b_4 lncoal + b_5 lnlp + b_6 lnctec + e_7 \end{cases} \tag{5-1}$$

（二）大气污染防治政策对机动车尾气排放的作用

由于缺少机动车尾气污染防治政策的中介变量，因此本书构建静态短面板模型分析机动车污染防治政策对尾气排放的影响。根据前文变量设计和工业化压力对大气污染的影响分析，该模型的被解释变量为机动车尾气排放总量 *lnvext*，解释变量为民用汽车拥有量 *lncar*、清洁技术水平 *lnctec*、大气污染相关报道数 *lnmed*、限制通行的政策文件数 *carlmt*、淘汰黄标车老旧车以及推广新能源汽车推广的政策文件数 *carnev*，控制变量为人均 GDP 的一次项 *lnpgdp* 和二次项 $lnpgdp^2$。表达式如公式 5－2 所示。

$$lnvext_{it} = \alpha + lncar'\beta_1{}_{it}\beta_1 + lnctec'\beta_2 + lnmed'_{it}\beta_3 + carlmt'_{it}\beta_4$$
$$carnev'_{it}\beta_5 + lnpgdp'_{it}\beta_6 + lnpgdp'_{it}{}^2\beta_7 + z'_i\delta + \mu_i + \varepsilon_{it} \quad (5-2)$$

第二节　大气污染防治的政策响应

本书在前文对工业化阶段划分的基础上，分别对重工业优先发展时期、轻纺工业迅速扩张时期、基础工业快速成长时期、高附加高技术工业走向前台时期的大气污染防治政策进行文本分析，探讨中国大气污染防治政策的响应特征。

一　重工业优先发展时期，仅有少量工业废气治理措施

改革开放前，中国采取了重工业优先发展战略，建设了一批高耗能、高排放、高污染的企业，大气污染问题逐步凸显。由于当时社会各界对大气污染防治问题的重视程度和认知水平有限，环境保护处于萌芽状态，大气污染防治政策未进入政府专项治理的决策议程之中，

缺乏科学性和系统性的防治办法，仅有少量的工业废气治理措施。该时期颁布的大气污染防治政策文本编码见附录1。

1949年到20世纪60年代末，工业和环境的矛盾逐步凸显，涉及环保的政策措施开始出现，但政策目标并不清晰。这一时期，出于保护劳动环境、安全生产和保持城乡环境卫生的目标，我国出台了《工厂安全卫生暂行条例》（1953）、《关于防治厂矿企业中矽尘危害的决定》（1956）、《工业企业设计暂行卫生标准》（1956）等政策，涉及部分消烟除尘的规定。进入20世纪70年代，以美国洛杉矶光化学烟雾事件为代表的世界八大环境公害引发我国对大气污染的思考与重视，开始出台包含废气污染在内的"三废"防治规定。1971年周恩来总理在接见全国计划会议部分代表的讲话中指出要"将'三害'变三利，搞净化，使废气不致污染空气"。1973年4月，国家在前两年的烟囱除尘工作基础上颁布《关于进一步开展烟囱除尘工作的意见》；同年8月，第一次环境保护会议在京召开，并颁布《关于保护和改善环境的若干规定（试行）》，提出"三同时"和限期治理制度；同年11月，颁布第一个环境标准《工业"三废"排放试行标准》，这一年标志着我国环境保护事业正式起步。随后几年，为建设环保机构、推行环保工作、治理工业污染，颁布了《环境保护机构及有关部门的环境保护职责范围和工作要点》（1974）、《关于编制环境保护长远规划的通知》（1976）、《关于治理工业"三废"开展综合利用的几项规定》（1977）。

重工业优先发展时期，政府出台的政策主要侧重于对"三废"污染的统一规定，没有专为大气污染出台防治政策工具。该时期，大气污染防治政策工具数量少，仅包含命令型和引导型政策工具；其中，命令型、引导型政策工具占比分别为60%、40%；从政策调节要素来看，该阶段仅出现了调节能源消费和技术水平的大气污染防治政策。其中，调节能源消费的政策工具全部为命令型政策工具，具体包括《关于保护和改善环境的若干规定（试行）》中提出“有计划、有步骤地以煤气、天然气、燃料油和液化气等代替煤炭作燃料”；调节技术水平的政策工具中命令型与引导型各占一半，具体包括《关于保护和改善环境的若干规定（试行）》提出“各单位的排烟装置，都要采取行之有效的消烟除尘措施”“工矿企业的有害气体要积极回收处理”，《关于进一步开展烟囱除尘工作的意见》（1973）提出要“大力宣传”“积极推广”各种行之有效的锅炉改造方法和各种类型的除尘装置。（见表5－2）

表5－2　　重工业优先发展时期的大气污染防治政策工具

政策	命令型					市场型					引导型				
文本	A	B	C	D	E	A	B	C	D	E	A	B	C	D	E
1—6														2	
1—7			1	2											
总计	3					0					2				

注：A、B、C、D、E分别表示调节产业结构、机动车辆、能源消费、技术水平、对外贸易的政策。

二　轻纺工业迅速扩张时期，政策多以事后治理干预为主

1978—1995年，我国逐步由计划经济体制向市场经济体制转型，工业化进入结构调整纠偏、推进轻工业发展以求与重工业协调的恢复理顺阶段，大气污染问题逐渐被重视，推进了我国大气污染防治法制化进程。该阶段，大气污染防治以制定标准、收取排污费、关停并转

迁等命令型政策工具为主，事后治理的“外源性”特征明显。该时期颁布的大气污染防治政策文本编码见附表2。

轻纺工业迅速扩张时期的大气污染防治政策大体分为两个阶段。①1978—1987年，除了排放标准具有针对性外，大气污染防治措施出现在各类环境保护政策中。1978年3月，“保护环境和自然资源，防止污染和其他公害”写入《中华人民共和国宪法》；同年7月，《中共中央关于加快工业发展若干问题的决定》以专章形式强调“综合利用，保护环境”。1979年5月，《中华人民共和国环境保护法（试行）》出台，标志着我国环境保护进入法制时代。随后《关于在国民经济调整时期加强环境保护工作的决定》（1981）、《征收排污费暂行办法》（1982）等政策包含大气污染防治措施，《大气环境质量标准》（1982）、《锅炉烟尘排放标准》（1984）、《硫酸工业污染物排放标准》（1984）、《汽油车怠速污染物排放标准》（1984）等政策对大气污染固定源、移动源排放限值进行规定。②1987—1995年，我国大气污染防治进入专项法制阶段。1987年，我国第一部防治大气污染的专项法案《大气污染防治法》出台。1989年第三次全国环境保护会议召开，提出了环境保护的“三大政策”（即预防为主、防治结合；谁污染谁治理；强化环境管理）和“八项制度”（即环境影响评价制度、城市环境综合整治定量考核制、“三同时”制度、排污收费制度、环境目标责任制、排污许可证制、限期治理制、集中控制制度），并确立《中华人民共和国环境保护法》。1991年国务院批准并公布了《大气污染防治法实施细则》，1992年出台《征收工业燃煤二氧化硫排污费试点方案》，1995年第一次修订《大气污染防治法》。

轻纺工业迅速扩张时期，大气污染防治政策以命令型政策工具为主，出台了少量市场型政策工具，命令型、市场型、引导型政策工具占比分别为57%、7%、36%。从政策调节要素来看，该阶段对产业结构、机动车辆、能源消费、技术水平、对外贸易均出台了响应措施，其中，调节产业结构、机动车辆、对外贸易的措施具有明显的“外源性”特征；调节能源消费更多使用了具有“内生性”的大气污染防治办法；调节技术水平的政策工具兼具“外源性”和“内生性”特征。（见表5－3）

表5－3　　轻纺工业迅速发展时期的大气污染防治政策工具

政策	命令型					市场型					引导型				
文本	A	B	C	D	E	A	B	C	D	E	A	B	C	D	E
2—3				1	3								1	4	
2—4	1		1	2										2	
2—9				29										17	
2—10	5														
2—11			2										4		
2—12			5					8					4	2	
2—13	1	1			2								1		
2—14				1										1	
2—15			2												
2—17			1	2	2								2	0	
2—19	1	2			4								5		
总计	68					8					43				

注：A、B、C、D、E分别表示调节产业结构、机动车辆、能源消费、技术水平、对外贸易的政策。

该阶段调节产业结构的政策工具全部为命令型政策工具，具体包括：对所有新建、改建、扩建或转产的企业进行环境影响评价；对不符合规定的生产项目和企业厂址，采取关、停、并、转、迁的措施；

对不执行“三同时”规定或将污染转嫁的部门、单位以及个人追究责任等，包含在《关于在国民经济调整时期加强环境保护工作的决定》(1981)、《国务院关于加强乡镇、街道企业环境管理的规定》(1984)等政策中。

该阶段调节机动车辆的政策工具全部为命令型政策工具，具体包括：规定汽油车曲轴箱、轻型车底盘测功机排放标准，对超标排放的机动车船采取措施，各级公安、交通、铁道、渔业管理部门实施监督管理，鼓励高标号无铅汽油的生产和使用等，包含在《汽油车曲轴箱排放控制标准》(1989)、《中华人民共和国大气污染防治法》(1987、1995 修订）和《汽车排气污染监督管理办法》(1990）等政策中。

该阶段调节能源消费的政策工具中命令型、市场型、引导型占比分别为 30.6%、22.2%、47.2%，具有“内生性”特征的市场型和引导型政策工具占比将近 70%。其中，命令型政策工具主要是对型煤发展的规划设计、合理分配、标准制定以及对散煤燃烧的监督管理等；市场型政策工具主要是通过优质优价、差价和加工费补贴、节约留成资金支持、产品税和增值税减免与优惠等方式提高经营单位积极性、促进型煤发展，具有促进企业内生动力的特征；引导型政策工具主要包括积极发展工业型煤、推广民用型煤，发展城市燃气，广泛宣传提高群众使用型煤的自觉性等，包含在《中华人民共和国环境保护法（试行)》(1979)、《国务院关于在国民经济调整时期加强环境保护工作的决定》(1981)、《中华人民共和国大气污染防治法》(1987、1995 修订)、《中华人民共和国大气污染防治法实施细则》(1991）等综合文件和《城市烟尘控制区管理办法》(1987)、《关于发展民用型煤的暂行办法》(1987）等专项政策中。

该阶段调节技术水平的政策工具中，命令型、引导型政策工具各占57%、43%，没有市场型政策工具。其中，命令型政策工具主要是对煤炭加工技术、城市集中供热技术、城市气化技术、燃烧设备和烟气净化技术做出了硬性要求；引导型政策工具主要是促进清洁技术水平提升的措施，如“研究与发展型煤的直接燃烧和固硫技术”“积极发展太阳能、地热能、核能利用技术”等。包含在《关于防治煤烟型污染技术政策的规定》（1984）、《关于发展民用型煤的暂行办法》（1987）、《中华人民共和国环境保护法（试行）》（1979）、《关于在国民经济调整时期加强环境保护工作的决定》（1981）、《中华人民共和国环境保护法》（1989）、《大气污染防治法实施细则》（1991）等政策中。

该阶段调整对外贸易的政策工具全部为命令型政策工具，具体包括禁止进口严重污染大气环境的工艺与设备、不合规定的锅炉、排放超标的汽车，对进口禁止采用工艺、设备的企业责令整改、停业、关闭等措施，包含在《中华人民共和国环境保护法（试行）》（1979）、《大气污染防治实施细则》（1991）、《中华人民共和国大气污染防治法》（1987、1995 修订）等政策中。

三 基础工业快速成长时期，政策逐步增加事前干预措施

1996—2010 年我国经济进入高速发展阶段，多数城市受煤烟污染、酸雨污染的影响，部分特大城市的煤烟污染与汽车尾气污染十分严重；主要大气污染物增加二氧化硫、烟粉尘、氮氧化物、悬浮颗粒物；污染范围从局地扩展到周边区域。同时，这一时期，我国环境理念不断深化，20 世纪 90 年代的“走可持续发展道路”，2003 年的“科学发展观”理念，为我国大气污染防治体系的形成提供了理论基

础，促使我国开始重视大气污染的事前干预，逐步使用市场型、引导型政策防治大气污染，大气污染防治政策逐步完善。该时期颁布的大气污染防治政策文本编码见附表3。

基础工业快速成长时期，大气污染防治的政策体系进一步完善，并针对突出的二氧化硫和汽车尾气污染出台了一系列针对措施：①《大气污染物综合排放标准》（1996）、《锅炉大气污染物排放标准》（1997）、《环境空气质量标准（GB3095—1996）修改单》（2000）、《生活垃圾焚烧污染控制标准》（2000）等标准进一步扩大污染排放物范围、严格污染排放物限值；《关于环境保护若干问题的决定》（1996）、《“十一五”期间全国主要污染物排放总量控制计划》（2006）、《中央财政主要污染物减排专项资金管理暂行办法》（2007）、《主要污染物总量减排监测办法》（2007）等政策推行主要污染物总量控制；《排污费征收使用管理条例》（2002）、《中华人民共和国清洁生产促进法》（2002）、《环境影响评价法》（2002）、《清洁生产审核暂行办法》（2004）、《规划环境影响评价条例》（2009）等政策促使排污收费、清洁生产、环境影响评价正规化、常规化；2006年《环境影响评价公众参与暂行办法》出台，开始借助社会力量完善大气污染防治。②针对该时期最突出的二氧化硫和汽车尾气问题，我国出台了一系列针对措施，具体包括《酸雨控制区和二氧化硫污染控制区划分方案》（1998）、《机动车排放污染防治技术政策》（1999）、《关于加强燃煤电厂二氧化硫污染防治工作的通知》（2003）等。

基础工业快速成长阶段，三类大气污染防治政策工具均有所增加，相关部门设立了减排专项资金、实行燃煤发电机组脱硫电价等经济激励，增加了环境保护信息公开、环境影响评价工作参与等社会引导，但仍以命令型政策工具为主，命令型、市场型、引导型政策工具占比分别为61.8%、4.7%、33.5%。从政策调节要素来看，大气污染防治政策在产业结构、机动车辆、能源消费、防治技术、对外贸易方面均增加了调节措施，加强了能源消费的“外源性”命令控制力度；主要专注于控制二氧化硫、烟粉尘等一次污染物排放量，氮氧化物、PM 10、PM 2.5 等大气污染物控制办法相对薄弱。（见表5－4）

表5－4　　基础工业快速成长时期的大气污染防治政策工具

政策	命令型					市场型					引导型				
文本	A	B	C	D	E	A	B	C	D	E	A	B	C	D	E
3—3	2				4	1					1				
3—4			1					1		2			5	4	2
3—5			2										1		
3—6		12					1						1		
3—7				26									2	8	
3—8									1					4	
3—12	2	10			10		1				1	2		3	
3—14			3										1		
3—15				11					1					1	
3—17			12	4									10	10	
3—23				2											
3—29	4	3	3	1						1	1		2	2	
3—30									1					2	
3—33					7					1				1	
3—34	6	10	6	3								1	8	5	
总计	144					11					78				

注：A、B、C、D、E分别表示调节产业结构、机动车辆、能源消费、技术水平、对外贸易的政策。

该阶段调节产业结构的政策工具多为命令型政策工具，在三类政策工具中占77.8%的比重。比上一阶段增加了以促进环保产业发展的措施，具体包括对环境保护相关企业在固定资产投资等方面给予优先扶持，通过补贴、税收优惠等市场激励措施引导企业进入环保领域，包含在《国务院关于环境保护若干问题的决定》（1996）、《大气污染防治法》（2000）等政策中。

该阶段调节机动车辆的政策工具多为命令型政策工具，在三类政策工具中占87.5%的比重。该阶段更加重视防控机动车尾气污染，2000年出台的《中华人民共和国大气污染防治法》首次设立了“防治机动车船排放污染”章节，将机动车船排放污染与废气污染、恶臭污染并列作为大气污染的三大防治对象。命令型政策工具主要包括排放标准、禁止不达标机动车行驶等措施；市场型、引导型政策工具主要增加了提高燃油品质、鼓励生产和使用新能源机动车辆、推进公共汽车采用天然气、电力等清洁能源等措施；包含在《关于限期停止生产销售使用车用含铅汽油的通知》（1998）、《中华人民共和国大气污染防治法》（2000）、《国家酸雨和二氧化硫污染防治“十一五”规划》（2008）等政策中。

该阶段调节能源消费的政策工具加强了命令型政策工具建设，占比较上一阶段上升16个百分点至46.6%。命令型政策工具新增禁止审批新建煤层含硫分大于3%的煤矿，限产、关停已建成的煤层含硫分大于3%的矿井，不新建产热量在2.8MW以下的燃煤锅炉，到2010年逐步淘汰不能满足环保要求的100MW以下的燃煤发电机组等措施；市场型政策工具增加对能源行业重点项目进行固定资产投资支持的措施；引导型政策工具进一步强化，具体包括鼓励和支持太阳能、风能、地热能、生物质能等清洁能源开发与利用、选定部分城市建成清洁能源示范城市等；包含在《中华人民共和国国民经济和社会发展“九五”计划和2010年远景目标纲要》(1996)、《关于组织实施清洁能源行动的通知》(1999)、《中华人民共和国大气污染防治法》(2000)、《关于推进大气污染联防联控工作 改善区域空气质量的指导意见》(2010)等政策中。

该阶段调节技术水平的政策工具，扩大了大气污染防治技术的调整范围，增加了市场型和引导型政策工具，命令型、市场型、引导型政策工具占比分别为52.2%、3.3%、44.4%。该阶段增加了节能降耗、清洁生产、基础环境科学、环境标准及监测、煤炭洁净、烟气脱硫、工业锅炉低氮燃烧、农村生物质能等技术的相关规定；增加了补助清洁能源重点技术试点示范和扶持清洁生产重点技术改造项目的财政政策；出台了鼓励先进煤气化技术、基于煤气化技术的燃气—蒸汽联合循环发电技术、烟气同时脱硫脱氮技术等先进技术研发、改造、使用的引导型政策；包含在《国务院关于环境保护若干问题的决定》(1996)、《中华人民共和国国民经济和社会发展“九五”计划和2010年远景目标纲要》(1996)、《机动车排放污染防治技术政策》(1999)、《关于组织实施清洁能源行动的通知》(1999)、《中华人民共和国大气污染防治法》(2000)、《中华人民共和国清洁生产促进法》(2002)、《燃煤二氧化硫排放污染防治技术政策》(2002)等政策中。

该阶段调节对外贸易的政策工具新增了市场型、引导型政策工具，但仍以命令型为主，命令型、市场型、引导型政策工具占比分别为77.8%、11.1%、11.1%。该阶段的命令型政策工具扩大了禁止进口的产品范围，违法违规进出口的惩罚措施更加严格；增加了扩大能源、交通等基础设施对外开放，发展对能源、原材料等高技术领域的境外投资，有效利用外资发展我国能源、交通等市场型、引导型政策工具；包含在《国务院关于环境保护若干问题的决定》(1996)、《中华人民共和国大气污染防治法》（2000）、《消耗臭氧层物质管理条例》（2010）等政策内。

四 高附加高技术工业走向前台时期，政策呈现防治结合特征

随着工业化、城市化和区域经济一体化进程的加快，2011 年以来，中国大气污染呈现煤烟、石油、工业废气、机动车尾气的复合型特征；大气污染区域特征进一步加强。该阶段，中国大气污染防治政策密集出台，完善法制的同时注重经济手段和技术政策的应用；注重跨部口、跨区域的合作共治和全社会共同参与。该时期颁布的大气污染防治政策文本编码见附表 4。

高附加高技术工业走向前台时期，大气污染防治政策更加强调政府责任，增加了信息公开和公共参与的相关措施，扩大了大气污染物的调控范围，加强了重点行业、重点区域污染防治，推进了移动源污染防治。①我国出台了《大气污染防治行动计划》（2013），全面规划大气污染防治工作，修订了《环境空气质量标准》（2012）、《中华人民共和国环境保护法》（2014）、《大气污染防治法》（2015），通过《环境保护部关于加强环境空气质量监测能力建设的意见》（2012）、《大气污染防治行动计划实施情况考核办法（试行）》（2014）、《企业突发环境事件隐患排查和治理工作指南（试行）》（2016）等政策强调政府责任。②我国在《大气污染防治行动计划》（2013）、《中华人民共和国环境保护法》（2014）、《中华人民共和国大气污染防治法》（2015）中进一步强调信息公开和公众参与，并颁布了《企业事业单位环境信息公开办法》（2014）、《推进环境保护公众参与的指导意

见》（2014）、《“同呼吸、共奋斗”公民行为准则》（2014）、《环境保护公众参与办法》（2015）等政策。③《大气污染防治行动计划》（2013）、《消耗臭氧层物质进出口管理办法》（2014）、《关于印发重点行业挥发性有机物削减行动计划的通知》（2016）等政策增加了PM 2.5、臭氧、VOCs等二次污染物的防治措施。④出台了《火电厂大气污染物排放标准》（2011）、《钢铁工业污染物排放系列标准》（2012）、《水泥工业大气污染物排放标准》（2013）等标准以及《能源行业加强大气污染防治工作方案》（2014）、《重点排污单位名录管理规定（试行）》（2017）等政策，加强火电厂、钢铁、砖瓦、水泥、能源行业等重点工业污染源防治；出台了《重点区域大气污染防治“十二五”规划》（2012）、《京津冀及周边地区落实大气污染防治行动计划实施细则》（2013）、《珠三角、长三角、环渤海（京津冀）水域船舶排放控制区实施方案》（2015）等政策，推进了重点区域联合防治。⑤颁布了《节能与新能源汽车产业发展规划（2012—2020年）》（2012）、《关于开展城市步行和自行车交通系统示范项目工作》（2013）、《关于开展机动车环保生产一致性检查工作的通知》（2014）、《加快成品油质量升级工作方案》（2015）、《关于开展机动车和非道路移动机械环保信息公开工作的公告》（2016）等政策，增加了推广节能与新能源汽车、完善交通系统、提升车辆和成品油质量的政策力度，推进大气污染移动源防治。

高附加高技术工业走向前台的当前阶段，我国出台了大量的大气污染防治政策，颁布了多样、全面的防治措施，命令型、市场型、引导型政策工具占比分别为64.2%、11.8%、24.0%，比基础工业阶段减少了模糊性较强的引导型政策比重，命令型政策工具占比增幅高于市场型政策工具占比，呈现强监管特征。从政策调节要素来看，该阶段更加注重产业结构、机动车辆、能源消费、技术水平、对外贸易的调节，其中，对产业结构、机动车辆的强“外源”控制有所降低，增加了柔性“内生”的市场型和引导型措施；更加注重引导技术创新，将命令控制的重点转移到对能源消费的调节上。（见表5－5）

表5－5　　高附加高技术工业推向前台时期的大气污染防治政策

政策	命令型					市场型					引导型				
文本	A	B	C	D	E	A	B	C	D	E	A	B	C	D	E
4—1	13	15	19	5	1	5	1	3	1	2	5	2	5	14	1
4—3								2							
4—8	6		1	3	1	5		3		1		2	1	20	1
4—10		9	10	7	1		4	7	4	1		2	1	22	
4—11				5					2					21	
4—12	21	36	9	12	1	2	4	1	1	1	1	6	8	11	
4—13		26					1					9			
4—14			1												
4—16	18	16	12	4	2	1	3	3	2	1	4	3	1	13	1
4—17		5					5					2			
4—21		2													
4—22		4										1			
4—25					24										
4—26														1	
4—28	8	4	95	10	2			4	1				17	5	
4—29	3														
4—30	1	2			1	1	1		1		1	1	2	3	
4—33			3										1		
4—34				3					2					1	
4—39					1										
4—40		16			2		2					3			
4—45					3										

续表

政策文本	命令型					市场型					引导型				
	A	B	C	D	E	A	B	C	D	E	A	B	C	D	E
4—47	5														
4—49					3										
4—50			12	2				2	1				5	3	
4—51	35			1	2	3	2				6	1		7	
4—54			14					2					7	2	
4—56			11	1				4	2				3	4	
4—57														1	
4—58		18					2							4	
4—59		8					12					2			
4—61														1	
4—65								1							
4—66	2	37	14	5	14					3		4	4	4	1
4—67		16					2					2			
4—70		7					13					1			
4—71		28													
4—72		16													
4—73			15	2				8	1				7	2	
4—74				2					1					9	
4—80					8										
4—81			12												
4—87	7		1								3		1		
4—88															2
4—89			12					1					3		
总计	743					138					281				

注：A、B、C、D、E分别表示调节产业结构、机动车辆、能源消费、技术水平、对外贸易的政策。

该阶段调节产业结构的政策工具增加了市场型激励措施，但依旧呈现强控特征，命令型、市场型、引导型政策工具占比分别为76.3%、10.9%、12.8%。该阶段进一步丰富了准入、淘汰、升级等产业结构调整措施，命令型政策工具主要包括提高准入门槛、严格审批、调整目录、提高排放类项目建设要求、搬迁改造、关停并转等；出台了促进环保产业和生物柴油产业发展、加快能源行业和烧结砖瓦行业转型政策，增加了市场型激励措施；包含在《“十二五”节能减排综合性工作方案》（2011）、《大气污染防治行动计划》（2013）、《中华人民共和国环境保护法》（2014）、《中华人民共和国大气污染防治法》（2015）等综合型政策文件以及《“十二五”节能环保产业发展规划》（2012）、《能源行业加强大气污染防治工作方案》（2014）、《加快烧结砖瓦行业转型发展的若干意见》（2017）等专项产业政策中。

调节机动车辆的政策工具加强了对机动车结构清洁化的引导，但依旧以命令控制为主，命令型、市场型、引导型政策工具占比分别为74%、14.5%、11.5%。命令型政策工具进一步完善，严格机动车船排放标准、加强机动车船监管；增加了促进油品升级、发展公共交通、推进低速汽车升级换代、大力推广新能源汽车等引导型措施，包含在《“十二五”节能环保产业发展规划》（2012）、《能源行业加强大气污染防治工作方案》（2014）、《生物柴油产业发展政策》（2014）等产业政策以及《节能与新能源汽车产业发展规划》（2012）、《关于开展城市步行和自行车交通系统示范项目工作》（2013）、《新生产机动车环保达标监管工作方案》（2014）、《关于加快新能源汽车推广应用的指导意见》（2014）、《关于完善城市公交车成品油价格补助政策 加快新能源汽车推广应用的通知》（2015）、《关于“十三五”新能源汽车充电基础设施奖励政策及加强新能源汽车推广应用的通知》（2016）、《关于进一步推进成品油质量升级及加强市场管理的通知》

（2016）等专项政策中。

调节能源消费的政策工具减少了引导型政策工具占比，增加了命令型和市场型政策工具，较上一阶段呈现出较强的命令控制特征，命令型、市场型、引导型政策工具占比分别为69.3%、11.8%、19.0%。该阶段增加了禁止开采、进口、使用未达标能源、推进天然气基础设施建设、强化煤炭消费总量预测预警、加大能源消费考核和监督力度等命令型政策工具；加强了财税扶持、示范补贴等市场型政策工具建设；包含在《“十二五”节能环保产业发展规划》（2012）、《能源行业加强大气污染防治工作方案》（2014）、《关于加快烧结砖瓦行业转型发展的若干意见》（2017）等综合文件以及《工业领域煤炭清洁高效利用行动计划》（2013）、《关于开展生物质成型燃料锅炉供热示范项目建设的通知》（2014）、《燃煤锅炉节能环保综合提升工程实施方案》（2014）、《煤炭经营监管办法》（2014）、《商品煤质量管理暂行办法》（2014）等专项政策中。

调整技术水平的政策工具减少了命令型政策工具占比，增加了促进清洁技术的引导型政策工具比重，命令型、市场型、引导型政策工具占比分别为27.1%、8.3%、64.6%。该阶段技术标准与规范等命令型政策工具进一步完善；增加了多元化资金支持；增加了促进创新工程、试点工程、加强知识产权保护等方式，引导节能、储能技术、原料替代、环保标识物联网等技术的研发与应用；包含在《“十二五”节能环保产业发展规划》（2012）、《生物柴油产业发展政策》（2014）等产业政策以及《蓝天科技工程“十二五”专项规划》（2012）、《大气细颗粒物一次源排放清单编制技术指南（试行）》（2014）等专项技术规划、技术指南中。

调整对外贸易的三类政策工具占比变动较少，命令型、市场型、引导型政策工具占比分别为81.5%、11.1%、7.4%。该阶段的命令型政策工具细化了禁止进口的产品与工艺，增加了对高能耗、高排放的出口限制以及进出口消耗臭氧层物质的相关规定；市场型政策工具优化了进出口税收、信贷、保险措施；引导型政策工具增设了鼓励节能环保设备成套出口和节能环保工程总承包，引导外资投资生物柴油相关产业等措施；包含在《"十二五"节能环保产业发展规划》（2012）、《关于印发节能与新能源汽车产业发展规划（2012—2020年）》（2012）、《新生产机动车环保达标监管工作方案》（2014）、《加强"车、油、路"统筹，加快推进机动车污染综合防治方案》（2014）、《能源行业加强大气污染防治工作方案》（2014）、《生物柴油产业发展政策》（2014）、《中华人民共和国大气污染防治法》（2015）等政策中。

第三节　大气污染防治政策对大气污染的作用

一　变量的描述性统计

本书构建中介效应模型、静态短面板模型分析大气污染防治政策对大气污染的作用。表5－6显示了大气污染防治命令型政策工具（即地方环境标准数、环境行政处罚案件数、交通限行政策文件数）、市场型政策工具（即R&D内部支出、工业废气治理投资额）；引导型政策工具（即大气污染相关报道数、来信来访数、淘汰黄标车老旧车及推广新能源汽车的政策文件数）的平均值、标准差、最小值、最大值的统计量。

表 5－6　　大气污染防治政策的描述统计量

变量	平均值	标准差	最小值	最大值
lnstd	0. 311	0. 576	0	4. 595
lnpun	7. 278	1. 353	2. 079	10. 557
lnrdi	13. 447	1. 588	9. 025	16. 707
lninv	10. 645	1. 354	4. 941	14. 063
lnmed	0. 894	1. 093	0	4. 868
lnvis	9. 504	1. 300	3. 892	12. 553
carlmt	3. 2375	3. 739	1	20
carnev	3. 194	3. 010	1	19
std	1. 839	4. 534	1	99
pun	3127. 217	4822. 857	8	38434
rdi	1910058	2941276	8306. 001	1. 80e +07
inv	85840. 53	118576	140	1281351
med	5. 488	11. 370	1	130
vis	25313. 41	31096. 55	49	283058

本书应用 1999—2015 年除西藏以外 30 个省级行政区的面板数据分析大气污染防治政策对固定源大气污染的直接作用和间接作用，被解释变量是工业废气排放量；解释变量是大气污染防治政策，包括命令型、市场型、引导型政策工具；中介变量是第二产业占比、基础工业占比、能源消费强度、煤炭消费占比、第二产业劳动生产率、大气污染防治技术专利量；交互变量为进出口总额；其中，6 个解释变量分别为地方环境标准数（*lnstd*）、环境行政处罚案件数（*lnpun*）、R&D 内部支出（*lnrdi*）、工业废气治理投资额（*lninv*）、大气污染相关报道数（*lnmed*）、来信来访数（*lnvis*）。本书应用我国 2011—2015 年除西藏以外 30 个省级行政区的面板数据分析大气污染防治政策对机动车尾气排放的直接影响，被解释变量是机动车尾气排放量；解释

变量仅包括命令型、引导型政策工具，以交通限行政策文件数（*carlmt*）、淘汰黄标车老旧车及推广新能源汽车政策文件数（*carnev*）表示；控制变量包括民用汽车拥有量、大气污染防治技术专利量、人均GDP。大气污染、工业化要素的统计特征分析见第四章第三节，本节仅展示解释变量，即大气污染防治政策的统计特征。

结合表5－6及大气污染防治政策变量的原始数据可以看出以下几点。

大气污染防治的监管力度显著提升。其一，地方环境标准数较为稳定，除2010年以外，1999—2015年平均每年颁布20项。其二，环境处罚案件数逐步提升，由1999年的39754件抖动上升至2015年的102084件，年均增长率为4.16%。进入“十二五”时期，2011—2015年环境处罚案件年均114974件，高于2011年以前的最高值。辽宁的环境行政处罚量最大，1999—2015年均处罚15757件；青海的环境行政处罚量最小，年均处罚78件；黑龙江波动最大，2011—2013年的行政处罚量剧增，年均35000件左右，而其余年份仅有几百件或几千件。其三，机动车限行趋势在各省逐步成为常态，全国各省份2015年的机动车限行政策是2011年的2倍，北京、广东的交通限行控制强度最高，分别约为各省机动车限行强度均值的9倍、4倍。

市场型政策工具的建设力度大幅提高。其一，1999年，R&D内部支出为6005.4亿元，2000—2015年，以年均20.21%的速度增长，2015年R&D内部支出为14169.9亿元。其中，江苏、北京、广东的R&D内部支出位列前三位，1999—2015年年平均投入681.92亿元、678.54亿元、676.66亿元。其二，工业废气治理投资由1999年的509847万元增长至2015年的5218073万元，年均增长15.65%。其中，2013年，工业废气治理投资巨幅增加，是2012年该指标的2.49倍。山东的工业废气污染治理投资额最高，1999—2015年均投入

316937.7 万元；海南的工业废气污染治理投资额最低，年均投入 7821.0 万元；海南波动最大，在 2011 年以前基本低于 1000 万元，而 2012 年突增到 21206.5 万元，2014 年更高达 55648.9 万元。

引导型政策工具不断完善。其一，媒体宣传与监督不断加强，大气污染防治的相关报道数由 1999 年的 30 篇增加至 2015 年的 545 篇，年均增长 19.87%。其二，公众参与度逐步提升，每年办结的来信来访数由 1999 年的 256494 件增长至 2010 年的 687720 件，年均增长 9.38%；2011 年，公众参与渠道加入了电话与网络方式，公众参与程度明显增高，2011 年办结来信、来访、电话、网络案件是 2010 年的 1.58 倍，随后该数值持续增加，年均增长 13.02%。广东的公众参与程度最高，1999—2015 年年均 96151 件；青海的公众参与程度最小，年均 1765 件。其三，大力引导民众绿色消费，全国 2015 年黄标车老旧车淘汰、新能源汽车推广政策是 2011 年的 2 倍，北京、广东、江苏淘汰黄标车老旧车、推广新能源汽车的力度较大，分别约为各省均值的 4 倍、3 倍、2 倍。

二　大气污染防治政策对大气污染的作用分析

根据 PiSR 模型，大气污染防治政策既直接作用于大气污染，也通过工业化要素间接作用于大气污染。本书通过构建中介效应模型分析大气污染防治政策对固定源大气污染（即工业废气排放）的直接与间接作用。其中，大气污染防治政策包含命令型、市场型、引导型三类。由于缺少机动车尾气排放的中介要素数据，本书仅通过静态短面板模型分析大气污染防治对移动源大气污染（机动车尾气排放）的直接作用，没有检验大气污染防治政策对机动车尾气排放的间接作用。

（一）大气污染防治政策对工业废气排放的作用分析

本书通过构建潜变量的方式设计命令型、市场型、引导型三类政策工具的综合指标，并将其命名为 *lnplc*，政策工具与进出口总额的交互项的潜变量为 *lnpio*。分别见公式 5 – 3 和 5 – 4。

$$lnplc = 0.235lnstd + 0.627lnpun + 0.958lnrdi + 0.669lninv + 0.508lnmed + 0.330lnvis \tag{5-3}$$

$$lnpio = 0.279lnstd \times lninout + 0.953lnpun \times lninout + 0.999lnrdi \times lninout + 0.975lninv \times lninout + 0.524lnmed \times lninout + 0.928lnvis \times lninout \tag{5-4}$$

表 5 – 7 的左侧展示了不考虑对外贸易交互作用下的大气污染防治政策对工业废气排放的影响，右侧展示了在对外贸易交互作用影响下大气污染防治政策对工业废气排放的影响。在不考虑对外贸易交互作用下，大气污染防治政策间接作用为 – 0.074 且在 10% 显著水平下显著。在考虑大气污染防治政策与对外贸易的交互作用下，交互项对工业废气排放的直接作用不显著，间接作用为 – 0.122 且在 1% 的显著水平下显著。综合来看，大气污染防治政策通过调节工业化要素有效减少了工业废气排放。

表 5 – 7　　大气污染防治政策对工业废气排放的综合作用

	在不考虑对外贸易的作用下			在考虑对外贸易的作用下		
	路径	估计值	S. E.	路径	估计值	S. E.
Direct	*lnplc*→*lnext*	– 0.054	0.055	*lnpio*→*lnext*	– 0.018	0.045
Sum of indirect	*lnplc*→*lnext*	– 0.074 *	0.040	*lnpio*→*lnext*	– 0.122 * * *	0.030
(a1 × b1)	*lnplc*→*lnscdp*→*lnext*	0.051 * * *	0.017	*lnpio*→*lnscdp*→*lnext*	0.036 * * *	0.012

续表

	在不考虑对外贸易的作用下			在考虑对外贸易的作用下		
	路径	估计值	S. E.	路径	估计值	S. E.
(a2 × b2)	*lnplc→lnfundp→lnext*	-0.018**	0.010	*lnpio→lnfundp→lnext*	-0.024**	0.015
(a3 × b3)	*lnplc→lneng→lnext*	-0.093***	0.023	*lnpio→lneng→lnext*	-0.105***	0.023
(a4 × b4)	*lnplc→lncoal→lnext*	0.004	0.006	*lnpio→lncoal→lnext*	-0.005	0.004
(a5 × b5)	*lnplc→lnlp→lnext*	-0.006	0.010	*lnpio→lnlp→lnext*	-0.005	0.011
(a6 × b6)	*lnplc→lnctec→lnext*	-0.012	0.017	*lnpio→lnctec→lnext*	-0.018	0.015
lnplc→lnext Specific indirect:				*lnpio→lnext* Specific indirect:		
(a1)	*lnplc→lnscdp*	0.224***	0.079	*lnpio→lnscdp*	0.157***	0.060
(a2)	*lnplc→lnfundp*	-0.503***	0.043	*lnpio→lnfundp*	-0.573***	0.031
(a3)	*lnplc→lneng*	-0.737***	0.038	*lnpio→lneng*	-0.784***	0.017
(a4)	*lnplc→lncoal*	0.059	0.071	*lnpio→lncoal*	-0.067	0.053
(a5)	*lnplc→lnlp*	0.521***	0.036	*lnpio→lnlp*	0.572***	0.026
(a6)	*lnplc→lnctec*	0.708***	0.028	*lnpio→lnctec*	0.684***	0.023
(b1)	*lnscdp→lnext*	0.229***	0.043	*lnscdp→lnext*	0.229***	0.029
(b2)	*lnfundp→lnext*	0.036**	0.017	*lnfundp→lnext*	0.042**	0.015
(b3)	*lneng→lnext*	0.126***	1.023	*lneng→lnext*	0.134***	0.029
(b4)	*lncoal→lnext*	0.074***	0.026	*lncoal→lnext*	0.072***	0.018
(b5)	*lnlp→lnext*	-0.012	0.048	*lnlp→lnext*	-0.009	0.019
(b6)	*lnctec→lnext*	-0.017	0.076	*lnctec→lnext*	-0.027	0.022
外生变量 *lncar→lnext*		0.900***	0.026	*lncar→lnext*	0.895***	0.011
Chi-Square Test of Model Fit = 2561.449***; RMSEA = 0.262***; CFI = 0.525; TLI = 0.392 均在可接受范围				Chi-Square Test of Model Fit = 1776.836***; RMSEA = 0.300***; CFI = 0.710; TLI = 0.580 均在可接受范围		

注：→表示路径，A→B 是指 A 对 B 的影响，A→B→C 是指 A 通过 B 对 C 的影响。

表 5-7 显示，大气污染防治政策通过调节工业化要素降低了工业废气排放水平。其中，大气污染防治政策通过促进第二产业占比增加了工业废气排放，通过降低基础工业占比、能源消费强度减少了工业废气排放。在不考虑对外贸易交互作用下，三者间接作用分别为

0.051、-0.018、-0.093，分别在1%、5%、1%显著水平下显著；在考虑对外贸易交互作用下，三者间接作用分别为0.036、-0.024、-0.105，分别在1%、5%、1%显著水平下显著。由此看出，1999—2015年大气污染政策虽然促进了第二产业占比的增加，但是通过降低基础工业占比、能源消费强度整体减少了固定源大气污染排放。

1. 命令型政策对工业废气排放的作用

本书通过构建潜变量的方式，将环境标准、行政处罚两项命令型政策工具进行综合，命名为*lncom*，命令型政策工具与进出口总额的交互项潜变量为*lncio*。分别见公式5-5和5-6。

$$lncom = 0.294lnstd + 0.869lnpun \quad (5-5)$$

$$lncio = 0.349lnstd \times lninout + 0.801lnpun \times lninout \quad (5-6)$$

表5-8的左侧展示了在不考虑对外贸易交互作用下，命令型大气污染防治政策对工业废气排放的影响，右侧展示了在对外贸易影响下，命令型大气污染防治政策对工业废气排放的影响。在不考虑对外贸易交互作用下，命令型政策对工业废气排放的直接作用不显著，间接作用为-0.091，在10%的显著水平下显著。在考虑命令型政策工具对外贸易交互作用下，交互项对工业废气排放的直接作用不显著，通过工业化要素对工业废气排放的间接作用为-0.179，在5%的显著水平下显著。综合来看，命令型大气污染防治政策通过调节工业化要素有效减少了工业废气排放。

表5-8 命令型大气污染防治政策对工业废气排放的综合作用

	在不考虑对外贸易的作用下			在考虑对外贸易的作用下		
	路径	估计值	S. E.	路径	估计值	S. E.
Direct	*lncom→lnext*	0.002	0.009	*lncio→lnext*	0.027	0.129

续表

	在不考虑对外贸易的作用下			在考虑对外贸易的作用下		
	路径	估计值	S. E.	路径	估计值	S. E.
Sum of indirect	*lncom→lnext*	-0.091*	0.015	*lncio→lnext*	-0.179**	0.019
(a1×b1)	*lncom→lnscdp→lnext*	-0.006	0.013	*lncio→lnscdp→lnext*	-0.005	0.016
(a2×b2)	*lncom→lnfundp→lnext*	-0.031**	0.009	*lncio→lnfundp→lnext*	-0.034**	0.013
(a3×b3)	*lncom→lneng→lnext*	-0.042***	0.011	*lncio→lneng→lnext*	-0.134**	0.066
(a4×b4)	*lncom→lncoal→lnext*	-0.018***	0.006	*lncio→lncoal→lnext*	-0.011*	0.006
(a5×b5)	*lncom→lnlp→lnext*	-0.001	0.003	*lncio→lnlp→lnext*	-0.007	0.013
(a6×b6)	*lncom→lnctec→lnext*	-0.011	0.008	*lncio→lnctec→lnext*	-0.024	0.021
lncom→lnext Specific indirect:				*lncio→lnext* Specific indirect:		
(a1)	*lncom→lnscdp*	-0.033*	0.021	*lncio→lnscdp*	-0.021	0.017
(a2)	*lncom→lnfundp*	-0.614***	0.001	*lncio→lnfundp*	-0.627***	0.031
(a3)	*lncom→lneng*	-0.333***	0.002	*lncio→lneng*	-0.891***	0.022
(a4)	*lncom→lncoal*	-0.257***	0.001	*lncio→lncoal*	-0.150**	0.062
(a5)	*lncom→lnlp*	0.100***	0.002	*lncio→lnlp*	0.584***	0.030
(a6)	*lncom→lnctec*	0.367***	0.013	*lncio→lnctec*	0.717***	0.025
(b1)	*lnscdp→lnext*	0.181*	0.030	*lnscdp→lnext*	0.228*	0.030
(b2)	*lnfundp→lnext*	0.051**	0.024	*lnfundp→lnext*	0.053**	0.036
(b3)	*lneng→lnext*	0.126**	0.028	*lneng→lnext*	0.150**	0.073
(b4)	*lncoal→lnext*	0.070***	0.017	*lncoal→lnext*	0.076***	0.019
(b5)	*lnlp→lnext*	-0.010	0.021	*lnlp→lnext*	-0.013	0.021
(b6)	*lnctec→lnext*	-0.030	0.022	*lnctec→lnext*	-0.034	0.029
外生变量 *lncar→lnext*		0.810***	0.033	*lncar→lnext*	0.885***	0.012
Chi-Square Test of Model Fit = 1282.893***; RMSEA = 0.291***; CFI = 0.486; TLI = 0.144 均在可接受范围				Chi-Square Test of Model Fit = 1431.742***; RMSEA = 0.363***; CFI = 0.633; TLI = 0.431 均在可接受范围		

注：→表示路径，A→B 是指 A 对 B 的影响，A→B→C 是指 A 通过 B 对 C 的影响。

表 5-8 显示，命令型政策工具通过调节工业化要素降低了工业

废气排放水平。其中，命令型政策工具通过降低基础工业占比、能源消费强度、煤炭消费占比减少了工业废气排放。在不考虑对外贸易交互作用的情况下，三者间接作用分别为 -0.031、-0.042、-0.018，分别在5%、1%、1%的显著水平下显著；考虑对外贸易交互作用下，三者间接作用分别为 -0.034、-0.134、-0.011，分别在5%、5%、10%的显著水平下显著。由此看出，1999—2015 年我国大气污染的命令型政策受对外贸易影响较弱，对工业内部结构升级、能源效率提升、能源结构清洁化具有显著作用，有效促进了工业废气减排。

（1）环境标准对工业废气排放的作用分析。表 5-9 的左侧展示了在不考虑对外贸易交互作用下，环境标准通过工业化要素对工业废气排放的影响；右侧展示了在对外贸易影响下，环境标准通过工业化要素对工业废气排放的影响。在不考虑对外贸易交互作用下，环境标准对工业废气排放的直接影响为 -0.040，在1%显著水平下显著；通过工业化要素对工业废气排放的间接作用为 -0.057，在5%的显著水平下显著。在考虑环境标准与对外贸易的交互作用下，交互项对工业废气排放的直接影响为 -0.035，在5%显著水平下显著；通过工业化要素对工业废气排放的间接作用为 -0.086，在1%的显著水平下显著。总体来看，环境标准不仅能直接促进工业废气减排，而且能通过调节工业化要素减少工业废气排放。

表 5-9　　环境标准对工业废气排放的作用

	在不考虑对外贸易的作用下			在考虑对外贸易的作用下		
	路径	估计值	S. E.	路径	估计值	S. E.
Direct	*lnstd→lnext*	-0.040***	0.015	*lnstd×lninout→lnext*	-0.035**	0.016
Sum of indirect	*lnstd→lnext*	-0.057**	0.023	*lnstd×lninout→lnext*	-0.086***	0.028

续表

	在不考虑对外贸易的作用下			在考虑对外贸易的作用下		
	路径	估计值	S. E.	路径	估计值	S. E.
(a1 * b1)	*lnstd*→*lnscdp*→*lnext*	-0. 017	0. 014	*lnstd* × *lninout*→*lnscdp* →*lnext*	-0. 020	0. 018
(a2 × b2)	*lnstd*→*lnfundp*→*lnext*	-0. 008 *	0. 004	*lnstd* × *lninout*→*lnfundp* →*lnext*	-0. 011 * *	0. 005
(a3 × b3)	*lnstd*→*lneng*→*lnext*	-0. 024 * * *	0. 008	*lnstd* × *lninout*→*lneng* →*lnext*	-0. 039 * * *	0. 010
(a4 × b4)	*lnstd*→*lncoal*→*lnext*	-0. 004	0. 004	*lnstd* × *lninout*→*lncoal* →*lnext*	-0. 007	0. 005
(a5 × b5)	*lnstd*→*lnlp*→*lnext*	-0. 001	0. 001	*lnstd* × *lninout*→*lnlp* →*lnext*	-0. 002	0. 003
(a6 × b6)	*lnstd*→*lnctec*→*lnext*	-0. 011	0. 004	*lnstd* × *lninout*→*lnctec* →*lnext*	-0. 007	0. 006
	lnstd→*lnext* Specific indirect:			*lnstd* × *lninout*→*lnext* Specific indirect:		
(a1)	*lnstd*→*lnscdp*	-0. 075	0. 059	*lnstd* × *lninout*→*lnscdp*	-0. 088	0. 071
(a2)	*lnstd*→*lnfundp*	-0. 180 * * *	0. 038	*lnstd* × *lninout*→*lnfundp*	-0. 242 * * *	0. 035
(a3)	*lnstd*→*lneng*	-0. 171 * * *	0. 044	*lnstd* × *lninout*→*lneng*	-0. 278 * * *	0. 042
(a4)	*lnstd*→*lncoal*	-0. 048	0. 048	*lnstd* × *lninout*→*lncoal*	-0. 100 *	0. 054
(a5)	*lnstd*→*lnlp*	0. 052	0. 042	*lnstd* × *lninout*→*lnlp*	0. 143 * * *	0. 041
(a6)	*lnstd*→*lnctec*	0. 159 * * *	0. 055	*lnstd* × *lninout*→*lnctec*	0. 273 * * *	0. 060
(b1)	*lnscdp*→*lnext*	0. 228 * * *	0. 030	*lnscdp*→*lnext*	0. 230 * * *	0. 030
(b2)	*lnfundp*→*lnext*	0. 043 * *	0. 021	*lnfundp*→*lnext*	0. 044 * *	0. 021
(b3)	*lneng*→*lnext*	0. 139 * * *	0. 027	*lneng*→*lnext*	0. 140 * * *	0. 028
(b4)	*lncoal*→*lnext*	0. 074 * * *	0. 017	*lncoal*→*lnext*	0. 073 * * *	0. 017
(b5)	*lnlp*→*lnext*	-0. 013	0. 019	*lnlp*→*lnext*	-0. 012	0. 019
(b6)	*lnctec*→*lnext*	-0. 027	0. 022	*lnctec*→*lnext*	-0. 025	0. 023

续表

	在不考虑对外贸易的作用下			在考虑对外贸易的作用下		
	路径	估计值	S. E.	路径	估计值	S. E.
外生变量	*lncar→lnext*	0.905***	0.011	*lncar→lnext*	0.916***	0.012
Chi-Square Test of Model Fit = 1525.489***; RMSEA = 0.375***; CFI = 0.423; TLI = 0.038 均在可接受范围				Chi-Square Test of Model Fit = 1461.177***; RMSEA = 0.367***; CFI = 0.451; TLI = 0.084 均在可接受范围		

注：→表示路径，A→B 是指 A 对 B 的影响，A→B→C 是指 A 通过 B 对 C 的影响。

表 5-9 显示，环境标准能够直接调节工业废气排放，环境标准越严格，工业废气排放越少；环境标准能够通过工业化要素降低工业废气排放水平，其中，环境标准通过降低基础工业占比、能源消费强度减少了工业废气排放。在不考虑对外贸易交互作用的情况下，两者间接作用分别为 -0.008、-0.024，分别在 10%、5% 的显著水平下显著；考虑对外贸易交互作用下，两者间接作用分别为 -0.011、-0.039，分别在 5%、1% 的显著水平下显著。由此看出，1999—2015 年我国环境标准对工业废气排放既有直接作用又有间接作用，通过优化工业内部结构、降低能源消费强度促进工业废气减排，并在对外贸易的影响下具有更显著的间接作用。

（2）行政处罚对工业废气排放的作用分析。表 5-10 的左侧展示了在不考虑对外贸易交互作用下，行政处罚通过工业化要素对工业废气排放的影响，右侧展示了在对外贸易影响下行政处罚通过工业化要素对工业废气排放的影响。在不考虑对外贸易交互作用下，行政处罚对工业废气排放的直接影响为 0.068，通过工业化要素对工业废气排放的作用不显著。在考虑行政处罚与对外贸易的交互作用下，交互项通过工业化要素对工业废气排放的间接影响为 -0.114，且在 1% 的显著水平下显著。总体来看，行政处罚案件数越多，工业废气排放越多；行政处罚仅通过与对外贸易的交互作用调节工业化要素进而减少废气排放。

表5－10　　行政处罚对工业废气排放的作用

	在不考虑对外贸易的作用下			在考虑对外贸易的作用下		
	路径	估计值	S.E.	路径	估计值	S.E.
Direct	*lnpun*→*lnext*	0.068＊＊＊	0.026	*lnpun*×*lninout*→*lnext*	0.035	0.035
Sum of indirect	*lnpun*→*lnext*	0.011	0.025	*lnpun*×*lninout*→*lnext*	－0.114＊＊＊	0.029
(a1×b1)	*lnpun*→*lnscdp*→*lnext*	0.067＊＊＊	0.013	*lnpun*×*lninout*→*lnscdp*→*lnext*	0.051＊＊＊	0.012
(a2×b2)	*lnpun*→*lnfundp*→*lnext*	－0.023＊＊	0.009	*lnpun*×*lninout*→*lnfundp*→*lnext*	－0.035＊＊	0.015
(a3×b3)	*lnpun*→*lneng*→*lnext*	－0.042＊＊＊	0.011	*lnpun*×*lninout*→*lneng*→*lnext*	－0.103＊＊＊	0.022
(a4×b4)	*lnpun*→*lncoal*→*lnext*	－0.018＊＊＊	0.006	*lnpun*×*lninout*→*lncoal*→*lnext*	－0.018＊＊＊	0.005
(a5×b5)	*lnpun*→*lnlp*→*lnext*	0.001	0.003	*lnpun*×*lninout*→*lnlp*→*lnext*	－0.005	0.010
(a6×b6)	*lnpun*→*lnctec*→*lnext*	－0.011	0.008	*lnpun*×*lninout*→*lnctec*→*lnext*	－0.021	0.015
	lnpun→*lnext* Specific indirect：			*lnpun*×*lninout*→*lnext* Specific indirect：		
(a1)	*lnpun*→*lnscdp*	0.294＊＊＊	0.059	*lnpun*×*lninout*→*lnscdp*	0.207＊＊＊	0.058
(a2)	*lnpun*→*lnfundp*	－0.335＊＊＊	0.044	*lnpun*×*lninout*→*lnfundp*	－0.539＊＊＊	0.032
(a3)	*lnpun*→*lneng*	－0.336＊＊＊	0.043	*lnpun*×*lninout*→*lneng*	－0.690＊＊＊	0.023
(a4)	*lnpun*→*lncoal*	－0.261＊＊＊	0.055	*lnpun*×*lninout*→*lncoal*	－0.214＊＊	0.053
(a5)	*lnpun*→*lnlp*	0.125＊＊＊	0.036	*lnpun*×*lninout*→*lnlp*	0.470＊＊＊	0.029
(a6)	*lnpun*→*lnctec*	0.356＊＊＊	0.030	*lnpun*×*lninout*→*lnctec*	0.616＊＊＊	0.025
(b1)	*lnscdp*→*lnext*	0.228＊＊＊	0.030	*lnscdp*→*lnext*	0.245＊＊＊	0.033

续表

	在不考虑对外贸易的作用下			在考虑对外贸易的作用下		
	路径	估计值	S. E.	路径	估计值	S. E.
(b2)	*lnfundp*→*lnext*	0.067***	0.024	*lnfundp*→*lnext*	0.064**	0.027
(b3)	*lneng*→*lnext*	0.126***	0.028	*lneng*→*lnext*	0.150***	0.031
(b4)	*lncoal*→*lnext*	0.070***	0.017	*lncoal*→*lnext*	0.084***	0.019
(b5)	*lnlp*→*lnext*	0.010	0.021	*lnlp*→*lnext*	−0.010	0.021
(b6)	*lnctec*→*lnext*	−0.030	0.022	*lnctec*→*lnext*	−0.033	0.024
外生变量 *lncar*→*lnext*		0.850***	0.026	*lncar*→*lnext*	0.946***	0.035
Chi-Square Test of Model Fit = 1431.742***; RMSEA = 0.363***; CFI = 0.486; TLI = 0.144 均在可接受范围				Chi-Square Test of Model Fit = 2843.038***; RMSEA = 0.284***; CFI = 0.693; TLI = 0.488 均在可接受范围		

注：→表示路径，A→B 是指 A 对 B 的影响，A→B→C 是指 A 通过 B 对 C 的影响。

表 5-10 显示，行政处罚案件数越多，工业废气排放越多。1999—2013 年我国环境行政处罚案件整体呈现增长趋势，表明环境行政处罚对企业并未造成足以使其减排的“外源”压力，呈现事后补救的末端治理特点。2014 年后，我国环境行政处罚与工业废气排放开始出现负相关趋势，逐步显现出严格环保督察、强化目标责任的优良效果。同时，行政处罚仅通过与对外贸易的相互影响，有效调节工业化要素降低工业废气排放水平，其中，通过增加第二产业占比，降低基础工业占比、能源消费强度、煤炭消费占比减少了工业废气排放。四者间接作用分别为 0.051、-0.035、-0.103、-0.018，分别在 1%、5%、1%、1% 的显著水平下显著。由此看出，我国工业化前三个时期，环境行政处罚呈现明显的事后补救特征，近年来才因严格的环境监管对企业有效施压；1999—2015 年我国环境行政处罚通过与对

外贸易的交互作用，虽然促进了第二产业占比的增加，但是通过降低基础工业占比、能源消费强度、煤炭消费占比整体减少了固定源大气污染排放。

综上所述，命令型政策工具通过能源消费强度、基础工业占比、煤炭消费占比有效减少固定源大气污染排放。其中，环境标准既能直接促进工业废气减排，又能通过降低基础工业占比、能源消费强度降低工业废气排放水平；环境行政处罚通过与对外贸易的交互作用有效降低了基础工业占比、能源消费强度、煤炭消费占比，从而促进工业废气减排，但仅在高要求、严监管的当前阶段起到直接促进工业废气减排的作用。

2. 市场型政策对大气污染的作用分析

本书通过构建潜变量的方式，将科技投入、污染治理投资两项市场型政策工具进行综合，命名为 *lnins*，市场型政策工具与进出口总额的交互项潜变量为 *lncio*。分别见公式 5－7 和 5－8。

$$lnins = 0.918lnrdi + 0.632lninv \qquad (5-7)$$

$$lniio = 1.004lnrdi \times lninout + 0.969lninv \times lninout \qquad (5-8)$$

表 5－11 的左侧展示了在不考虑对外贸易交互作用下，市场型大气污染防治政策对工业废气排放的影响，右侧展示了在对外贸易影响下，市场型大气污染防治政策对工业废气排放的影响。在不考虑对外贸易交互作用下，市场型政策对工业废气排放的直接作用与间接均不显著。在考虑市场型政策工具与对外贸易交互作用下，交互项通过工业化要素对工业废气排放的间接作用为－0.118，在 1% 的显著水平下显著。综合来看，市场型大气污染防治政策通过与对外贸易相互影响，有效调节工业化要素，进而促进工业废气减排。

表 5－11 市场型大气污染防治政策对工业废气排放的综合作用

	在不考虑对外贸易的作用下			在考虑对外贸易的作用下		
	路径	估计值	S. E.	路径	估计值	S. E.
Direct	*lnins*→*lnext*	－0. 067	0. 071	*lniio*→*lnext*	－0. 035	0. 042
Sum of indirect	*lnins*→*lnext*	－0. 084	0. 051	*lniio*→*lnext*	－0. 118 * * *	0. 029
(a1 ×b1)	*lnins*→*lnscdp*→*lnext*	0. 040 *	0. 021	*lniio*→*lnscdp*→*lnext*	0. 032 * * *	0. 012
(a2 ×b2)	*lnins*→*lnfundp*→*lnext*	－0. 018	0. 013	*lniio*→*lnfundp*→*lnext*	－0. 021 *	0. 008
(a3 ×b3)	*lnins*→*lneng*→*lnext*	－0. 092 * * *	0. 028	*lniio*→*lneng*→*lnext*	－0. 103 * * *	0. 022
(a4 ×b4)	*lnins*→*lncoal*→*lnext*	0. 001	0. 006	*lniio*→*lncoal*→*lnext*	－0. 005	0. 004
(a5 ×b5)	*lnins*→*lnlp*→*lnext*	－0. 005	0. 011	*lniio*→*lnlp*→*lnext*	－0. 005	0. 010
(a6 ×b6)	*lnins*→*lnctec*→*lnext*	－0. 009	0. 020	*lniio*→*lnctec*→*lnext*	－0. 017	0. 015
lnins→*lnext* Specific indirect：				*lniio*→*lnext* Specific indirect：		
(a1)	*lnins*→*lnscdp*	0. 173 *	0. 095	*lniio*→*lnscdp*	0. 143 * *	0. 140
(a2)	*lnins*→*lnfundp*	－0. 519 * * *	0. 047	*lniio*→*lnfundp*	－0. 580 * * *	0. 030
(a3)	*lnins*→*lneng*	－0. 783 * * *	0. 047	*lniio*→*lneng*	－0. 782 * * *	0. 017
(a4)	*lnins*→*lncoal*	0. 007	0. 082	*lniio*→*lncoal*	－0. 075	0. 051
(a5)	*lnins*→*lnlp*	0. 571 * * *	0. 040	*lniio*→*lnlp*	0. 564 * * *	0. 027
(a6)	*lnins*→*lnctec*	0. 741 * * *	0. 030	*lniio*→*lnctec*	0. 678 * * *	0. 022
(b1)	*lnscdp*→*lnext*	0. 229 * * *	0. 028	*lnscdp*→*lnext*	0. 227 * * *	0. 029
(b2)	*lnfundp*→*lnext*	0. 035	0. 024	*lnfundp*→*lnext*	0. 036	0. 025
(b3)	*lneng*→*lnext*	0. 118 * * *	0. 035	*lneng*→*lnext*	0. 131 * *	0. 028
(b4)	*lncoal*→*lnext*	0. 074 * * *	0. 017	*lncoal*→*lnext*	0. 070 * * *	0. 018
(b5)	*lnlp*→*lnext*	－0. 008	0. 019	*lnlp*→*lnext*	－0. 008	0. 019
(b6)	*lnctec*→*lnext*	－0. 012	0. 027	*lnctec*→*lnext*	－0. 025 *	0. 021
外生变量 *lncar*→*lnext*		0. 897 * * *	0. 012	*lncar*→*lnext*	0. 895 * * *	0. 011
Chi-Square Test of Model Fit ＝3016. 457 * * * ；RMSEA ＝0. 277 * * * ；CFI ＝0. 439；TLI ＝0. 320 均在可接受范围				Chi-Square Test of Model Fit ＝1986. 628 * * * ；RMSEA ＝0. 313 * * * ；CFI ＝0. 660；TLI ＝0. 520 均在可接受范围		

注：→表示路径，A→B 是指 A 对 B 的影响，A→B→C 是指 A 通过 B 对 C 的影响。

表5－11显示，在对外贸易的影响下，市场型政策工具通过调节工业化要素降低了工业废气排放水平。其中，市场型政策工具与对外贸易的交互项通过促进第二产业占比、降低基础工业占比、能源消费强度减少工业废气排放，三者间接作用分别为0.032、－0.021、－0.103，分别在1%、10%、1%的显著水平下显著。由此看出，1999—2015年我国大气污染的市场型政策受对外贸易影响较强，虽然促进了第二产业占比的增加，但是通过降低基础工业占比、能源消费强度整体促进了工业废气减排。

（1）R&D内部支出对工业废气排放的作用分析。表5－12的左侧展示了在不考虑对外贸易交互作用下，R&D内部支出通过工业化要素对工业废气排放的影响；右侧展示了在对外贸易影响下R&D内部支出通过工业化要素对工业废气排放的影响。在不考虑对外贸易交互作用下，R&D内部支出对工业废气排放的直接影响不显著；通过工业化要素对工业废气排放的间接作用为－0.068，在10%的显著水平下显著。在考虑R&D内部支出与对外贸易的交互作用下，交互项对工业废气排放的直接影响不显著；通过工业化要素对工业废气排放的间接作用为－0.136，在1%显著水平下显著。总体来看，科技投入能够通过调节工业化要素减少工业废气排放，尤其在对外贸易影响下作用更强。

表5－12　R&D内部支出对工业废气排放的作用

	在不考虑对外贸易的作用下			在考虑对外贸易的作用下		
	路径	估计值	S. E.	路径	估计值	S. E.
Direct	*lnrdi*→*lnext*	－0.076	0.044	*lnrdi*×*lninout*→*lnext*	－0.028	0.049
Sum of indirect	*lnrdi*→*lnext*	－0.068*	0.035	*lnrdi*×*lninout*→*lnext*	－0.136***	0.035

续表

	在不考虑对外贸易的作用下			在考虑对外贸易的作用下		
	路径	估计值	S. E.	路径	估计值	S. E.
(a1 × b1)	*lnrdi*→*lnscdp*→*lnext*	0.062***	0.014	*lnrdi* × *lninout*→*lnscdp*→*lnext*	0.039***	0.013
(a2 × b2)	*lnrdi*→*lnfundp*→*lnext*	−0.017	0.012	*lnrdi* × *lninout*→*lnfundp*→*lnext*	−0.026*	0.013
(a3 × b3)	*lnrdi*→*lneng*→*lnext*	−0.097***	0.023	*lnrdi* × *lninout*→*lneng*→*lnext*	−0.118***	0.026
(a4 × b4)	*lnrdi*→*lncoal*→*lnext*	0.007	0.005	*lnrdi* × *lninout*→*lncoal*→*lnext*	−0.006	0.005
(a5 × b5)	*lnrdi*→*lnlp*→*lnext*	−0.009	0.008	*lnrdi* × *lninout*→*lnlp*→*lnext*	−0.006	0.012
(a6 × b6)	*lnrdi*→*lnctec*→*lnext*	−0.013	0.016	*lnrdi* × *lninout*→*lnctec*→*lnext*	−0.020	0.017
	lnrdi→*lnext* Specific indirect:			*lnrdi* × *lninout*→*lnext* Specific indirect:		
(a1)	*lnrdi*→*lnscdp*	0.244***	0.065	*lnrdi* × *lninout*→*lnscdp*	0.151**	0.059
(a2)	*lnrdi*→*lnfundp*	−0.492***	0.039	*lnrdi* × *lninout*→*lnfundp*	−0.575***	0.031
(a3)	*lnrdi*→*lneng*	−0.704***	0.030	*lnrdi* × *lninout*→*lneng*	−0.785***	0.017
(a4)	*lnrdi*→*lncoal*	0.083	0.057	*lnrdi* × *lninout*→*lncoal*	−0.071	0.052
(a5)	*lnrdi*→*lnlp*	0.471***	0.029	*lnrdi* × *lninout*→*lnlp*	0.573***	0.026
(a6)	*lnrdi*→*lnctec*	0.662***	0.020	*lnrdi* × *lninout*→*lnctec*	0.685***	0.022
(b1)	*lnscdp*→*lnext*	0.254***	0.031	*lnscdp*→*lnext*	0.258***	0.033
(b2)	*lnfundp*→*lnext*	0.035	0.023	*lnfundp*→*lnext*	0.045*	0.027
(b3)	*lneng*→*lnext*	0.138***	0.031	*lneng*→*lnext*	0.150***	0.033
(b4)	*lncoal*→*lnext*	0.081***	0.018	*lncoal*→*lnext*	0.080***	0.019
(b5)	*lnlp*→*lnext*	−0.019	0.021	*lnlp*→*lnext*	−0.010	0.021
(b6)	*lnctec*→*lnext*	−0.020	0.024	*lnctec*→*lnext*	−0.030	0.025
	Chi-Square Test of Model Fit = 822.948***; RMSEA = 0.274***; CFI = 0.714; TLI = 0.523 均在可接受范围			Chi-Square Test of Model Fit = 710.924***; RMSEA = 0.254***; CFI = 0.768; TLI = 0.613 均在可接受范围		

注：→表示路径，A→B 是指 A 对 B 的影响，A→B→C 是指 A 通过 B 对 C 的影响。

表5－12显示，R&D内部支出通过调节工业化要素降低了工业废气排放水平。其中，R&D内部支出通过增加第二产业占比增加了工业废气排放，在不考虑与考虑对外贸易交互影响下，间接作用分别为0.062、0.039，均在1%显著水平下显著；但是，在不考虑对外贸易作用下，R&D内部支出通过降低能源消费强度减少了工业废气排放，间接作用为－0.097，在1%显著水平下显著；在考虑对外贸易影响下，R&D内部支出通过减少基础工业占比、降低能源消费强度减少了工业废气排放，间接作用分别为－0.026、－0.118，分别在10%、1%显著水平下显著。由此看出，1999—2015年科技投入虽然促进了第二产业占比的增加，但是通过降低基础工业占比、能源消费强度整体减少了工业废气排放。

（2）工业废气治理投资对工业废气排放的作用分析。表5－13的左侧展示了在不考虑对外贸易交互作用下，工业废气治理投资通过工业化要素对工业废气排放的影响；右侧展示了在对外贸易影响下工业废气治理投资通过工业化要素对工业废气排放的影响。在不考虑对外贸易交互作用下，工业废气治理投资正向促进了工业废气排放；通过工业化要素对工业废气排放的间接作用不显著。在工业废气治理投资与对外贸易的交互作用下，交互项对工业废气排放的直接影响不显著；通过工业化要素对工业废气排放的间接作用为－0.127，在1%显著水平下显著。总体来看，工业废气治理投资与工业废气排放量正相关，通过与对外贸易的相互影响，能够通过调节工业化要素减少工业废气排放。

表 5-13 工业废气治理投资对工业废气排放的作用

	在不考虑对外贸易的作用下			在考虑对外贸易的作用下		
	路径	估计值	S. E.	路径	估计值	S. E.
Direct	lninv→lnext	0.099***	0.027	lninv×lninout→lnext	0.071	0.043
Sum of indirect	lninv→lnext	0.050	0.028	lninv×lninout→lnext	-0.127***	0.034
(a1×b1)	lninv→lnscdp→lnext	0.098***	0.015	lninv×lninout→lnscdp→lnext	0.059***	0.010
(a2×b2)	lninv→lnfundp→lnext	-0.003	0.003	lninv×lninout→lnfundp→lnext	-0.035***	0.013
(a3×b3)	lninv→lneng→lnext	-0.038***	0.011	lninv×lninout→lneng→lnext	-0.115***	0.024
(a4×b4)	lninv→lncoal→lnext	0.016***	0.006	lninv×lninout→lncoal→lnext	-0.001	0.004
(a5×b5)	lninv→lnlp→lnext	-0.004	0.008	lninv×lninout→lnlp→lnext	-0.010	0.012
(a6×b6)	lninv→lnctec→lnext	-0.018*	0.010	lninv×lninout→lnctec→lnext	-0.031*	0.016
	lninv→lnext Specific indirect:			lninv×lninout→lnext Specific indirect:		
(a1)	lninv→lnscdp	0.480***	0.047	lninv×lninout→lnscdp	0.245***	0.051
(a2)	lninv→lnfundp	-0.064	0.048	lninv×lninout→lnfundp	-0.498***	0.035
(a3)	lninv→lneng	-0.331***	0.045	lninv×lninout→lneng	-0.738***	0.020
(a4)	lninv→lncoal	0.235***	0.058	lninv×lninout→lncoal	-0.014	0.050
(a5)	lninv→lnlp	0.433***	0.032	lninv×lninout→lnlp	0.590***	0.024
(a6)	lninv→lnctec	0.465***	0.029	lninv×lninout→lnctec	0.669***	0.022
(b1)	lnscdp→lnext	0.203***	0.027	lnscdp→lnext	0.242***	0.032
(b2)	lnfundp→lnext	0.043**	0.020	lnfundp→lnext	0.071***	0.025
(b3)	lneng→lnext	0.116***	0.028	lneng→lnext	0.156***	0.032
(b4)	lncoal→lnext	0.066***	0.016	lncoal→lnext	0.087***	0.019
(b5)	lnlp→lnext	-0.010	0.019	lnlp→lnext	-0.017	0.021
(b6)	lnctec→lnext	-0.038*	0.022	lnctec→lnext	-0.047*	0.024

续表

	在不考虑对外贸易的作用下			在考虑对外贸易的作用下		
	路径	估计值	S. E.	路径	估计值	S. E.
外生变量	*lncar*→*lnext*	0. 796 * * *	0. 028	*lncar*→*lnext*	0. 934 * * *	0. 037
Chi-Square Test of Model Fit =2778. 98 * * * ; RMSEA =0. 339 * * * ;CFI =0. 552;TLI =0. 253 均在可接受范围				Chi-Square Test of Model Fit = 2888. 01 * * * ; RMSEA =0. 257 * * * ;CFI =0. 753;TLI =0. 588 均在可接受范围		

注：→表示路径，A→B 是指 A 对 B 的影响，A→B→C 是指 A 通过 B 对 C 的影响。

表 5 – 13 显示，工业废气治理投资在对外贸易影响下通过调节工业化要素降低了工业废气排放水平。其中，工业废气治理投资与对外贸易的交互项通过提升第二产业占比、减少基础工业占比、降低能源消费强度、提高清洁技术水平减少了工业废气排放，间接作用分别为 0. 059、 – 0. 035、 – 0. 115、 – 0. 031，分别在 1%、1%、1%、10% 的显著水平下显著。由此看出，1999—2015 年工业废气治理投资在对外贸易的影响下虽然促进了第二产业占比的增加，但是通过减少基础工业占比、降低能源消费强度、提升清洁技术水平整体减少了工业废气排放。

综上所述，市场型政策工具主要通过降低基础工业占比、能源消费强度有效减少固定源大气污染排放。其中，工业废气治理投资还能通过提升清洁技术水平有效减少工业废气排放。相比命令型政策工具，市场型政策工具与对外贸易的交互作用更加显著，R&D 内部支出在对外贸易影响下对工业废气减排的作用更加显著，工业废气治理投资仅在对外贸易影响下对工业废气减排具有显著作用。

3. 引导型政策对大气污染的间接作用

本书通过构建潜变量的方式，将大气污染相关报道数、来信来访数两项引导型政策工具进行综合，命名为 *lnguid*，引导型政策工具与进出口总额的交互项的潜变量为 *lngio*。分别见公式 5－9 和 5－10。

$$lnguid = 0.482lnmed + 0.156lnvis \quad (5-9)$$

$$lngio = 0.636lnmed \times lninout + 0.752lnvis \times lninout \quad (5-10)$$

表 5－14 的左侧展示了在不考虑对外贸易交互作用下，引导型大气污染防治政策对工业废气排放的影响，右侧展示了在对外贸易影响下引导型大气污染防治政策对工业废气排放的影响。在不考虑对外贸易交互作用下，引导型政策对工业废气排放的直接作用和间接作用均不显著。在考虑命令型政策工具对外贸易交互作用下，交互项对工业废气排放的直接作用不显著，通过工业化要素对工业废气排放的间接作用为－0.146，在 10%的显著水平下显著。综合来看，引导型大气污染防治政策仅在对外贸易影响下通过调节工业化要素有效减少工业废气排放。

表 5－14　引导型大气污染防治政策对工业废气排放的综合作用

	在不考虑对外贸易的作用下			在考虑对外贸易的作用下		
	路径	估计值	S. E.	路径	估计值	S. E.
Direct	*lnguid*→*lnext*	－0.178	0.989	*lngio*→*lnext*	－0.065	0.149
Sum of indirect	*lnguid*→*lnext*	－0.058	0.979	*lngio*→*lnext*	－0.146*	0.121
(a1×b1)	*lnguid*→*lnscdp*→*lnext*	－0.022	0.014	*lngio*→*lnscdp*→*lnext*	－0.008	0.017
(a2×b2)	*lnguid*→*lnfundp*→*lnext*	－0.020	0.025	*lngio*→*lnfundp*→*lnext*	－0.022	0.005
(a3×b3)	*lnguid*→*lneng*→*lnext*	－0.002	0.963	*lngio*→*lneng*→*lnext*	－0.092	0.017
(a4×b4)	*lnguid*→*lncoal*→*lnext*	－0.013**	0.006	*lngio*→*lncoal*→*lnext*	－0.012**	0.006
(a5×b5)	*lnguid*→*lnlp*→*lnext*	－0.003	0.021	*lngio*→*lnlp*→*lnext*	－0.002	0.011
(a6×b6)	*lnguid*→*lnctec*→*lnext*	－0.004	0.037	*lngio*→*lnctec*→*lnext*	－0.011	0.018
lnguid→*lnext* Specific indirect：				*lngio*→*lnext* Specific indirect：		

续表

	在不考虑对外贸易的作用下			在考虑对外贸易的作用下		
	路径	估计值	S. E.	路径	估计值	S. E.
(a1)	*lnguid*→*lnscdp*	−0. 097*	0. 057	*lngio*→*lnscdp*	−0. 035	0. 061
(a2)	*lnguid*→*lnfundp*	−0. 610***	0. 075	*lngio*→*lnfundp*	−0. 610***	0. 040
(a3)	*lnguid*→*lneng*	−0. 943***	0. 080	*lngio*→*lneng*	−0. 900***	0. 023
(a4)	*lnguid*→*lncoal*	−0. 188***	0. 062	*lngio*→*lncoal*	−0. 169***	0. 060
(a5)	*lnguid*→*lnlp*	0. 587***	0. 059	*lngio*→*lnlp*	0. 608***	0. 032
(a6)	*lnguid*→*lnctec*	0. 679***	0. 085	*lngio*→*lnctec*	0. 729***	0. 032
(b1)	*lnscdp*→*lnext*	0. 224***	0. 028	*lnscdp*→*lnext*	0. 226***	0. 028
(b2)	*lnfundp*→*lnext*	0. 033	0. 040	*lnfundp*→*lnext*	0. 036	0. 032
(b3)	*lneng*→*lnext*	0. 002	0. 967	*lneng*→*lnext*	0. 102	0. 087
(b4)	*lncoal*→*lnext*	0. 069***	0. 018	*lncoal*→*lnext*	0. 070***	0. 019
(b5)	*lnlp*→*lnext*	−0. 005	0. 036	*lnlp*→*lnext*	−0. 003	0. 024
(b6)	*lnctec*→*lnext*	−0. 005	0. 053	*lnctec*→*lnext*	−0. 015	0. 035
外生变量 *lncar*→*lnext*		0. 882***	0. 012	*lncar*→*lnext*	0. 885***	0. 012
Chi-Square Test of Model Fit = 1393. 483***；RMSEA = 0. 304***；CFI = 0. 577；TLI = 0. 344 均在可接受范围				Chi-Square Test of Model Fit = 1466. 896***；RMSEA = 0. 312***；CFI = 0. 616；TLI = 0. 404 均在可接受范围		

注：→表示路径，A→B 是指 A 对 B 的影响，A→B→C 是指 A 通过 B 对 C 的影响。

表 5 - 14 显示，引导型政策仅在对外贸易影响下有效减少了工业废气排放，这一间接作用来自对煤炭消费占比的降低。在不考虑对外贸易交互作用下，引导型政策通过煤炭消费占比对工业废气排放的间接作用为 -0. 013，在 5% 显著水平下显著；在考虑对外贸易的交互作用下，间接作用为 -0. 012，在 5% 显著水平下显著。由此看出，1999—2015 年我国大气污染的引导型政策仅对煤炭消费占比具有显著影响，通过降低煤炭消费占比减少工业废气排放。

（1）媒体宣传报道对工业废气排放的作用。表 5 - 15 的左侧展示了在不考虑对外贸易交互作用下，媒体宣传报道对工业废气排放的影响；右侧展示了在对外贸易影响下媒体宣传报道对工业废气排放的影响。在不考虑对外贸易交互作用下，大气污染相关报道数对工业废气排放的直接影响不显著；通过工业化要素对工业废气排放的间接作用为 -0.101，在1%的显著水平下显著。在考虑大气污染相关报道数与对外贸易的交互作用下，交互项对工业废气排放的直接影响不显著；通过工业化要素对工业废气排放的间接作用为 -0.138，在1%显著水平下显著。总体来看，大气污染相关报道数能够通过调节工业化要素减少工业废气排放。

表5-15　媒体宣传报道对工业废气排放的作用

	在不考虑对外贸易的作用下			在考虑对外贸易的作用下		
	路径	估计值	S. E.	路径	估计值	S. E.
Direct	*lnmed*→*lnext*	-0.016	0.022	*lnmed*×*lninout*→*lnext*	-0.037	0.026
Sum of indirect	*lnmed*→*lnext*	-0.101***	0.028	*lnmed*×*lninout*→*lnext*	-0.138***	0.032
(a1×b1)	*lnmed*→*lnscdp*→*lnext*	-0.006	0.014	*lnmed*×*lninout*→*lnscdp*→*lnext*	-0.019	0.017
(a2×b2)	*lnmed*→*lnfundp*→*lnext*	-0.001	0.003	*lnmed*×*lninout*→*lnfundp*→*lnext*	-0.010**	0.005
(a3×b3)	*lnmed*→*lneng*→*lnext*	-0.061***	0.013	*lnmed*×*lninout*→*lneng*→*lnext*	-0.080***	0.017
(a4×b4)	*lnmed*→*lncoal*→*lnext*	-0.014***	0.005	*lnmed*×*lninout*→*lncoal*→*lnext*	-0.015***	0.006
(a5×b5)	*lnmed*→*lnlp*→*lnext*	-0.004	0.011	*lnmed*×*lninout*→*lnlp*→*lnext*	-0.003	0.011
(a6×b6)	*lnmed*→*lnctec*→*lnext*	-0.015	0.015	*lnmed*×*lninout*→*lnctec*→*lnext*	-0.011	0.018

续表

	在不考虑对外贸易的作用下			在考虑对外贸易的作用下		
	路径	估计值	S. E.	路径	估计值	S. E.
lnmed→*lnext* Specific indirect:				*lnmed*×*lninout*→*lnext* Specific indirect:		
(a1)	*lnmed*→*lnscdp*	-0.025	0.055	*lnmed*×*lninout*→*lnscdp*	-0.077	0.062
(a2)	*lnmed*→*lnfundp*	-0.026	0.043	*lnmed*×*lninout*→*lnfundp*	-0.180***	0.041
(a3)	*lnmed*→*lneng*	-0.421***	0.044	*lnmed*×*lninout*→*lneng*	-0.535***	0.029
(a4)	*lnmed*→*lncoal*	-0.180***	0.051	*lnmed*×*lninout*→*lncoal*	-0.197***	0.048
(a5)	*lnmed*→*lnlp*	0.536***	0.028	*lnmed*×*lninout*→*lnlp*	0.556***	0.025
(a6)	*lnmed*→*lnctec*	0.593***	0.035	*lnmed*×*lninout*→*lnctec*	0.692***	0.033
(b1)	*lnscdp*→*lnext*	0.240	0.032	*lnscdp*→*lnext*	0.243***	0.032
(b2)	*lnfundp*→*lnext*	0.054**	0.023	*lnfundp*→*lnext*	0.056**	0.022
(b3)	*lneng*→*lnext*	0.145***	0.029	*lneng*→*lnext*	0.149***	0.030
(b4)	*lncoal*→*lnext*	0.077***	0.018	*lncoal*→*lnext*	0.077***	0.019
(b5)	*lnlp*→*lnext*	-0.008	0.020	*lnlp*→*lnext*	-0.006	0.020
(b6)	*lnctec*→*lnext*	-0.025	0.025	*lnctec*→*lnext*	-0.016	0.026
外生变量 *lncar*→*lnext*		0.946***	0.017	*lncar*→*lnext*	0.981***	0.020
Chi-Square Test of Model Fit = 1207.769***; RMSEA = 0.333***; CFI = 0.567; TLI = 0.279 均在可接受范围				Chi-Square Test of Model Fit = 1030.460***; RMSEA = 0.307***; CFI = 0.638; TLI = 0.397 均在可接受范围		

注：→表示路径，A→B 是指 A 对 B 的影响，A→B→C 是指 A 通过 B 对 C 的影响。

表 5-15 显示，媒体宣传报道通过调节工业化要素降低了工业废气排放水平。其中，在不考虑对外贸易影响下，大气污染相关报道数通过降低能源消费强度、煤炭消费占比对工业废气排放的间接作用分别为 -0.061、-0.014，均在 1% 显著水平下显著。在考虑对外贸易影响下，大气污染相关报道数与对外贸易的交互项通过降低基础工业占比、能源消费强度、煤炭消费占比对工业废气排放的间接作用分别为 -0.010、-0.080、-0.015，均在 1% 显著水平下显著。由此看

出，1999—2015 年媒体报道通过降低能源消费强度、煤炭消费占比减少了工业废气排放，在对外贸易影响下还能通过降低基础工业占比减少工业废气排放。

（2）公众环境投诉对工业废气排放的作用。表 5－16 的左侧展示了在不考虑对外贸易交互作用下，公众环境投诉对工业废气排放的影响，右侧展示了在考虑对外贸易影响下公众环境投诉对工业废气排放的影响。在不考虑对外贸易交互作用下，来信来访数对工业废气排放的直接作用和间接作用均不显著。在考虑来信来访数与对外贸易的交互作用下，交互项对工业废气排放的直接影响不显著；通过工业化要素对工业废气排放的间接作用为－0. 104，在 1% 显著水平下显著。总体来看，公众环境投诉仅在对外贸易影响下通过调节工业化要素减少工业废气排放。

表 5－16　　　　公众环境投诉对工业废气排放的作用

	在不考虑对外贸易的作用下			在考虑对外贸易的作用下		
	路径	估计值	S. E.	路径	估计值	S. E.
Direct	*lnvis*→*lnext*	0. 019	0. 022	*lnvis* × *lninout*→*lnext*	0. 022	0. 035
Sum of indirect	*lnvis*→*lnext*	0. 037	0. 024	*lnvis* × *lninout*→*lnext*	－0. 104 * * *	0. 027
（a1 × b1）	*lnvis*→*lnscdp*→*lnext*	0. 068 * * *	0. 014	*lnvis* × *lninout*→*lnscdp* →*lnext*	0. 057 * * *	0. 010
（a2 × b2）	*lnvis*→*lnfundp*→*lnext*	－0. 025 * *	0. 011	*lnvis* × *lninout*→*lnfundp* →*lnext*	－0. 038 * *	0. 013
（a3 × b3）	*lnvis*→*lneng*→*lnext*	－0. 024 * * *	0. 008	*lnvis* × *lninout*→*lneng* →*lnext*	－0. 103 * * *	0. 024
（a4 × b4）	*lnvis*→*lncoal*→*lnext*	0. 018	0. 015	*lnvis* × *lninout*→*lncoal* →*lnext*	0. 000	0. 004

续表

	在不考虑对外贸易的作用下			在考虑对外贸易的作用下		
	路径	估计值	S. E.	路径	估计值	S. E.
(a5 × b5)	*lnvis*→*lnlp*→*lnext*	0. 001	0. 003	*lnvis* × *lninout*→*lnlp* →*lnext*	-0. 0055	0. 012
(a6 × b6)	*lnvis*→*lnctec*→*lnext*	-0. 001	0. 001	*lnvis* × *lninout*→*lnctec* →*lnext*	-0. 016	0. 016
lnvis→*lnext* Specific indirect:				*lnvis* × *lninout*→*lnext* Specific indirect:		
(a1)	*lnvis*→*lnscdp*	0. 303 * * *	0. 044	*lnvis* × *lninout*→*lnscdp*	0. 236 * * *	0. 047
(a2)	*lnvis*→*lnfundp*	-0. 435 * * *	0. 036	*lnvis* × *lninout*→*lnfundp*	-0. 614 * * *	0. 029
(a3)	*lnvis*→*lneng*	-0. 175 * * *	0. 044	*lnvis* × *lninout*→*lneng*	-0. 690 * * *	0. 021
(a4)	*lnvis*→*lncoal*	0. 240 * * *	0. 051	*lnvis* × *lninout*→*lncoal*	-0. 001	0. 048
(a5)	*lnvis*→*lnlp*	-0. 133 * * *	0. 038	*lnvis* × *lninout*→*lnlp*	0. 427 * * *	0. 032
(a6)	*lnvis*→*lnctec*	0. 033	0. 039	*lnvis* × *lninout*→*lnctec*	0. 524 * * *	0. 027
(b1)	*lnscdp*→*lnext*	0. 224 * * *	0. 030	*lnscdp*→*lnext*	0. 242 * * *	0. 032
(b2)	*lnfundp*→*lnext*	0. 058 * *	0. 025	*lnfundp*→*lnext*	0. 061 * *	0. 027
(b3)	*lneng*→*lnext*	0. 136 * * *	0. 027	*lneng*→*lnext*	0. 149 * * *	0. 031
(b4)	*lncoal*→*lnext*	0. 074 * * *	0. 017	*lncoal*→*lnext*	0. 082 * * *	0. 019
(b5)	*lnlp*→*lnext*	-0. 005	0. 020	*lnlp*→*lnext*	-0. 011	0. 020
(b6)	*lnctec*→*lnext*	-0. 025	0. 023	*lnctec*→*lnext*	-0. 030	0. 024
外生变量 *lncar*→*lnext*		0. 885 * * *	0. 014	*lncar*→*lnext*	0. 946 * * *	0. 028
Chi-Square Test of Model Fit = 1597. 093 * * * ; RMSEA = 0. 384 * * * ; CFI = 0. 444; TLI = 0. 073 均在可接受范围				Chi-Square Test of Model Fit = 2934. 698 * * * ; RMSEA = 0. 304 * * * ; CFI = 0. 660; TLI = 0. 433 均在可接受范围		

注：→表示路径，A→B 是指 A 对 B 的影响，A→B→C 是指 A 通过 B 对 C 的影响。

表 5 - 16 显示，公众环境投诉在对外贸易影响下通过调节工业要素降低了工业废气排放水平。其中，公众环境投诉虽然促进了第二产业占比，但是通过降低基础工业占比、能源消费强度整体减少了工业废气排放。在考虑对外贸易影响下，来访来信数通过降低基础工业占比、

能源消费强度的间接作用分别为 -0.025、-0.024，分别在5%、1%显著水平下显著；在不考虑对外贸易影响下，间接作用分别为 -0.038、-0.103，分别在5%、1%显著水平下显著。由此看出，1999—2015 年公众环境投诉虽然与第二产业占比正相关，但在对外贸易影响下通过降低基础工业占比、能源消费强度显著减少了工业废气排放。

综上所述，引导型政策工具主要通过降低能源消费强度有效减少固定源大气污染排放。其中，媒体宣传报道还能通过降低煤炭消费占比有效减少工业废气排放，公众环境投诉还能通过减少基础工业占比有效减少工业废气排放。引导型政策工具在对外贸易影响下能够发挥更强的减排作用。其中，在对外贸易影响下，媒体宣传报道增加了降低基础工业占比的功能，公众环境投诉仅在对外贸易影响下整体呈现显著降低工业废气排放的功能。

（二）大气污染防治政策对机动车尾气排放的作用分析

根据 PiSR 模型，交通限行、淘汰黄标车老旧车及推广新能源汽车作用于机动车尾气排放，机动车数量、清洁技术水平、经济水平影响机动车尾气排放。本书构建静态短面板模型分析大气污染防治政策对机动车尾气排放（移动源）的作用。本书以人均 GDP、民用汽车拥有量、清洁技术水平为控制变量，命令型政策工具交通限行政策文件数、引导型政策工具媒体宣传报道、引导型政策工具淘汰黄标车老旧车及推广新能源汽车政策文件数为解释变量，机动车尾气排放为被解释变量，构建静态变截距模型。通过 F、Chow、LR 检验方法选择个体固定变截距模型，分析大气污染防治政策对机动车尾气排放（移动源）的影响，拟合结果如表 5 - 17 所示。

表 5-17　　大气污染防治政策对机动车尾气排放的综合作用

变量	*lnvext*	
lnpgdp	3.316**	(1.442)
$lnpgdp^2$	-0.176**	(0.071)
lncar	0.300**	(0.194)
lnctec	$-0.221e^{-3}$	(0.011)
carlmt	-0.007**	(0.003)
carnev	$-0.236\ e^{-3}$	(0.002)
lnmed	-0.016**	(0.006)
C	-12.161	(7.544)

Sigma_ u	0.499	Sigma_ e	0.052	R^2	0.5772	F（10，20）	6.39***	类型	个体固定

注：括号内为稳健标准误。

表 5-17 显示，人均 GDP 与机动车尾气排放呈倒 U 形关系，民用汽车拥有量越多，机动车尾气排放越多。命令型政策工具交通限行政策数、引导型政策工具大气污染相关报道数能够有效减少机动车尾气排放，作用分别为-0.007、-0.016，均在 5% 水平下显著；引导型政策工具淘汰黄标车老旧车与推广新能源车政策对减少机动车尾气排放的作用不显著。综合来看，命令型政策工具对降低大气污染移动源的效果优于引导型政策工具，淘汰黄标车老旧车与推广新能源车等改善汽车结构的政策尚未发挥显著作用。

第四节　大气污染防治政策对大气污染作用的结果探讨

前文分析了我国大气污染防治政策的历史演进以及命令型、市场型、引导型政策工具对大气污染防治效果的直接作用与间接作用。命令型政策具有典型的“外源性”特征，即通过外部施压对行为主体产生影响。本书选择了环境标准、行政处罚作为命令型政策工具的代表，其中行政处罚主要包括限产、停产、罚款等；除此之外，命令型政策工具还包括排污费（已废除）、环境税（2018 年执行）等。市场型政策具有典型的“内生性”特征，本书选择 R&D 内部支出、工业治理投资作为市场型政策工具的代表，是促进企业内生动力的政策工具；除此之外，市场型政策工具还包括财政补贴、税收优惠等。引导型政策对于引导对象具有“内生性”特征，本书选择媒体宣传、公众投诉作为引导型政策工具的代表，是促进公众内生动力的政策工具，但值得注意的是，公众投诉对于企业是“外源性”的。

一　政策工具逐步完善，降低能源消费强度的减排效果最为显著

随着工业化不断推进，大气污染防治政策工具从无到有、从简到繁，逐步由事后治理向事前事后防治结合转变。在重工业优先发展时期（1949—1977 年），我国尚未形成大气污染防治专项政策，仅在工业“三废”治理规定中出现工业废气治理办法。在轻纺工业迅速扩张时期（1978—1995 年），我国大气污染防治进入法治阶段，环境、技术标准不断完善，整改、停业等事后治理方式是该阶段的主要方式。在基础工业快速成长时期（1996—2010 年），大气污染防治政策逐步丰富、细化，启用了经济手段和社会力量，开始注重源头防治。在高附加高技术工业走向前台时期（2011 年至今），大气污染防治政策全面完善，较之前阶段更加重视对工业化要素的调节，建立了以防为

主、防治结合、全民参与的政策体系。综上所述，我国大气污染防治政策基本符合工业化各阶段，从以事后治理干预为主，向应用事前预防，再向事前、事后综合治理转变的发展趋势。因而，根据 PiSR 模型对大气污染防治政策变化趋势的总结与假设，待我国进入后工业时代，大气污染防治政策可能呈现精准施策特征。

我国大气污染防治政策措施多样，主要的政策工具包括环境标准、环境行政处罚、交通限行、科技投入、环保投资、媒体宣传报道、公众环境投诉、淘汰黄标车推广新能源车等。①从政策工具对大气污染的直接作用来看，环境标准能够直接促进工业废气减排，交通限行能够直接促进机动车尾气减排，表明我国日益严格的环境标准、已成常态的交通限行初见成效。但是环境行政处罚与工业废气排放量整体呈正相关关系，表明 1999—2015 年我国大气污染防治政策的事后治理特征依旧明显，但庆幸的是，2014 年后我国环境行政处罚与工业废气排放量出现负相关趋势，表明近年来严格的环保督察已显成效，环境行政处罚对企业排污行为的威慑力已经形成，未来企业更可能在严格约束下自觉减少废气排放。②从政策工具与对外贸易的交互影响来看，除环境标准与媒体宣传报道以外，大多政策工具与对外贸易的交互项比政策工具本身对工业废气排放的间接作用更强，表明某区域的环境行政处罚、R&D 内部支出、工业废气治理投资、公众环境投诉与该区域的进出口相互影响，进而具有更加显著的调节工业化要素促进工业废气减排的功能。③从调节的工业化要素来看，政策工具主要通过降低基础工业占比、减少能源消费强度实现促进工业废气减排的功能。环境行政处罚、媒体宣传报道还具有降低煤炭消费占比促进工业废气减排的功能。但是，环境行政处罚、科技投入与治理投资、媒体宣传报道与第二产业占比正相关，其可能原因在于第二产业在进入高附加高技术工业时期后才逐步出现占比下降的去工业化特征，1999—2015 年大部分时间中多数区域的第二产业占比呈现上升趋势，工业废气排放随之增多，环境行政处罚、工业废气治理投资、媒体宣传报道等具有事后反馈特征的政策工具随之增加，表明截至 2015 年我国大气污染防治政策虽然在改善工业内部结构、能源消费强度和结构方面取得显著效果，但尚未全面形成以防为主、企业自我约束的良好局面。④从调节公众行为来看，交通限行等命令控制型政策的减排作用显著，淘汰黄标车老旧车、推广新能源汽车等引导型政策的减排效果不显著，仍需不断推进公众购车行为的引导，使机动车结构清洁化，从而进一步减少机动车尾气排放。

二 “外源性”政策效果显著，“内生性”政策有待加强

“外源性”政策是指迫使行为主体被动调整自身行为的政策，拥有服务和管制直接性强、处理事件应急性强、实施效果确定性强的特点。“内生性”政策是指驱动行为主体主动改变自身行为的政策，具有成本有效性高的特点。由于“外源性”政策能够在规定时间内要求实施对象服从要求，在短期内快速处理环境问题，因此，我国在工业化各阶段均倾向使用“外源性”政策。以具有典型“外源性”的命令型政策工具和具有典型“内生性”的市场型政策工具为例，在我国重工业优先发展时期、轻纺工业迅速扩张时期、基础工业快速成长时期、高附加高技术推向前台时期，命令型政策工具分别占比 60%、57%、61.8%、64.3%，市场型政策工具分别占比 0、7%、4.7%、11.8%。虽然我国大力推进环境经济政策建设，市场型政策工具逐步增加，但是加强环境责任、严格环保督察是近年来最主要的防治措

施，因而命令型政策工具呈现占比上升趋势，大气污染防治整体呈现“强控”特征。

对于工业企业来说，环境标准、环境行政处罚、公众环境投诉是“外源性”政策工具，R&D 内部支出、工业废气治理投资、媒体宣传报道是“内生性”政策工具；对于公众来说，交通限行是“外源性”政策工具，媒体宣传报道、新能源汽车推广是“内生性”政策工具。我国“外源性”政策具有显著的减排效果，环境标准既能直接促进工业废气减排，又能通过降低基础工业占比、能源消费强度显著促进工业废气减排；环境行政处罚能够通过降低基础工业占比、能源消费强度、煤炭消费占比显著促进工业废气减排；公众环境投诉能够通过降低基础工业占比、能源消费强度显著促进工业废气减排；交通限行能够显著减少机动车尾气排放。相比“外源性”政策，我国“内生性”政策有待加强。R&D 内部支出能够通过降低能源消费强度显著促进工业废气减排；工业废气治理投资能够通过降低能源消费强度、提升清洁技术水平显著促进工业废气减排；媒体宣传报道能够通过降低能源消费强度、减少煤炭消费占比显著促进工业废气减排，并且有效降低机动车尾气排放水平；黄标车老旧车淘汰与新能源汽车推广对机动车为其减排作用不显著。应进一步加强“内生性”政策对优化工业结构、改善居民消费行为方面的作用功效。

虽然我国应用“外源性”大气污染防治政策在短期内取得了显著效果，但也要警醒“外源性”政策的长期效果不确定、易反弹。其一，“外源性”政策工具需要大量人力、物力投入，而我国环境管理部门已经出现资金和人员不足的问题，不利于“外源性”政策的持续实施。其二，大多“外源性”政策具有事后治理特征，是对近期出现的问题给予的“即时”回应，可能会让使用者陷入“短视”旋涡，即发现问题、解决问题而非通过杜绝问题产生来消灭问题；同时，大气污染防治是一项专业性、技术性强的工作，执法者在实际执行过程中也易受信息不对称的影响出现失误与错误，从而散、乱、污企业时有死灰复燃，政府多陷入再排查、再清理、再整治的末端治理循环中。其三，“外源性”政策容易为政企合谋提供空间。钢铁、焦化、水泥等行业是大气污染的重要来源，也是一些地区的支柱产业和财政来源，具有很高的“议价能力”。地方政府官员为了达到、迎合以及实现自身政治前途，在经济稳定增长的压力下，会与企业建立紧密联系，形成政企联盟或者特殊利益集团，通过弱化监察力度来降低所辖区域企业的“合规成本”，或帮助企业伪造信息以躲避各种中央巡查，由此产生虚假防治和“死而复生”。

“内生性”政策发挥功效所需时长较长，我国“内生性”政策建设不足。目前，我国促进大气污染减排的“内生性”政策存在缺乏引导企业提升改造、并购重组、投入新领域的税收优惠、金融支持等相关政策；没有形成知名企业带动、中小企业追赶的清洁生产氛围；新能源技术研发、基础配套滞后，强靠补贴推动难以为继；现行的税收优惠政策相对单一，灵活性以及针对性缺乏；没有充分调动消费者参与决策、监督举报、购买绿色产品的积极性；公众参与渠道少、保障不力等问题。为了防范“外源性”政策的弊端，发挥“内生性”政策成本有效性更高、作用可持续性更强的优势，我国应当在应用“外源性”政策的同时，将更多精力投入“内生性”政策发展中，以求实现更高效、更长久的大气污染防治效果。

第六章

先行工业化国家大气污染防治的进程与启示

依据 PiSR 模型，大气污染状态（S）受工业化压力（Pi）与大气污染防治政策（R）的共同影响。本章从调整工业化要素和优化大气污染防治政策两个方面梳理英国、美国、日本的大气污染防治进程，总结先行工业化国家大气污染防治经验对我国的启示，并辅以其他国家大气污染的防治经验加以论述。

第一节　先行工业化国家的大气污染防治进程

英国是最早开始工业化的国家，也是最早承受大气污染的国家之一。18 世纪 60 年代，英国借由第一次工业革命快速提升生产力，成为“世界工厂”，给大气环境造成了巨大压力，形成了严重的大气污染。美国虽然进入工业化的时间晚于欧洲各国，但是美国依靠技术创新，在第二次工业革命时期超过了英国，然而正是第二次工业革命产生的内燃机技术促进了化石能源的快速消耗，引起了严重的大气污染问题。日本的工业化晚于欧洲和美国，是依靠后发优势最早完成工业化的亚洲国家。英国、美国、日本在工业化进程中，分别代表最早进行工业化、工业化效果最佳、后发实现工业化的国家。梳理英国、美国、日本的大气污染防治进程，能为我国提升大气污染防治效果提供经验借鉴。

一 英国大气污染的防治进程

18 世纪 60 年代至 19 世纪 70 年代，英国煤烟污染较为严重，但由于公众意识薄弱、国家介入力度不足等原因，大气污染治理进展缓慢。经过激烈争论，《烟尘禁止行动》《烟尘公害消除行动》分别在 1821 年和 1853 年才得以出台，地方政府出台的《德比法案》《利兹改善法案》《伦敦公共卫生法》《伦敦地区沿海控制规定》等法案因没有涉及准确具体的污染源，并未得到有效实施。19 世纪 60—70 年代，大气污染问题逐渐被议会关注，英国分别于 1863 年和 1866 年颁布《制碱法》和《公共卫生法》，以控制碱厂的盐酸和烟囱的煤烟排放，1881 年进一步制定了《制碱业及其他工业管理法案》推动制碱业污染减排。但是，该阶段出台的法规政策面对相关利益群体的争论大多做出了“妥协”，删减了许多排放限制，大气污染治理收效甚微。

19 世纪 80 年代至 20 世纪初，英国本土基础工业受到国际冲击，民间对大气污染的治理诉求不断提升，烟雾控制取得初步成效。该时期，英国大量向外输出基础工业及基础设施资本，加之美国、德国的赶超，本土钢铁、煤炭等高能耗、高污染基础产业占比开始下降；同时，公众逐渐认识到烟雾不是预防腐烂、消除病菌的“防腐剂”，而是损害健康、威胁植物生长、摧毁房屋建筑的“危险品”，推动了烟尘减排协会和煤烟减排协会分别在1882年、1898年成立，促进了大气污染减排，使得1900—1905年英国平均每年雾天从19世纪80年代的80天下降到30天。20世纪初至20世纪50年代，两次世界大战打断了英国的大气污染治理进程。战争期间，基础工业及基础设施建设又再次兴起，工厂连夜生产以满足巨大的战时物资需求，煤炭被大量使用，煤烟污染严重，致使1952年发生著名的“伦敦烟雾事件”。

20世纪50—70年代，英国大气污染防治全面启动，在媒体宣传、民间组织推动下，《清洁空气法》出台并实施。20年间，大气污染显著减少，工业烟尘减少了74%，以伦敦、谢菲尔德等为代表的烟雾城市回到了清洁的空气和明媚的阳光中。《清洁空气法》是世界第一部大气污染防治专项法律，于1956年首次颁布，1968年第一次修订。该法律对工业和家庭的废气排放提出限制，并制定了相应惩罚措施以及治理措施。《清洁空气法》填补了政策漏洞、扩大了调控范围，如明晰了“黑烟”的界定，杜绝了工厂及个人以烟雾颜色来逃避惩罚，将家庭燃煤纳入管控范围等。媒体宣传与民间组织是该时期推动大气污染防治工作的主要助力。媒体不仅传播了大气污染状况及防治知识，同时替民众发声，抒发民众的大气污染治理诉求，促进了政府将大气污染防治纳入议程，激发了政府与社会协作；公民与民间组织在大气污染防治中也起到了积极作用。1957年“全国烟尘治理协会”更名为“全国空气净化协会”，19世纪80年代还成立了“治理烟雾委员会”，网罗了众多科学家、实业家等，共同促进了英国能源供应的结构调整，发展公共卫生，促进污染减排，改善空气质量。

20世纪70年代至21世纪，已完成工业化的英国，依托产业结构变动以及不断完善的法律体系促使大气污染物排放量进一步降低。其一，产业结构的调整减少了大气污染。20 世纪 70 年代，英国面临升高的失业率，通过财政补贴政策推动第三产业发展，同时通过降低煤炭开采、钢铁冶炼等行业补贴减少基础工业占比，减少了大气污染。其二，不断完善的大气污染防治法律促进了空气质量的提升。1974 年、1981 年、1989 年、1990 年、1995 年、1999 年分别出台了《污染控制法》《汽车燃料法》《空气质量标准》《环境保护法》《环境法》《污染预防和控制法案》，至 20 世纪 90 年代末共出台 31 部大气污染防治相关法律。1973 年出台的《机动车量（制造和使用）规则》不仅禁止尾气不达标车辆使用，还引导汽车厂商使用新技术来处理尾气问题；1991 年出台的《烟雾探测器法》详细规定了新建住房中烟雾探测器的使用。

当代的英国，其能源转型、节约能源走在世界前列。英国利用其自身地理优势，采用经济激励的方式推动风能、潮汐能、生物能等可再生能源开发与使用。2002 年，英格兰、威尔士、苏格兰开始实施可再生能源义务证书制度；2003 年，英国对购买绿色住宅的消费者给予印花税减免优惠；2007 年对公共交通票价提供优惠政策，鼓励公众交通出行；2009 年设立绿色公交基金，促进公交车采用低能耗、低排放的燃油技术；2010 年，英国开始对符合要求的可再生能源上网电量进行电价补贴；2015 年开始实施差价合同制度，增强可再生能源合理的市场竞争，全面推动可再生能源的开发与使用。英国重视市场机制的作用，主要以财政补贴的方式促进可再生能源发展，加快了可再生能源的技术提升速度，保持了良好的新能源市场环境。

二　美国大气污染的防治进程

美国南北战争后至 20 世纪初，工业化全面推进，1880 年美国超越英国成为世界第一号工业强国。以经济发展为首要任务的美国，大量固态、液态和气态的废物任意排放，导致了严重的大气污染。20世纪初，美国各大城市特别是工业较发达的城市陆续颁布烟尘控制法令或行政规定，如圣路易斯、底特律分别于1902年、1907年颁布烟尘法案，开始对工厂烟囱排放的废气进行控制。但是，面对战争的军备需求、战后的经济萧条，大气污染问题让位于制造业发展。20世纪40年代，虽然美国部分地区针对烟尘污染做了政策探索，如1941年加利福尼亚州制定了《清洁空气法》，但是大气污染愈演愈烈。1945—1955年，美国经历了范围之广、时间之长的光化学污染。该时期，各地区紧急颁布了烟尘控制条例，力图通过改造锅炉、减少烟尘排放量、禁止使用高硫煤减少大气污染，但是由于大气污染的流动性高，而地方立法相对分散，各地无法准确划分责任边界，大气污染并未得到有效治理。

20世纪50—70年代，美国对大气污染的重视程度显著增强，联邦密集出台了一系列大气污染防治法律，逐步建立了联邦大气污染防治体制机制。1952年俄勒冈州成立第一个全美大气管理的州机构，1955年联邦颁布了第一部《大气污染控制法》，划分了州与地方政府的大气污染治理责任，通过设立科研基金促进大气污染防治技术研发。1963年，美国《清洁空气法》出台，增加了对大气污染防治的财政支持力度；1965年、1966年、1967年又分别制定了《机动车空气污染控制法》《空气清洁法》《空气质量控制法》，规定了全国统一的机动车排放标准和空气质量控制目标，提出了一系列控制固定源和移动源废气排放的手段与措施；1970年，《国家环境政策法》和修正的《清洁空气法》将大气污染防治提升到国家战略层面，这两部法律制定了大气污染防治长期规划，使美国的环境立法进入新纪元。

20世纪70年代至90年代，美国在法制体系不断健全、产业结构转型升级、化石能源清洁技术逐步提升中，有害气体排放得到大幅减少。其一，1970年，《清洁空气法》的颁布标志着大气污染防治成为独立领域。《清洁空气法》经过1970年、1977年、1990年的修正案多次修正而逐步完善，形成了具有联邦、州、地区和地方政府四个层次的大气污染防治法律规范体系，明确了各级政府在治理大气污染上的权限和职责。其二，该时期，美国已经基本完成工业化，制造业的增长速度开始放缓。20世纪80年代，大量传统制造业向日本、韩国、新加坡、中国香港、中国台湾等地区转移，本土则以先进制造业以及数字服务行业为新动能，能源消耗降低，大气污染减少。其三，针对严重的化石能源污染，美国在《清洁大气法扩展法》（1970）中设置了尾气排放和燃油标准；1975年，美国要求所有汽车配备催化转换器，并鼓励甲醇、天然气等清洁燃料研发与使用。1977年修正的《清洁空气法》提升了相关标准，1986年推行的清洁煤技术国家示范提高了清洁燃料对石油的替代率，促进了电力市场的清洁化。

20世纪90年代以后，美国大气污染问题得到全面解决，主要得益于后工业时代的到来、清洁技术水平的提升与激励措施的不断完善。其一，美国进入后工业时代，工业作为大气污染的重要来源迅速缩减，工业产值占比、制造业就业人员占比迅速下降到24.5%、9.81%。其二，美国通过促进内生动力与加强外源约束相结合的方式不断推进清洁技术发展。1990年，《污染防治法》提出污染防治应当以防为主，推动了美国清洁生产的快速发展。《清洁大气法》（1990修订）、《能源独立和安全法》（2007）等多部法律中，要求汽车生产商研发汽车高效燃油和尾气低排技术，虽然汽车厂商叫苦不迭，但是取得了良好的汽车尾气控制效果。其三，市场激励措施不断完善。

1990年《清洁空气法》（修正）建立了以排污削减信用为基础、总量分配、非连续排污削减的排污权交易模式，激活了排污许可的二级交易市场，调动了企业清洁生产的积极性。

当前美国具有大量世界领先水平的清洁能源专利技术，并且具有完善的电力市场及管理系统。2005年颁布的《能源政策法案》通过财政支持、税收优惠等市场激励方式鼓励清洁能源技术研发以及地热能、风能以及太阳能等可再生能源消费。同年，美国制订《氢能源计划》，推动氢能源的基础和应用研究，将氢能源打造成为未来的主要能源载体，在保证能源安全的同时减少大气污染排放。2008年美国颁布《能源独立与安全法》，决定对新能源汽车实施税收抵扣；2013年，美国能源部发布《电动汽车普及蓝图》，拨付20亿美元支持新能源汽车研发，让美国应用技术优势抢占世界市场。在此期间，美国不仅有效利用市场激励，也同时通过制定标准促进技术提升。如2005年《清洁空气州际法规》提升了二氧化硫、氮氧化物的质量标准，提出臭氧和细颗粒物防治目标；联邦环保署于2012年发布了《工业锅炉最大可得控制技术标准》，于2013年发布了《往复式内燃机危险空气污染物排放标准》和《固定内燃机新源行为标准》，规定了各行业紧急需求响应的最短时间，保证环境影响程度最小化。

三　日本大气污染的防治进程

20世纪50年代，日本受采矿业发展和两次世界大战军事装备生产的影响，大气污染严重，出现的公众抗议受到打压，大气污染治理基本处于停滞状态。20世纪50年代至70年代，日本产业快速发展导致了巨大的能源消耗，大气污染达到顶峰，其中川崎、北九州等地因造铁、石油冶炼等产业的发展，大气环境恶劣，名古屋、千叶县等地成为日本大气污染的集中沦陷区。大规模的大气污染导致日本患病居民激增，民间环保运动频繁，推动政府加快了大气污染防治的立法进程。日本为摆脱公害大国形象，1962 年、1967 年分别颁布《煤烟排放规制法》《公害对策基本法》；1968 年出台的《大气污染防治法》设立专章专节规定煤烟、粉尘、挥发性有机物、汽车尾气、有害物质等大气污染物的排放标准；随后颁布了《公害受害者救济特别措置法》（1969），制定了一系列大气环境质量标准（1970），开始空气质量检测；同时要求企业承担生产经营活动的环境公害责任。尽管出台了一些补救措施，但由于石化产业的快速发展，该时期大气污染仍十分严重。

20 世纪 70 年代至 90 年代，得益于产业结构的加速调整、节能技术的快速发展以及逐步完善的空气质量标准，日本的大气污染逐步减少。其一，世界经济遭到两次石油危机的重创后，日本开始加速调整产业结构，大量消费石油的重化工业沦为了结构性萧条行业，石化产业排出的“白烟”迅速减少。其二，1974 年、1978 年，日本分别实施“阳光计划”“月光计划”，支持能源效率的技术改进以及燃料电池的发展；1979 年，日本颁布《节能法》设定了汽车燃料效率的标准，倒逼日本汽车制造商加大研发力度降低油耗水平。1970—1990 年，日本提升了 39% 的能源效率和排放效率，一跃成为世界上能源效率最高的国家，大气污染随之得到巨大改善。

20 世纪 90 年代之后，日本通过立法、执法的不断完善，空气质量进一步好转。日本政府先后颁布《汽车氮氧化物法》（1992）、《环境基本法》（1993）、《汽车氮氧化物和颗粒物法》（2001）等法案，对空气污染源进行分类、逐步提升标准、开展总量控制；注重民间公害诉讼制度的完善，动员社会广泛参与；逐步建成了大气污染受害救济制度、排污交易权制度、环境信息的开放流动制度以及污染付费制度。空气质量标准不断优化，1996 年修订的《大气污染防治法》确定了包含优先控制的 22 种高危有害物在内的 234 种有害空气物质的标准；2009 年又加入 PM 2.5 标准。大气污染防治体制逐步完善，2001 年日本环境部升级为环境省，下辖都道府县市，主管全国固定源、移动源排放的大气污染防治工作；日本的环境立法、执法较为严格，行政干预手腕较硬，对不达标、违规排污的企业严格执行停产、转产等强制措施。

早在 1993 年，日本就出台“新阳光计划”，旨在通过设立研究课题、加大技术投资、组建国际联合研发团队等方式推进节能技术水平提升。进入 21 世纪后，日本加快了节能技术的研发，尤其是新能源汽车的生产与推广。2000 年，日本对出租车进行改造，利用天然气代替化石能源；2002—2005 年，经济贸易工业部每年提供 20 亿日元支持氢燃料电池汽车的研发；2006—2010 年，提供 13 亿日元支持氢燃料电池汽车及基础设施研发。2007 年以后，日本每年都要制定《节能技术战略》，对节能关键技术作出指导，通过设立重点研究项目、向尖端技术研究提供长期资金扶持等措施推动节能技术水平提升。2009 年，日本提出电动、混合动力、清洁柴油车享受绿色税收和补贴，此后 3 年，混合动力车占日本汽车总量的比例从 13% 上升至 20% 左右。21 世纪以来，《新一代汽车战略》（2010）、《日本汽车战略 2014》、《氢能与燃料电池战略路线图》（2014）、《电动汽车发展路线图》（2016）等一系列政策，通过建立新能源汽车购买补助和充电设施建设补助，对低油耗低排放汽车征收低等级税收等措施，推动新能源汽车开发与应用。2016 年，《环境 · 循环型社会 · 生物多样性白皮书》（简称“环境白皮书”）提出由财政支持燃煤发电厂的设备改造。

四 英美日大气污染防治的共性经验

综合英国、美国、日本大气污染的防治进程可以看出，工业化给大气环境造成巨大压力，主要表现在产业结构、机动车辆、能源消费等方面，严格的环境法制、适度的经济激励、广泛的公民参与推动了工业清洁化发展，改善了空气质量。

第一，第二产业尤其是基础工业是固定源大气污染的重要源头，优化产业结构是减少工业化压力促进工业废气减排的重要措施。英国制碱等化工产业、美国石化与汽车产业、日本煅造与冶炼产业均是造成当地环境公害的罪魁祸首。随着工业化阶段演进，这些国家不断转出劳动密集、资本密集的基础工业，发展知识密集、技术密集的高附加高技术产业，通过发展第三产业带动就业稳定经济增长，使得产业结构由重型化向轻型化转变，由以第二产业为主向以第三产业为主转变，降低了能源尤其是化石燃料的需求，减少了大气污染排放。虽然英美日等先行工业化国家的产业结构调整并非主动为之，但我国可以借鉴这一经验主动通过供给侧改革优化工业内部和三次产业结构。由于基础工业大部分是高能耗、高排放产业，减少基础工业占比、增加高附加高技术产业占比，能实现经济与环境双赢；同时，第三产业有更高的就业容量和更低的污染排放，增加第三产业占比有利于吸纳第二产业转出的劳动力，有利于减少单位经济产出的大气污染排放。

第二，汽车作为现代生活的必需工业产品，产生的尾气是移动源大气污染的重要源头；提高燃料品质、提升燃油效率、发展新能源汽车（调整汽车消费结构）是减少工业化压力促进机动车尾气减排的重要措施。英国、美国、日本均出台了机动车制造以及燃料标准，倒逼能源企业提高燃料品质、倒逼汽车厂商生产低油耗产品，控制机动车尾气；美国、日本十分重视新能源汽车的发展，尤其是进入21世纪，美国出台了《电动汽车普及蓝图》（2013），日本出台了《氢能与燃料电池战略路线图》（2014）、《电动汽车发展路线图》（2016）等，主要通过税收优惠、财政补贴等市场型方式推动新能源汽车生产与应用。我国当前机车保有量减速上升，机动车尾气污染逐渐成为“心腹大患”，借鉴先行发达国家经验，我国一方面应当完善汽车生产、燃料等标准倒逼企业提升产品质量，另一方面应当善用市场型政策工具促进新能源汽车研发与推广。

第三，能源转型、节约能源是大气污染防治的主战场，市场激励是减排增效的重要工具。当前，英国十分重视风能、潮汐能、生物能等可再生能源开发与使用，美国拥有世界领先的清洁能源技术以及完善的电力市场，日本给予节能技术、燃烧设备改造大量政策支持，我国虽然尚未完成工业化，但应紧抓国际节能的发展趋势，结合我国能源特征及技术优势，寻找国际能源市场的定位与特色；同时因势利导，细化具化《能源发展规划》《可再生能源规划》《节能环保产业规划》等政策，加强科技投入与市场激励，促进我国节能技术提升，改善能源消费结构，提高国际市场份额，降低我国大气污染排放水平。

第四，严格的法制体系是大气污染防治的基础条件，丰富的市场激励是大气污染防治的主要推手，积极的公众参与是大气污染防治的有效辅助。①英国、美国、日本的大气污染防治均是立法先行，形成强有力的外部约束；并通过责权清晰的管理体制、严密规范的执法、跨部门跨地域的监管合作确保空气质量标准、大气污染防治目标的落实。②英国、美国、日本的市场机制较为成熟，拥有丰富的市场激励手段，通过向从事清洁生产、节能减排、新能源开发等企业提供财政补贴、税收减免、信贷支持，鼓励企业自身减排或生产有利于大气环境的绿色产品。③英国、美国、日本的信息公开及环境诉讼制度较为完善，民间环保组织较为发达，公民普遍具有较高的环境认知和参与意愿，政府往往通过支持和援助民间环保组织发展，促进环保宣传，保障环境诉讼，通过公民监督减少大气污染。近年来，我国丰富的大气污染防治政策以及严格的环保督察取得了良好成效，但市场激励手段相对比较薄弱，也没有充分发挥公众参与的功效，还应进一步发挥市场与公众的主观能动性，降低大气污染防治成本，形成多主体协作的良好氛围。

第二节　先行工业化国家大气污染防治经验对中国的启示

根据英、美、日的大气污染防治进程来看，大气污染受工业化程度以及大气污染防治政策的共同影响。大气污染的减少，往往是通过工业化的推进和大气污染防治政策的完善实现的。工业阶段的演进主要表现为技术的不断进步和产业结构的提升；大气污染防治的完善主要表现为“内生性”政策的不断优化与“外源性”政策的持续改进。

一　加速工业化进程

根据先行工业化国家大气污染防治进程的共性经验可知，第二产业尤其是基础工业是固定源大气污染的重要源头，优化产业结构是减少工业化压力促进工业废气减排的重要措施。因此，为了早日实现环境与经济双赢，应促进产业结构转型升级，涉及三次产业变更和工业内部结构调整。

（一）促进三次产业更迭

依据先行工业化国家的发展经验，大气污染随着第二产业的国际流动在各国转移。英、美、德等工业化第一梯队国家，20 世纪 50—70 年代将纺织、造纸、食品粗加工等劳动密集型产业和钢铁、化工、机械等资本密集型产业转移至日本、韩国、新加坡等工业化第二梯队国家，英美等国大气污染逐步减少，日韩等国大气污染开始增加；20 世纪 90 年代以后，日本、韩国、新加坡等工业化第二梯队国家的劳动力红利逐渐消失、环境成本不断增加，因而，将劳动密集和资本密集产业转入中国、印度、巴西、南非等发展中国家，降低本国的第二产业占比，尤其是资源消耗、环境污染的产业占比，降低了大气污染。

在工业化进程中，先行工业化国家通过降低第二产业占比实现了大气污染减排，促进了空气质量改善。虽然先行工业化国家提升三次产业结构往往并非出于减少大气环境压力的目的，但是作为尚未完成工业化的我国，可通过主动加快三次产业结构的优化，实现大气污染的防治目标。同时，三次产业的发展，具有吸纳就业的功能，能够解决因制造业劳动生产率提高、技术提升所带来的用工规模下降问题。因此，促进三次产业优化既能发展经济、稳定社会，也能提升大气环境质量。

（二）优化工业内部结构

依据先行工业化国家的发展经验，大气污染随着基础工业占比的降低、高附加高技术工业占比的提升显著减少。英、美、日向外转移的第二产业大多为劳动密集、资本密集的非技术行业，本国则保留高附加高技术的知识密集行业，通过零排放的智力因素投入，提升产品附加值，创造新的经济增长点，降低单位经济产出的能耗与污染物排放量。

相比三次产业结构的变更，工业内部结构升级在短期内更容易实现。因此后实现工业化的国家，更多通过第二产业高端化实现经济与减排目标。如法国在第二、第三次产业革命后，形成了高端制造、新能源产业（民用核电）等优势产业，位列世界制造业强国，创造了绿色经济增长点；日本通过“80 年代通商产业政策构想”（1980）、《21 世纪产业社会基本构想》（1986）等产业战略布局，在短时间内实现了工业内部的高端转型，不仅创造了本国制造优势，而且减少了工业废气排放。因此，促进工业内部结构升级不仅能追求更高的产业经济效益、更广的国际产品市场，而且能够通过智力投入，提升产品技术含量与附加值，降低单位经济产出能耗与污染排放，实现大气污染防治目标。

（三）紧抓节能环保市场

依据先行工业化国家的发展经验，能源转型、节约能源是防治大气污染、抢占新兴市场的必经之路。美国在 20 世纪 90 年代提出《环境技术战略》和《环境技术 R&D 计划》，鼓励政府与工业建立良好合作关系，为企业提供培训和信息服务，依靠环境技术提升，增加美国环境技术出口，抢占世界环保产业高地。日本面对工业极速扩张导致的“公害”问题以及避免传统制造业大量向海外转移的产业空洞，自 20 世纪 70 年代开始不断制定国家能源与循环经济发展战略，促进环保机械、太阳能发电、资源循环利用等环保产业。20 世纪 80 年代日本的工业污染治理设备快速发展；20 世纪 90 年代，环境基础设施迅速发展，2000 年后，日本在资源回收利用和绿色产品领域已位于世界领先位置。另外，德国也非常重视环保产业的发展，出台了一系列财政补贴、税收优惠等支持政策。例如，为环保产业发展提供一定数量的无息贷款，以固定上网电价补贴可再生能源等。2017 年，德国可再生能源装机比例达到 56%，可再生能源发电量占比达到 39%。2019 年，德国宣布将在 2038 年前关闭所有煤炭火力发电厂。

节能环保产业包括第二产业中的节能环保装备制造业与第三产业中的节能环保服务业。推动节能环保产业发展，有利于三次产业更迭，有助于工业内部结构升级，在寻找经济增长点的同时促进产业清洁化，是实现大气污染减排与经济效益增长共赢的有效手段。

二　提升科技创新水平

根据先行工业化国家大气污染防治进程的共性经验可知，提高燃料品质、提升燃油效率、改善固定源与移动源能源消费结构、开拓节能环保领域是减少工业化压力促进废气减排的重要措施。因此，减少大气污染排放，应提升科技水平，具体包括节能技术、环保技术、新能源技术等。

（一）推动节能环保技术进一步提升

依据先行工业化国家的发展经验，节能环保技术是企业绿色转型的基础，是大气污染减排的重要抓手。大多先行工业化国家通过财政补贴、金融支撑等市场型政策工具推动节能环保技术的研发与应用，其中，美国通过向企业、实验室、高校等机构提供财政支持，向清洁煤炭技术、节能建筑等项目提供税收优惠，依托 NGO 或其他中介机构为企业提供宣讲平台，激发节能环保技术市场；德国通过财政支持节能专利发明，为达到能效标准和获取能效标识的电气电子产品、机动车辆、节能建筑等产品提供绿色金融支持，以税收减免政策推动居家建筑节能改造等方式促进节能技术发展、降低大气污染排放。

在工业化进程中，先行工业化国家通过提升节能环保技术实现了大气污染减排，促进了空气质量改善。同时，在绿色发展已成为全球主流趋势的当前时期，先行工业化国家已将节能环保技术作为抢占市场先机的入口。因此，通过大气污染防治政策尤其是市场型政策工具促进节能技术的研发与推广，是降低大气污染排放水平、争夺国际绿色发展前沿市场的有效措施。

（二）促进新能源技术的研发与应用

先行工业化国家非常重视新能源的研发与利用，具体包括清洁能源、可再生能源、新能源汽车等。通过发展新能源，不断提升能源清洁程度，不断减少大气污染排放。德国投入大量的资金进入新能源领域，1991 年颁布《电力入网法》，以固定上网电价补贴激励可再生能源发展；2000 年《可再生能源法》通过高额补贴、研发费用分担、优先收购等方式促进可再生能源发展，2009 年《国家电动汽车发展计划》设立“国家电动汽车平台”。2016 年，加大研发支持、示范支持、使用支持和财税支持，激励电动汽车发展，并提出在 2030 年之前禁止燃油车登记，全力推广新能源汽车。美国作为汽车王国，通过发展新能源汽车减少尾气污染。美国于 1976 年就开始发展新能源汽车，随后克林顿政府颁布新一代汽车合作计划（PNGV）推动纯电动汽车发展；布什政府提出自由车合作研究计划（FCAR）推动燃料电池汽车发展；奥巴马政府提出“EV Everwhere”计划推动插电式电动/混合动力汽车发展。另外，日本、英国也加大新能源汽车开发力度，以赢取市场减少排放。日本在 2000 年左右开始以天然气代替化石能源为出租车提供动力，自 21 世纪大力发展新能源汽车。英国 2016 年投入 4000 万英镑超低排放项目资金，在伦敦、米尔顿凯恩斯、布里斯托尔等城市，通过给予超低排放汽车优先行驶与停放权，短期贷款优惠服务等拓展新能源汽车市场。

新能源是世界各国广泛关注的热点领域，研发与应用新能源能够促进能源结构升级，降低大气污染。先行工业化国家通过财政支持、税收优惠等一系列市场手段，促进了新能源快速发展，推动了大气污染不断减少。因此，制定新能源发展规划，应用市场型政策工具推动新能源相关产业发展，是减少大气污染排放，尤其是降低汽车尾气排放的有力举措。

（三）继续加强生产技术新一代创新

先行工业化国家不仅重视节能环保和新能源技术，而且在传统技术上也注重科技创新。他们通过发展高新技术，提高要素生产率与资源利用率，提高单位大气污染排放的经济效益。美国是应用高新技术推动经济发展、提升能源效率的典型国家。1867年，美国建立国家科学院，促进高等教育，推动技术创新；一战、二战期间，大量引进先进技术、科技人员，技术水平突飞猛进。20世纪80年代，美国在面临巨额财政赤字时，依旧加大了科技研发支出。20世纪90年代，美国依靠大规模集成电路、微型计算机和互联网等信息化技术，增加了化工、钢铁、汽车等传统产业附加值，并延伸出网络培训、电子商务等新产业、新业态、新模式，大幅提升了单位能源消耗的经济产出。德国也是应用高新技术实现了经济超越和节能减排。德国通过建立从小学、中学到技术学校、综合性大学的技术人才教育与培训系统，推动制造技术水平迅速提升，成为以电气技术为核心的第二次工业革命发源地，成功超越英国和法国。第二次世界大战之后，德国依靠坚实的技术基础，迅速恢复本国经济，并不断提升能源利用率，减少环境压力；应用补贴政策大力推进研发合作，促进R&D密集型行业快速增长，经济发展与大气环境保护协调发展。

随着世界工业化的加速推进，产业间的竞争越来越聚焦于技术的创新与进步，高新技术研发与应用不仅是工业化发展的必然趋势，也是绿色发展的内在需求。因此，大气污染防治不仅需要提升节能环保技术水平，促进新能源研发，而且需要关注传统技术升级，减少单位GDP的资源消耗，提升单位污染排放的经济收益。

三　注重使用“内生性”政策，激励行为主体自觉减排

根据英国、美国、日本的国家大气污染防治进程可知，一国大气污染的减少离不开不断完善的“内生性”政策。对于企业来说，市场型政策能够促进其自觉减排，主要包括财政补贴、税收优惠、绿色金

融等；对于公众来说，社会肯定与情感体验能够促进其自觉减排，主要包括环保组织带动、公民环境权利保障、名誉与经济奖励等。因此，我国应当学习和借鉴先行工业化国家注重使用“内生性”政策来解决大气污染的思路，激励行为主体自觉减排。

（一）通过环境财税减负，激励企业减排增效

先行工业化国家通过财政补贴、税收减免等方式促进企业减排，推动资源综合利用、废物回收、废物资源化的企业发展。①英国设立节能基金，支持中小企业节能技术咨询和节能设备购买；设立减排基金，支持企业采用清洁技术与减排措施，支持企业参与环保、减排项目；采取政府采购推动可再生能源上网比例，其中，用于绿色采购的金额占政府采购金额的30%以上；提供税收优惠，对使用新能源和可再生能源发电的企业免征气候变化税，对某些连续与政府签订减排协议并按期完成协议目标的企业给予逐年减免气候变化税的优惠。②美国联邦和州政府通过财政补贴、免税政策，支持可再生能源项目和环境保护工程项目；通过贷款、补贴、税收抵免和上网电价等政策，促进绿色能源、智能电网、微型发电的发展。③日本在节约能源、发展新能源与可再生能源方面颁布了多样的补贴政策；对低油耗、低排放的机动车实施减税政策，并将征收的环境税用于补贴环保产品的生产当中。

（二）发展环境绿色信贷，促进企业环保行为

先行工业化国家往往具有丰富的绿色金融产品。①英国注重低碳经济发展，通过严厉的惩罚措施，监管商业银行向大气污染、高碳排放等项目贷款的行为。巴克莱银行、汇丰银行等金融机构制定了严格

的环境风险等级和评价方法，对企业审贷项目进行绿色审批。其中，巴克莱银行是首批参与制定与采用赤道原则的九大金融机构之一，它制定了绿色产品框架，规定购买绿色产品框架中的货项可以享受低利率或延期还款；并对提高能源效率、可再生能源、绿色交通、温室气体减排等项目提供绿色贷款，以租赁购买、融资、经营租赁等方式支持绿色资产融资；并在 2014 年初开始发行绿色债券。②美国的金融市场相对完善，较早出现了绿色金融发展的相关政策，通过财政贴息、发债融资等措施，鼓励银行对大气污染治理、大气环境保护项目给予低息、无担保贷款。1980 年，美国出台《全面环境响应、补偿和负债法》，要求金融机构对客户造成的环境污染支付修复成本，推动了绿色信贷的发展。2002 年，美国花旗银行参与制定、履行“赤道原则”，提出金融机构向企业贷款时需要评价申请项目的环境影响。③日本是亚洲最早开始探索绿色金融的国家。2003 年，日本瑞穗实业银行采用“赤道原则”推动本国绿色金融发展；2004 年，日本政策投资银行开展绿色融资业务；2007 年日本政策投资银行推出贴息贷款业务，根据环境影响评价等级对环境友好项目进行贴息贷款。2011 年日本环境省颁布实施环境金融计划，鼓励绿色金融广泛应用，截至 2017 年 1 月已有 250 家金融机构签署参与；2013 年日本环境省推行“低碳社会建立金融倡议”，促进低碳项目的私人投资，为低碳项目提供低息贷款，为提供安装低碳设备的“生态租赁”公司提供租赁费用补贴。

（三）推动企业环境责任，形成示范带动效应

企业环境责任是指促进企业采取环境对策，消除环境影响的引导型政策。率先承担环境责任的企业不仅收获了环境形象和环境效益，

同时作为领跑者对本行业的其他企业起到示范和促进作用。①英国最早在“道德贸易新纪元”活动（1997）中要求建设规划必须包括道德水准评定和环境影响评定，推动了企业承担环境责任；2000 年，英国成立 CSR 线上学院和 CSR 社会责任网，协助企业在日常运用中提高落实企业社会责任，强化英国在推动企业社会责任的世界领导力，提升本土与国际竞争力和影响力。②美国于 1988 年开始实施环境信息公开；1992 年，能源部（DOE）和环保署（EPA）推行“能源之星”（Energy Star）计划，通过在电脑、办公设备、家电、照明等领域推行“能源之星”标志，为消费者提供绿色消费选择，进而促进企业主动减排或生产节能产品，主动承担环境责任；1996 年，美国设立“企业公民总统奖”，褒奖履行社会责任的企业，其中社会责任包括环境责任；还有诸多类似奖项，如“环境保护优秀奖”“优秀企业奖”等，对主动承担环境责任方面具有突出贡献的企业进行奖励，增加履行环境责任的企业品牌价值，同时为其他企业做好示范。③日本的企业环境责任雏形出现较早，在 20 世纪 50 年代，面对严重的环境公害，日本要求企业承担生产经营活动的环境公害责任；20 世纪 80 年代，日本正式引入企业社会责任概念，提倡企业家支持保护环境活动；进入 21 世纪，为重塑企业形象，日本将履行环境义务、支持环保事业发展作为企业发展的重要策略。

（四）发挥组织带动效应，促进公众环境参与

从先行工业化国家大气污染防治进程来看，公众在公民环境权利的保障下，环保组织的带动下，名誉奖励与经济激励引导下，积极参与大气污染防治的情景体验，逐渐增加其环境友好行为，成为大气污染防治的重要推动者。

第一，保障公民的知情权、参与权、决策权是发挥社会环保力量的重要前提。①英国建立了覆盖面广、实时发布的大气污染监测平台，该平台通过定时通报的方式向公众发布实时环境信息，并通过Google 地球图层软件向公民提供所有监测点的实时数据信息；规定英国的行政机构、普通公民、组织具有环境公益诉讼的原告资格，通过向检察官递交申请，由检察官提起环境诉讼。②美国通过确立公民环境诉讼权利促进大气污染防治。1970 年，《清洁空气法》赋予公民环境诉讼权；1990 年《清洁空气法》修订案中规定公民不仅可以通过环境诉讼向法院申请违法企业限制令而且可以要求企业进行损害赔偿。同时，为了使公民更好地行使监督、检察权利，美国建立了完善的信息公开系统，对全国大气环境的 24 小时全方位监控，披露企业环境信息，公布超标排放车辆信息，开通检举热线，鼓励公民参与固定源与移动源大气污染排放监督。③日本建立大气污染物质广域监测系统以加强信息公开，促进公众预案参与、过程参与、末端参与，联合政府、企业、公众力量共同参与大气污染防治工作。

第二，公众的环境参与往往受到社会名流和环保组织的引导。①英国通过名人效应，促进公众从小事做起，如减少开车出行、多乘公共交通，监督政府与企业信息公开，向政府制定与完善政策建言献策等。伦敦前市长鲍里斯·约翰逊在 2010 年发起“自行车革命”，通过自身及其同僚骑鲍里斯单车（Barclays）上下班，宣传推广共享单车，鼓励市民使用自行车出行。《泰晤士报》等主流媒体通过对企业乱作为、政府不作为的曝光，纠正政府在大气污染防治中存在的问题。②美国的环保 NGO 在防治大气污染中占据重要位置。1970 年，美国环保社会团体组织的游行促进了地球日的产生；随后，美国癌症协会（ACS）、美国肺脏协会（ALS）等社会机构与学术界合作，推动大气污染物对健康、生命的影响研究，促进了美国清洁空气法的补充与完善。

第三，给予公民经济激励与环保名誉奖励是各国促进公众主动减排的有效方式。①英国通过财政补贴等经济激励方式，授予优秀民间环保组织“准官方”“皇家”称号等名誉奖励方式，推动环保组织开展大气污染防治的相关知识传播、信息咨询等活动。2003 年，英国建筑部门提出对购买“零排放”“零能耗”绿色住宅的消费者给予减免印花税的优惠，或用退税的方式鼓励居民在家中安装节能产品等。2007 年，伦敦颁布《交通 2025》方案，对乘坐公共交通的公众提供年票、月票和学生票等多种优惠，鼓励公众乘坐公共交通。2011 年，英国对购买二氧化碳排量小于 75g/km 的电动汽车给予购车补贴和免税、免费停车的福利，补贴金额最高可达 5000 英镑，该项补贴政策的时限不断延长，2018 年新增货车补贴最高可享 8000 英镑，同时下调 1000 英镑的纯电动汽车补贴，取消了插电式混合动力汽车补贴。②美国 EPA 通过财政奖励的形式鼓励大气污染防治的技术开发、宣传教育、绿色行动等，针对清洁空气技术推行“清洁空气优秀奖”，并针对社区行动、宣传教育、法规政策创新和高效交通创新等推行分类奖；2010 年，对新购置的插电式混合动力和纯电动汽车实施税收返还。③日本于 2009 年开始实施“绿色税制”，对达到或优于油耗标准、排放标准的清洁车辆实施税收减免，对新能源汽车实施免税和补贴政策。

四　不断完善“外源性”政策，坚守大气污染治理底线

根据英国、美国、日本的国家大气污染防治进程可知，一国大气

污染的减少离不开逐步严格的“外源性”政策。先行工业化国家通过完善环境标准、规范执法督察，不断提升大气污染基准，逐步改善空气质量。因此，我国应当学习和借鉴先行工业化国家不断完善“外源性”政策来解决大气污染的思路，坚守大气污染治理底线。

（一）制定完善的环境标准

环境标准是对大气污染物排放量的直接规定，体现在先行工业化国家逐步完善的法律体系中。①美国具有种类齐全、动态调整、不断严格的标准体系。1970 年，《清洁空气法案》提出基于人体健康水平最大化原则，定期审查空气质量标准和监测标准，经济和技术等因素作为次要考虑因素。随后，空气质量标准和监测标准不断细致化、严格化，形成包括 6 种主要空气污染物的《国家环境空气质量标准》、包含 187 种有毒空气污染物基于最大可达控制技术（MACT）制定的分行业类别排放标准、控制新建改建重点固定源的新源特性标准（NSPS）等。美国环保局（EPA）须在规定的期限内公布污染源类别目录，标准不得低于同类污染源现实可达到的最严格水平。②日本随着工业化的持续推进，不断完善大气污染相关标准。1968 年，《大气污染防止法》设立专章专节规定煤烟、粉尘、挥发性有机物、汽车尾气、有害物质等大气污染物排放标准；1969 年、1970 年，日本制定首个空气质量标准和机动车排放及燃油标准，涉及 SO_2、CO、SPM、O_3 四类污染物；1976 年空气质量标准、技术规范中添加碳氢化合物相关规定；1978 年增加 NO_2 标准；1996 年《大气污染防治法》（修订）确定了 234 种有害空气物质，其中包含优先控制的 22 种高危有害物；2009 年，加入 PM 2.5 标准。

（二）坚持规范的执法督察

大气污染防治不仅需要严格的法律体系，而且需要坚持规范的执法督察。美国通过立法确保环保局（EPA）的执法权威；设立环境执法的专门机构负责立案、调查环境违法案件；配备充足的经费和人员推动环境执法。日本建立了责任分明的大气污染防治体制，执法有序严格，行政干预手腕较硬，对不达标、违规排污的企业严格执行停产、转产。另外，德国建有分工明确的环保体制，各部门、各区域各司其职。德国的联邦环境部是其环保法的立法部门，州、地方环境部是环保法的执行部门，联邦自然保护局、放射防护局都是独立的专业环保机构，以此来更好地监督环境保护法的严格实施。此外，德国还设立了专门的环保警察，隶属于联邦内政部，以便联邦政府对各个州环境政策法规的实施情况进行更好的监督。

综上所述，美、英、日、德等先行工业化国家主要从推动工业化高质量发展与优化大气污染防治政策两方面实现了大气污染的防治目标。一方面，不断推动技术水平提升、促进产业转型升级，在实现经济增速发展的同时实现大气污染防治目标。另一方面，运用“内外结合”的政策工具，以环境财税、绿色金融等“内生性”政策激发企业、公众主动减排，以环境标准、执法督察等“外源性”政策监管企业污染排放，取得了大气污染防治的良好成效。梳理总结先行工业化国家大气污染防治的先进经验，对制定符合中国发展阶段的大气污染防治效果提升对策具有重要的借鉴意义。

第七章

中国大气污染防治效果的提升对策

基于上述对大气污染的防治效果分析、工业化对大气污染的影响分析、大气污染防治政策对大气污染防治效果的作用分析，结合先行工业化国家的大气污染防治经验，本章从调整工业化压力（Pi）、优化大气污染防治政策响应（R）角度，提出中国大气污染防治效果的提升对策。

第一节　加快经济结构升级

根据我国工业化进程与大气污染的相关性分析可知，我国尚未迎来大气污染随经济增长而减少的拐点，预计在保持1983—2015年工业化平均推进速度下将于2037年迎来这一转折点。为了早日实现经济与环境的双赢，我国可以通过调整工业化要素加快工业化进程，其中，根据工业化要素对大气污染的影响分析可知，产业结构是影响大气污染的关键指标，第二产业占比越高、基础工业占比越高，工业废气排放量越大；同时，当前我国大多大气污染防治政策工具尚未实现促进三次产业更迭的功能，更多工具是通过与对外贸易的相互作用减少基础工业占比进而减少大气污染的。因此，为了提升大气污染防治效果，我国应当加快经济结构升级，具体表现为：推动三次产业有序更替、促进产业高端化转型。

一　有序促进产业更迭

（一）加强现代服务业

现代服务业占据产业价值链的高端，是指以现代科学技术为支撑，建立在新的商业模式、服务方式和管理方法基础上的服务产业，包括通信、信息等基础服务，金融、电子商务、咨询等生产性服务，教育、保健、文娱、旅游等生活性服务以及公共管理、公共卫生等公共服务，具有智力投入高、附加值大、能源投入少、污染排放轻等特点。现代服务业的比重增加，可以稳定就业、增加经济产出、减少污染排放，是通过调整三次产业占比，“自然”解决污染问题的有效方式。

加强现代服务业具体需要：①提高金融行业服务实体经济的水平。加速金融体系改革，加大对中小银行定向降准力度，支持大型商业银行多渠道补充资本，增强信贷投放能力；缩短审批链条，推广预授信、平行作业等审批流程创新，提高金融业服务效率。升级风险防控手段，完善金融监管单位建设，明确金融监管职责，发展金融监管科技，培养金融监管队伍，提高金融监管专业性、有效性。②完善物流业与农业、制造业深度融合。促进物流业对农业的支撑力度，推进电子商务深入农村，提升农产品物流服务质量和效率；促进物流业与制造业深度融合，推进智能化、清洁化物流技术研发、应用，发展物流硬件装备，完善物流信息系统，降低制造业物流成本，增加实体经济活力。③提升文化旅游综合实力。促进文化产业高质量发展，提升文化企业的内容竞争力，传播高品质内容，讲好中国故事；创新数字文化产业发展模式，为创造内容的每一个人提供微创业平台，发展知识经济。增强旅游产业的文化输出和舒适体验。打造旅游、文化一体的城际旅游和具有休闲、民俗一体的乡村旅游；以历史文化和自然山水"两轮驱动"，推动旅游产品向文化观光与休闲度假并重转变，向有序、集约转变。

（二）继续优化传统产业

传统产业是指以加工制造为主的劳动密集型行业，主要包括轻纺工业、基础工业等。由于我国各地区所处的发展阶段和发展定位不同，一些地区短时间内无法快速、大幅减少传统产业产能，因此，促进三次产业更迭的同时，需要重视传统产业升级，以信息化、智能化、精细化手段改善传统产业，延长传统产业价值链。

继续优化传统产业具体需要：①以"互联网+"完善传统产业，增加能源消费产出。利用互联网技术打破信息不畅，降低企业运营成本、拓宽产品销售渠道；改变企业经营理念、商业模式，寻找企业新的经济增长点。加速供应链核心企业上下游整合，降低采购成本、物流成本，加快市场响应速度；加速互联网平台企业横向整合，完善互联服务，从而提升生产效率、增加产品附加值，提高单位能源消耗的经济产出。②以"绿色生态"理念，完善传统产业生态园区。根据污染物特征应用循环经济、可持续发展方式，建立污染集中治理系统，建设污染源、环境基础设施、环境管理等监控体系，集中供热、集中管理、集中整治。③清理、规范现存优惠政策，以防产能重回传统产业。某些地区传统产业可能包含当地的特色产业，因而具有补贴、税收减免等相关优惠政策，因此，需要对优惠政策进行清理，防止“去掉的产能”再次转移到传统产业。

二　大力发展高端产业

（一）推动制造业高端转型

高端制造业是高附加高技术产业，是指将领先的技术知识和专业知识应用于产品的设计、生产和相关服务过程的制造业，是国民经济的主体，是立国之本、兴国之器、强国之基。高端制造业覆盖了从研发到服务的整个循环制造过程，是高研发强度和高增长的有机组合，有极大的潜力带动环境与经济双赢的可持续发展。发展高端制造业，能够实现低能耗、低污染、高产出，在追求经济利益的同时，也维护了环境生态利益，从根本上为大气污染问题的解决提供帮助。

推动制造业高端转型具体需要：①按照“提规模、优结构、强组织”的发展路径，全面提升装备制造业的智能化、集成化、信息化、网络化水平，改变“重生产轻营销、重加工轻开发”的发展思维，促使装备制造业从生产型制造向服务型制造转变，延长产业价值链。②加强市场激励。可以通过建立高附加高技术制造发展专项资金，鼓励社会资本参与，支持高附加高技术制造业的薄弱发展环节以及重大攻关项目；设计税收优惠政策，对实施清洁生产、低污染排放的高附加高技术制造企业实施税收减免优惠；建立绿色信贷机制，加强对新一代信息技术、高端装备、新材料等重点领域技术研发、应用支撑。③促进跨界融合。借助各行业协会、产业联盟，建设功能性开放平台，推动制造业与其他行业、制造业与制造业的跨品类融合，为产业高附加升级提供新方向、新动力。

（二）促进节能环保蓬勃发展

节能环保产业是高附加高技术产业，指为节约能源、保护资源、防治污染、改善环境，提供环境产品和服务的生产经营活动，主要包括节能环保工程设备制造、节能环保服务、资源综合利用、清洁能源与洁净技术产品开发等。当今，绿色发展成为国际潮流，节能环保产业作为“环境破坏—环境治理—产业升级”演进链条中的枢纽与结晶，能够实现经济利益与环境利益的协调，是绿色经济的核心，是可持续发展的关键。

促进节能环保产业蓬勃发展具体需要：①引进整合培育环保大企业，推动环保大企业在技术研发、产品制造、服务推广、企业经营等方面全方位与国际接轨，加快核心技术突破，促进大气污染防治技术推广与应用。②促进合同能源管理、第三方治理、社会化监测等政企合作，全面推动环保服务专业化、国际化。③为环保产业创造良好的营商环境。通过政府与私人合作模式（Public-Private-Parternership），引导社会资本对环保产业的资金支持；通过转变补贴流向，从支持环保项目建设到支持环保项目建设与运营并重转变，提高财政补贴的使用效率。

第二节　加速新旧动能转换

经济新旧动能转换是指经济从要素驱动向技术创新驱动转变。改革开放以来，我国依靠土地、资源、劳动力、资本等要素的粗放型投入取得了经济的高速增长，也形成了严重的大气污染。在我国由高速增长转向高质量发展的当前阶段，需要加速新旧动能转换，依靠技术创新，适应经济发展需求、实现大气污染防治目标。历史上，每一轮科技革命都引致了世界经济格局重构，在全球新一轮科技突破和产业变革交融期，技术创新不仅是促进工业高质量发展的动力，而且是解决大气污染问题的钥匙。

加速经济新旧动能转换，能够提高用能效率、促进能源结构清洁化、推动清洁生产与污染治理的关键技术发展，进而降低能源消耗强度、降低煤炭消费占比、提升大气污染防治技术水平。能源消耗强度的降低、煤炭消费占比的减少、大气污染防治技术的提升有利于大气污染减排。然而，我国大气污染防治措施尚未通过调整用能结构有效降低大气污染，通过提升技术水平减少大气污染的效果尚不明显。借鉴先行工业化国家通过研发与应用节能环保与新能源技术，加强传统技术创新，降低能源消费强度、改变用能结构，显著减少大气污染的成功经验，我国应当加速经济新旧动能转换，提升节能环保技术水平，推动新能源技术研发应用，促进高新技术发展。

一　提升节能环保水平

提升节能环保技术，能够提高能源效率、改善能源结构、降低大气污染排放。考虑到我国“富煤贫油少气”的能源特征以及技术进步的渐进性和地域的复杂性，具有可靠性、经济性、可清洁性的煤炭将是我国未来较长时期的主体能源，新能源汽车和燃油汽车也将在一段时间内并存，因此，我国不仅需要积极推进新能源的开发与使用，而且需要继续提升传统能源效能，以适应我国工业化阶段需要，应对我国较长时间不能无煤化、无燃油汽车的现实情况。

第一，推进新能源开发与应用。新能源是指区别于传统化石能源的太阳能、潮汐能、风能、地热能等较晚用于生产生活的能源。新能源汽车是指采用新能源作为动力的汽车，包括燃料电池汽车、氢发动汽车、纯电动汽车、与传统能源结合的混合动力汽车以及其他新能源汽车等。新能源的开发与应用是传统能源供应的补充，是保证能源安全的必然选择，是经济环境可持续发展的必要需求。新能源的开发与应用不仅是降低大气污染、改善空气质量的重要措施，而且也创造了未来实现“弯道超车”的可能。具体需要：①积极推进风电、光伏发电等可再生能源项目，增强电力系统调节能力、提升输电通道的运输能力；完善配套政策，合理定价可再生能源，提供可再生能源优先发电等优惠措施；建立健全可再生能源电力消纳机制，推动跨省域可再生能源电力的市场化交易。②快速推进新能源汽车研发。提高动力电池系统能量密度、整车能耗、安全系数等能源汽车技术门槛要求，防止造成“柠檬市场”；制定兼顾研发、生产、市场的产业规划和技术政策，以促进新能源汽车技术的实用性、经济性；建立新能源汽车补贴退坡机制，逐渐以竞争性替代财补性激励，创造良好的新能源汽车营商环境；进一步开放国际市场，以充分且优质的竞争促进本国新能源汽车技术水平提升；倡导多元化投资，通过批准特许经营、补贴资本需求较高的充电设施等优惠，以国家投资撬动资本市场，使更多的社会资本流入新能源汽车研发、推广领域。③推进尖端能源技术合作研发。实现可控热核聚变是最终解决人类能源危机的途径。虽然热核聚变早以氢弹的形式实现了，但是，要使可控核聚变应用于日常生产，需要攻克聚变反应速率、承载材料等技术难题，困难很多、耗资巨大。为了人类共同体的永续长存，我国应积极参与国际合作与世界科学研究人员一同攀登技术高峰。

第二，提高传统能源清洁效能。传统能源是指已经大规模生产和广泛利用的能源。我国固定源所用的传统能源是煤炭，移动源所用的传统能源是汽油。提高传统能源的燃烧效率、提高传统能源的清洁水平，是适合我国工业化发展阶段、适应我国区域差异的技术需求。具体需要：①推进煤炭的高效、清洁、集约利用，提升碳捕获、利用和存储（CCUS）能力，在保障国家能源安全稳定供应的同时降低大气污染排放。②全面实施超低排放和节能改造。以西部为重点继续推行清洁煤电供应系统改造策略，持续提高煤电机组能效水平，降低大气污染物排放；向有条件的新建、现役燃煤机组，推行更为严格的煤电能效环保标准；逐步提高电煤占煤炭消费总量的比重，提高煤炭集约程度。同时完善电价、发电量等激励政策，促进超低排放、节能改造技术提升。将煤电行业实施超低排放改造的路径和经验，用于改善农业生产用煤、商业及公共机构用煤、工业小窑炉的用煤、工业锅炉和原料用煤超低排放和节能改造，提高这些行业超低排放、节能技术的研发应用。③提高燃油经济性和清洁水平，提高发动机综合性能、制动能量回收、提升燃油质量、净化汽车尾气等方面提升技术水平。制定燃油经济性标准，强调燃油汽车环保升级的重要性，探索税收优惠政策，促进发动机综合性能、制动能量回收、提升燃油质量、净化汽车尾气等技术水平提升。

二　推动高新技术发展

推动高新技术发展，能够促进产业结构提升，提高单位投入的经济产出，是实现经济高质量发展的同时降低大气污染的有效措施。加大先进技术的研发与成果转化，扩大科技领域对外开放，是促进我国生产技术从“跟跑”向“并跑”再向“领跑”转换，不断提升产品附加值、促进产业结构升级、降低工业废气排放的必要手段。

第一，加大先进技术的研发与成果转化。随着我国经济的高速腾飞与改革的不断深入，5G、人工智能等尖端科技也实现了飞跃式发展，彰显着我国技术水平的不断攀升。5G技术、智能制造都是提升产品附加值进而提高生产效率的技术，不仅能够促进工业化的高质量发展，而且也能改造大气污染防治监测手段。即通过物联网、远程监控、传感网络采集大数据，通过人工智能或人机交互的自动管理设备实现大气污染排放和空气质量的实时、有效监测，使大气污染的前期监测、数据分析、终端治理走向一体化，减少人工成本，精准便捷地实施大气污染防治。具体需要做好以下两方面工作。①以5G及更高的信息通信技术支撑产业价值链提升。进一步加强信息网络铺设的广度与深度，提高网络服务能力；增强国际竞争力，拓展产品与服务的国际市场；加快信息服务业发展速度，提升经济效益，并与政府合作，为大气污染监测提供数据感知、洞察、分析等技术服务，以5G网络降低大气污染固定源、移动源监测成本。②以人工智能技术，提高生产效率，提升产品质量，拓展服务类型，降低单位排放。推动人工智能在民生服务、环境管理等人文社会发展与生态文明建设领域的应用，挖掘智能技术市场、提升环境管理水平；建立适应未来技术发展的技能培训体系，减少人工智能推广造成的部分职业替代恐慌；进一步加强国际合作，推动共性智能技术发展；应对国际市场多样化需求，开发个性化技术产品与服务。

第二，扩大科技领域对外开放。改革开放40多年来，我国通过吸引外商投资带动经济增长，通过资本外溢提升市场资源配置效率，累积研发投资和人力资本，促进技术进步，提升国家经济效益。相比于经济领域的合作交流，科技领域相对薄弱，不利于技术水平的自主能力提升。为提升技术水平，我国应“坚持开放合作创新，扩大科技领域对外开放，充分利用国际创新资源，开辟多元化合作渠道”，选择尖端、节能、新能源开发应用等大气污染防治领域，放宽市场准入、主动扩大进口，以市场为核心，促进大行业企业、科研机构的对外科技合作。具体需要：①深化外商投资管理体制改革。继续严格控制大气污染、高碳排放领域的外商投资，禁止不利于大气污染防治的工艺、设备、项目再开发、再生产、再投建；进一步研究各地产业结构及技术需求，选择适应地区工业发展阶段特征的领域，加大外商投资力度；引导外商投资进入国际共研项目，尤其鼓励国外资金进入由我国发起、组织的科技产品合作计划；给予外商在新能源研发、清洁生产技术、废气回收利用等领域投资优惠；推动外商投资从“引进来”向合作开发再向“走出去”转变，开展合资合作，促进对外并购。②继续加大前沿、清洁技术引进，促进高技术产品走向世界，整体提升我国技术水平。通过委托开发、专利授权、众包众创等方式引进先进技术和高端人才，加强基础工业的经济效益和清洁能力；推动高速公路、高速铁路等基础设施走向世界，利用逆向创新提升本国技术水平；整体推动企业研发、集合创新、自主创新能力提升，推动经济增长模式更加集约、可持续，实现工业化的“低耗能、低排放”和我国大气污染防治目标。

第三节　强化“内生性”激励政策

强化“内生性”激励政策，即加大财政支持力度、完善金融支持体系、强化企业环境责任、增强公众环境意识，能够激励企业、公民主动减排，是成本有效性高的大气污染防治办法。第五章结论显示，"内生性"大气污染防治政策虽然比"外源性"政策更具促进大气污染防治技术水平提升的功能，但是当前建设相对薄弱，政策工具占比较低，财政支持、税收优惠、绿色金融、公众参与等市场型、引导型政策工具仍有待完善。第六章结论显示，先行工业化国家十分重视"内生性"大气污染防治政策工具的开发与应用，通过财税政策减轻企业负担，应用绿色信贷支持企业发展，采用环境责任体系创造清洁氛围，依靠公众环境参与提升大气污染防治质量。因此，我国应当加快建设"内生性"激励政策，通过激发经济效益与社会需求，促进企业、公民主动减排。

一 加大财政支持力度

财政是为了实现国家职能，凭借国家公共权力，强制、无偿地征收一部分社会产品，对国民收入进行再分配的制度安排，包括财政支出与财政收入。财政支出主要包括投资、补贴、绿色采购等，具有引导行业、领域发展的作用。政府通过财政支出的重点配置，引导资本、劳动力、资源等要素向重点行业与关键领域流动，提升生产率与竞争力，使行业或领域形成比较优势，从而推动产业布局与经济结构调整。财政收入主要包括收费和收税。相比于费用收缴，税收的法律效力更加严谨规范，是政府以保护环境为目标，促进企业、个人承担污染外部成本而征收的税种，具有筹集污染治理资金，减少企业与个人排污行为的作用。

我国虽然搭建了包括财政政策、税收政策、价格政策、绿色金融等在内的环境经济政策框架，但是存在财政引导市场能力不足，补贴、税率设置有待完善，缺乏落后产能提升改造、企业并购重组的支持办法等问题，使得被压缩、被淘汰的企业与产能，仅承担了经济损失，却无法通过技术提升、产业升级等途径获得利润补偿。借鉴先行工业化国家通过财政补贴、税收减免推动新能源与节能环保产业发展，激励企业减排增效的成功经验，我国需要继续加大资金引导、落实税收减免，以经济效益为驱动，促进企业清洁生产、生产绿色产品。

第一，加大财政引导具体需要做好以下工作。①完善资金筹资，保障大气污染防治的科技创新、监管能力建设的经费投入。按照项目的大小、性质不同进行分类，设置合理的筹集比例，通过地方政府市政公债、建立大气污染防治技术研发基金等政府财政“种子资金”，应用排污权抵押融资模式、大气环境领域资产证券化等方式促进企业投资，以补贴、发放低息贷款等方式向社会提供利好优惠支持，促进社会资金投入；加强对重点行业的清洁生产示范工程予以引导性或鼓励性的资金支持与倾斜。②优化补贴设置，推动产业结构升级，促进新能源研发与使用，加强公共交通与绿化建设。增加有利于产业结构升级的项目设置及补贴机制；完善环保产业产品目录，对于研发、生产、使用目录产品的企业给予补助，并对使用目录产品的企业制定后评估办法，以免骗补行为发生；制定分区域、阶段式新能源汽车补贴方法，促进高质量新能源汽车的研发与使用；增加公共交通系统优化、园林绿化建设的财政支持。

第二，落实税收减免具体需要做好以下工作。①丰富税收优惠办法，减少企业经济负担。为因去产能、调结构而停产、停业的企业减免房产税、土地使用税等税收；探索引导产能转入现代服务业、高端制造业、绿色环保领域的扶持性增值税优惠，探索税收抵扣、加速折旧办法，减轻企业转型升级的税收负担。②调整税率，促进清洁产品生产。对高耗能、高污染、高排放的产品或使用落后工艺的产品，实施提高税率的惩罚措施；对有利于减少大气污染的产品或使用清洁工艺的产品，实施免税或减税的优惠措施。落实对公共交通车船、节能新能源企业的税收减免优惠。

二 完善金融支持体系

以大气污染防治为目标的金融支持政策包含于绿色金融政策中，是指以环境保护和可持续发展为目标，将环境标准作为金融活动的重要原则之一，通过绿色金融实现环境保护和可持续发展。金融机构通过评价企业、项目的环境风险、资源损耗、绿色管理等条件，开发信贷、证券、保险、基金等一系列金融产品，直接借贷给企业或投入绿色产品市场，为节能环保、新能源等有利于大气污染防治的领域提供资金保障。

我国绿色金融体系仍在探索之中，业务基础较为薄弱、产品模式较为单一。借鉴以美国为代表的先行工业化国家，通过完整的绿色金融体系、多样的绿色金融产品促进企业绿色化转型、推动节能环保产业发展的成功经验，我国应尽快完善绿色金融体系，促进企业主动节能减排。

完善金融支持体系，具体需要做好以下工作。①深化金融改革。健全多层次资本市场，引导风险投资、私募股权投资支持高附加高技术产业、现代服务业等；鼓励符合条件的行业贷款和租赁资产开展证券化试点，通过融资租赁方式促进产业转型升级；探索开发适合推动现代服务业、高端制造业、环保产业发展，促进信息化、人工智能、清洁生产、污染治理技术水平提升的信贷、保险产品和服务。②优化绿色信贷。完善大气污染防治信息公开，建立政府与银行环保信息的传导机制，实现更准确、及时、全面的信息沟通；积极探索绿色信贷模式，根据制造商、供应商、应用者等不同环节企业的差异，研发个性化信贷产品；建立专业、系统的信贷团队，完善第三方评估，确保目标企业大气污染防治评价更为科学、准确。③促进信贷以外的其他绿色金融产品创新。推广绿色供应链金融产品应用；加大绿色金融租赁业务的发展；加快推出绿色债券产品，扩宽绿色产业低成本资金的来源渠道；尝试发展绿色基金、保险、信托等多种形式参与绿色项目投融资。

三　强化企业环境责任

企业环境责任体系包含于企业社会责任体系中，是指企业在追求经济利益的同时，要尽可能降低其生活经营活动对大气环境的影响，承担保护大气的责任，做出大气污染防治的贡献。企业环境责任体系构建实质上是通过激发企业的社会需求从而促进企业减排的防治办法。对于企业来说，企业核心竞争力正在由资本、技术等硬实力向社会形象、公众认可等软实力转变，越来越多的企业注重环保形象，以满足大众对企业履行环境责任的期待。

我国企业的环境责任体系建设尚未完全，“领跑者”政策的行业范围不足、激励措施不具体，没有形成知名企业带动、中小企业追赶的清洁生产氛围，绿色领跑企业不能得到足够的激励，中小企业因缺乏使用清洁能源、加强清洁生产技术、提升污染防治水平的动力而无法摆脱“低价盈利”的困境。借鉴先行工业化国家十分注重企业环境责任塑造，依靠大企业带动、小企业追随，创造绿色价值、拓展国际市场的成功经验，我国应当强化企业环境责任，依托市场认可，促进企业主动减排。

强化企业环境责任，具体需要做好以下工作。①优化大气污染防治政策的宣传内容，在使企业明确其自身义务和责任的同时，强调履行企业环境责任在塑造绿色形象、提升产品附加值、增强国际竞争力等方面的积极效应，使企业主动践行环境责任，增加环境友好行为，支持环境保护活动。②依托行业协会，建立企业环境责任评价机制，使协会成员相互监督、相互学习，激励企业增强自身环境责任。③引导公众认知企业环境责任。在公众认知、监督企业生产经营活动过程中，往往会激发自身对环境友好型产品的购买倾向，从而激活绿色市场的消费需求，进而促使企业更加注重履行环境责任。④保护知识产权、激发企业家精神，发挥大企业的“头羊”效应，激发行业增加产品的绿色附加值。完善产权保护制度，保障企业的创新收益；营造企业争当领跑者的市场环境，厘清政商关系，减少政府对微观经济干预，促进企业家参与行业政策制定；培养专注品质、追求创新的市场氛围；加强中国品牌塑造的国际视野。⑤优化环保领跑者政策。“领跑者”是指同类可比范围内环境保护和治理环境污染取得最高成绩和效果的企业、产品。为建立企业环境责任体系并推动其有效运行，需要扩大环保“领跑者”制度的行业覆盖范围，分行业、分领域、分产品优化遴选指标体系，具体化“领跑者”的激励措施，加强“领跑者”制度及标识的宣传，积极与软件应用商合作，开发引导消费者绿色消费的附加功能。

四　增强公众环境意识

公民主动减排是公民环境意识指导下的环境友好行为。因而，增强公众环境意识对促进其建立内生减排动力具有决定意义。人们的环保意识是通过对环境的焦虑感、危机感、责任感与道德感等情感体验，逐步形成的对环境保护的认知与行为倾向。要促进个人主动改变其自身行为，政府需要通过媒体宣传、环保参与等方式引导其情感体验，提供个人参与环保决策、意见抒发、实际体验等渠道，使个人逐步形成环保意识，主动了解、认知环境污染与保护，主动调整自身行为，参与包括大气环境保护在内的环保活动，使自身行为更符合可持续需求，更有利于环境保护。

虽然我国媒体的宣传报道对降低机动车污染排放具有显著作用，但是公众投诉尚未通过调节工业化要素有效减少工业废气排放。借鉴先行工业化国家通过名人效应、民间环保组织提升公众环境意识，通过经济激励和名誉奖励提升公众环保行为的成功经验，我国需要继续加强环境宣传教育，健全公众参与渠道，发挥环保组织带动效应，促进个人逐步建立环保意识，做出更多有利于保护大气环境的行为。

第一，加强环境宣传教育具体需要做好以下工作。①进一步加强广播、电视、移动互联网等传播媒介对大气污染防治的信息传播，提升公众环境意识，促进公众行为转变。增强大气污染的媒体曝光度，促进大气污染遗漏问题从事件转化为议题，进而成为政策关注点；探索媒体与教育机构、环保组织的合作机制，丰富大气环境保护的宣传模式，共同提升公民环境素养。②多样化传播手段。根据信息受众，利用话题、视频、环保宣传片、公益广告等形式开展宣传活动。使用简单、移动的平民化语言，以信息传递为主，贴近群众需求，将环保知识渗透到活动中，提高公众环境素养。③为避免新媒体信息浅表化、碎片化造成的内容失真、失实，需要制定网络舆情应急预案，增强舆情快速反应能力，强化舆情的权威报道，疏堵结合，防范不良舆情传播。④在幼儿园、小学、中学、大学等教育体系的各个阶段实施绿色教育；强化绿色环保主题教育，增强教育的趣味性、互动性，促进全民环境意识提升，增加大气环境保护行为。

第二，健全公众参与渠道，发挥环保组织带动效应，具体需要做好以下工作。①加强信息公开。获取空气质量、企业污染排放的监测信息，是促进公众参与大气污染防治的基础与前提。为更好地促进公众自我调节、公众与企业协商、公众参与政府决策，应当将信息公开范围从空气质量扩展到企业污染排放、政府监督管理等方面；注重信息公开的时效性，可依托5G、人工智能等技术建立信息查询系统，及时、高效、精确地公布信息；注重信息传递的简明化，使公众可根据参与需求，准确查询空气质量、企业排放、政府监管等情况。②健全法制体系。环境权是指公民享有的生活和工作在优良环境中的权利，是公民进行大气环境保护的根源和保障，大气环境权益作为一种延伸的环境权，需要在我国法律体系中体现。除此之外，还需要细化公众参与方式，如完善公众举报的信息安全和处理反馈机制，严格维护公众举报的信息安全，及时公布处理结果。③支持环保NGO发展。通过财政补贴、税收优惠等方式加大环保NGO与企业、个人的合作，例如，对企业与环保NGO共同合作的大气污染防治产品与活动给予财政支持，对给NGO捐赠的个人实施减税优惠等；以社会实践等方式加强环保NGO与义务教育、高等教育合作，提升公民环境素质，拓展环保NGO影响力。

第四节　适度实施“外源性”政策

适度实施“外源性”政策，即合理提升标准、规范关停并转，能够在经济短期“阵痛”、长期补偿过程中实现大气污染的防治目标。第五章结论显示，近年来，我国应用“外源性”政策重拳整治大气污染，取得了良好效果，其中，环境标准能够直接促进工业废气减排并通过降低基础工业占比、能源消费强度减少工业废气排放；行政处罚能够通过降低煤炭消费占比减少工业废气排放。第六章结论显示，先行工业化国家通过制定严格的环境标准、坚持规范的执法督察，推进大气污染防治工作，取得良好的减排效果。因此，我国应当合理提升标准、规范关停并转，将经济发展与大气环境保护视为有机整体，加强“外源性”政策的精准程度，做能干的事、该干的事，约束企业大气污染行为。

一　合理提升标准

大气污染防治的相关标准均属于环境标准，是为了防治大气污染，保护人们的呼吸健康，对大气污染防治提出的统一排放限值、技术要求、准入条件等。环境标准作为一种行为规则和尺度，是制订环境计划、行使管理职能、进行环境执法的重要依据。

我国环境标准普遍低于先行工业化国家的当前标准，标准的制定与修改也往往缺乏科学的论证体系。借鉴先行工业化国家依靠涵盖面广、程序严谨、逐步严格的环境标准坚守大气污染治理底线的成功经验，结合我国尚未完成工业化、各地工业化阶段存在差异的现实情况，我国应当合理提升大气污染防治标准，并探索跨区域协调机制，以防治具有高扩散性与流动性的大气污染。

合理提升大气污染防治标准，具体需要做好以下工作。①完善现有标准。根据产业政策、产业布局规划以及大气污染防治要求，制定“散乱污”企业及集群整治标准。鼓励大气污染“热点”区域联合设置更严的、统一的排放与准入标准；修订《产业结构调整指导目录》和许可证管理与审计等方式，提高重点区域过剩产能淘汰标准，限制对节约能源和大气环境产生负面影响的产品；进一步提高“高能耗、高排放、高污染”行业的准入条件，防止新增不利于大气环境的落后产能。建立完善追溯和后评估机制，确保新建、改建、扩建项目符合要求。②建立科学的标准提升机制。充分论证环境管理设备、末端治理设备等实现目标标准的技术要求与经济投入，预计并设置标准更新间隔，避免短期高幅提升标准造成的重复投入与技术困难。③注重总量控制与区域协调。明确二氧化硫、氮氧化物、烟粉尘、挥发有机物总量控制限值，扩大总量控制制度的污染物覆盖范围。逐步降低大气污染物排放总量设置，可依据各区域工业发展阶段，制定差异化的总量降低机制，工业发展较晚的地区，总量年降率可以小于工业发展较快的地区，但是一定要确保总量减少的原则；探索跨区域总量控制办法，在大气污染“热点”区域，设立区域监管部门，构建统一的体制机制，根据区域的地理、经济特征制订总量分配方案。

二 规范关停并转

关停并转属于行政处罚，是指行政主体依照法定职权和程序对违反行政法规，尚未构成犯罪的相对人给予行政制裁的具体行政行为。关停并转等行政规制能够在规定时间内要求实施对象服从要求，管制直接性强、处理事件应急性强，是大气污染防治前期必要且有效的手段。

近年来，我国通过关停、限产、加大检查监察力度等“外源性”政策，淘汰落后产能、关闭小火电、限制车辆通行，降低了基础工业占比、能源消费强度、煤炭消费占比、减少了单位时间汽车出行数量，从而促进工业废气和机动车尾气减排。然而，我国在使用“外源性”政策防治大气污染过程中，部分人群存有环境保护与经济增长非此即彼、不可兼得的观念，部分地区存在为了环保达标而出现的“一刀切”懒政现象。借鉴先行工业化国家的大气污染防治经验，结合经济发展形势与大气污染防治要求，我国应放弃污染防治与经济发展不可兼得的落后观念，贯彻环保督察、规范环保执法，确保产业结构、技术水平的真实改进，形成经济发展促进环保提升，环保提升促进经济发展的良性循环。

规范关停并转，具体需要做好以下工作。①加强科学施策、精准调控，基于污染排放绩效水平实行差别化管理，严禁采取“一刀切”。严格执行质量、环保、能耗、安全等法规标准。制定明确的时间表，联合公、检、法机关，实行拉网式排查。持续严打环境犯罪，有序促进企业关闭退出、搬迁改造、就地改造、转型发展。进一步推进重点污染源等监测监控点位布设、预报预警能力和监测质量控制体系建设，不断完善固定源、道路非道路交通的监测网络。②继续开展大气污染防治督察，充分发挥刑事、民事、行政、公益诉讼检察职能作用，建立“散乱污”企业动态管理机制，建立完善的督察长效工作机制，防范企业麻木、地方政府怠于履责、行政主管部门配合不到位等问题；建立环保督察信息联网，完善追查机制，防止取缔或关停产能异地转移、更名再建等；加强地方监管队伍建设，对接中央环保督察“回头看”行动，严肃处理问题项目与“散乱污”企业；③加强政府问责。完善领导、执法者、行政工作人员的考评机制，将关停取缔、整合搬迁、升级改造、死灰复燃的企业数量等反映大气污染防治进展的指标纳入考评体系；严格追究大气污染防治中简单粗暴、敷衍应对的懒政作为，遏制表面整改、假装整改、敷衍整改的大气污染防治方式，杜绝假借环保名义开展的违法违规活动，规范化外源性政策，增强企业行为约束力，实现大气污染防治目标。

第八章

结论与展望

◇ 第一节 研究结论

打赢蓝天保卫战，是党的十九大作出的重大决策。2018年7月3日，国务院颁布《打赢蓝天保卫战三年行动计划》，对继续推进大气污染防治工作给予了全面部署。分析我国大气污染的防治效果，探索工业化、大气污染、大气污染防治政策三者之间的相关性，阐述大气污染防治效果的影响机理与提升对策，对于打赢蓝天保卫战，实现“天空常蓝、空气常新”的大气污染防治终极目标，具有理论探索与决策支持的重要意义。

本书依据外部性、公共规制等公共经济学基础理论，参考压力—状态—响应（PSR）模型，构建了工业化、大气污染、大气污染防治政策的关联模型（PiSR）。本书第三章，应用全国及各省2014—2018年的空气质量数据、1999—2015年的大气污染物排放数据，分析了我国大气污染的防治效果。第四章，应用时间序列、空间计量、中介效应分析方法，对全国1983—2015年经济、社会、环境发展总量数据与1999—2015年各省面板数据进行处理，分析工业化对大气污染的影响机理：探索工业化进程与大气污染的相关性，研究产业结构、能源消费、技术进步等工业化要素对大气污染的影响程度。第五章，应用内容分析法、中介效应分析法，对全国 1949—2018 年大气污染防治政策和各省 1999—2015 年相关面板数据进行处理，分析大气污染防治政策的演进进程、大气污染防治政策对大气污染防治效果的作用机理，其中后者包括大气污染防治政策对大气污染防治效果的直接作用和通过工业化要素对大气污染防治效果的间接作用。第六章，根据本书的分析结论，从促进工业化发展与优化大气污染防治政策的思路梳理了先行工业化国家的大气污染防治经验。第七章，基于大气污染防治效果、工业化对大气污染的影响机理、大气污染防治政策对大气污染防治效果的作用机理，借鉴先行工业化国家大气污染的防治经验，提出大气污染防治效果的提升对策。

通过上述研究工作得出以下结论。

第一，我国空气质量逐步好转，工业废气排放总量依旧上升，机动车尾气排放略有减少。我国大气污染具有高值集聚特征，北京、天津、河北、辽宁、山西、江苏、山东、河南是大气污染的“热点”区域。

第二，我国工业化进程与大气污染呈倒 N 形（И）关系，从 20 世纪 50 年代到 80 年代，我国工业化从以重工业为主向以轻纺工业为主的工业发展阶段演进，大气污染逐步下降；从 20 世纪 90 年代的基础工业建设阶段开始，到高附加高技术工业的当前阶段，大气污染日益严重；从现在开始到 2035 年，我国制造业将整体达到世界制造强国阵营中等水平，工业废气排放缓慢上升，空气质量逐步好转。2035 年左右，工业废气排放进入下降转折点，大气污染全面减少。

第三，第二产业占比、民用汽车拥有量、煤炭消费占比、基础工业占比、大气污染防治技术是我国大气污染防治最关键的工业化要素；提高对外贸易的数量和质量，具有抑制基础工业占比和能源消费强度的功能，有助于大气污染减排。工业化要素对大气污染具有长远影响，是制定大气污染防治长效机制的关键；工业化要素对大气污染的影响具有空间效应，各省联合调整工业化要素更有利于降低大气污染。

第四，重工业优先发展时期，大气污染防治仅有少量工业废气治理措施；轻纺工业迅速发展时期，大气污染防治进入法治阶段，以事后治理干预为主；基础工业快速增长时期，具有“内生性”特征的市场型、引导型政策逐步出现，但仍以具有“外源性”的命令型政策为主；高附加高技术工业推向前台时期，大气污染防治更加重视对工业化要素的调节，事前事后、“内生性”“外源性”政策共同发展，建立了以防为主、防治结合、全民参与的政策体系。

第五，我国大气污染防治政策工具逐步完善，大气污染防治政策通过调节工业化要素显著降低了工业废气排放；机动车限行政策对降低机动车尾气排放具有显著作用。近年来，以整改、关停、取缔等行政规制为手段的“外源性”大气污染防治政策使用频率最高；其中，在降低基础工业占比、减少能源消费强度等方面，“外源性”大气污染防治政策的减排效果显著；但是“外源性”大气污染防治政策的整体作用具有不确定、不稳定、易反弹特点。相对于“外源性”大气污染防治政策，以激励工业企业主动投资工业废气治理等“内生性”大气污染防治政策，具有更好地提升大气污染防治技术水平的功能，但是我国“内生性”大气污染防治政策相对薄弱。

第六，我国已经进入高附加高技术工业阶段；党的十九大报告关于“到2035年基本实现社会主义现代化”的论断，预示着我国将要跨入后工业化时代。基于大气污染防治效果影响机理的分析，借鉴先行工业化国家大气污染防治的经验。①积极推进要素驱动向创新驱动转化，坚定实施中国制造2025行动纲领，积极推进工业化发展进程，是提升大气污染防治效果的根本途径。②以激发企业、公众自发性与创造活力的“内生性”大气污染防治政策为主，以整改、关停、取缔等行政规制为手段的“外源性”大气污染防治政策为辅，是大气污染防治政策的基本结构与特征。

第二节 创新之处

参考先行工业化国家的相关实证分析与理论研究结论，将压力—状态—响应（PSR）模型的研究对象从整个地球环境问题聚焦到大气污染问题。压力变量从经济增长、社会演进聚焦到工业化发展，干预举措从应对环境变化聚焦到应对大气变化，构建了工业化、大气污染、大气污染防治政策的关联模型（PiSR），提出不同工业化阶段大气污染、大气污染防治政策的变化趋势与特征的学术假说。即在轻纺工业发展阶段，大气污染程度逐步提高，大气污染防治政策主要为事后治理干预；在基础工业建设阶段，大气污染程度攀升到极顶，大气污染防治政策以事后治理干预为主，事前预防政策开始应用；在高附加高技术工业阶段大气污染程度逐步下降，大气污染防治政策为事前、事后综合治理干预；进入后工业化时代，大气污染明显减缓，大气污染防治政策呈现精准施策特征。在本书第二章给予了表述。

应用PiSR模型，表述、分析、检验了我国工业化对大气污染的影响机理。发现：①我国工业化进程与大气污染呈倒N形（И）关系。即20世纪50—80年代，我国工业化从以重工业为主向以轻纺工业为主的工业发展阶段演进，大气污染逐步减轻；从20世纪90年代的基础工业建设阶段开始，到高附加高技术工业的当前阶段，大气污染日益严重；从现在开始到2035年，工业废气排放缓慢上升，空气质量开始好转。2035年左右，工业废气排放进入下降转折点，大气污染全面减少。②第二产业占比、民用汽车拥有量、煤炭消费占比、基础工业占比、大气污染防治技术是我国大气污染防治最关键的工业化要素；提高对外贸易的数量和质量，具有抑制基础工业占比和能源消费强度的功能，有助于大气污染减排。论文第四章给予了表述与检验。

应用PiSR模型，表述、分析、检验了我国大气污染防治政策对大气污染防治效果的作用机理。①大气污染防治政策通过调节工业化要素对降低工业废气排放具有显著作用；机动车限行政策对降低机动车尾气排放具有显著作用。②近年来，以整改、关停、取缔等行政规制为手段的"外源性"大气污染防治政策使用频率最高；在降低基础工业占比、减少能源消费强度等方面，"外源性"大气污染防治政策的减排效果显著；但是"外源性"大气污染防治政策的整体作用具有不确定、不稳定、易反弹的特点。③相对于"外源性"大气污染防治政策，以激励工业企业主动投资工业废气治理等"内生性"大气污染防治政策，具有更好地提升大气污染防治技术水平的功能。论文第五章给予了表述与检验。

提出了适应现阶段工业化特征的大气污染防治效果提升对策。我国已经进入高附加高技术工业阶段；党的十九大报告关于到2035年基本实现社会主义现代化的论断，预示着我国不久将要跨入后工业化时代。基于大气污染防治效果影响机理的分析，借鉴先行工业化国家大气污染防治的经验，①积极推进要素驱动向创新驱动转化，坚定实施《中国制造2025》行动纲领，积极推进工业化发展进程，是提升大气污染防治效果的根本途径。②以激发企业、公众自发性与创造活力的“内生性”大气污染防治政策为主，以整改、关停、取缔等行政规制为手段的“外源性”大气污染防治政策为辅，是大气污染防治政策的基本结构与特征。本书第七章给予了表述。

第三节　研究展望

蓝天保卫战是一场攻坚战也是一场持久战。厘清工业化、大气污染、大气污染防治政策的关系，分析大气污染防治效果的影响机理，是制定有条不紊、高效推进大气污染防治效果提升对策的先决条件。自2013年我国重拳整治大气污染以来，一系列防治政策推动防治工作快速开展，取得了阶段性成果。当前我国正处于技术密集、知识密集的高附加高技术工业时期，人们对更好的空气质量向往与经济发展不充分、不平衡的矛盾成为打赢这场战役的屏障。为打赢蓝天保卫战，实现“天空常蓝、空气常新”的终极目标，应当持续探索平衡“蓝天白云”与“金山银山”的可持续发展道路。

本书构建的工业化、大气污染、大气污染防治政策的关联模型中，部分指标有待在数据可获得的基础上扩展与优化。其中，表示大气污染防治市场型政策工具的科技投入选择了R&D内部支出作为测度指标，并未聚焦于环境技术；机动车尾气排放的影响机理分析，没有选用合适的市场型政策工具指标，命令型与引导型政策工具选取的样本为30个省域2011—2015年的数据，没有与调整固定源排放的政策工具、工业化要素放在同一模型中分析比较。未来在数据可获得的基础上，可丰富研究内容、扩大数据样本，对大气污染防治政策影响机理进行全面分析与多方位比较。另外，在蓝天保卫战继续推进过程中，将不断出现新的大气污染防治实践，如从 2018 年 1 月 1 日起，我国以环境保护税代替排污费，并将税收收入并入地方财政。这一政策的发展可能会影响环保投入与惩罚措施，可能产生新的契机或新的问题，有待随着大气污染防治进程的不断推进，把握新的发展机遇，剖析并解决新的矛盾与问题。

附　录

附表1　　　　　重工业优先发展时期的大气污染防治政策

序号	时间	政策名称
1—1	1953	工厂安全卫生暂行条例
1—2	1956. 1	防止沥青中毒的办法
1—3	1956. 5	工厂安全卫生规程
1—4	1956. 5	关于防治厂矿企业中矽尘危害的决定
1—5	1956. 7	工业企业设计暂行卫生标准
1—6	1973. 4	关于进一步开展烟囱除尘工作的意见
1—7	1973. 8	关于保护和改善环境的若干规定（试行）
1—8	1973. 11	工业“三废”排放试行标准（GBJ4－73）
1—9	1974. 5	环境保护机构及有关部门的环境保护责任范围和工作要点
1—10	1974. 9	关于全国消烟除尘经验交流会的情况报告
1—11	1976. 5	关于编制环境保护长远规划的通知
1—12	1977	关于治理工业“三废”开展综合利用的几项规定
1—13	1978	关于确定第一批限期治理工矿企业项目的通知

附表2 轻纺工业迅速发展时期的大气污染防治政策

序号	时间	政策名称	序号	时间	政策名称
2—1	1978.3	中华人民共和国宪法	2—2	1978.7	中共中央关于加快工业发展若干问题的决定
2—3	1979.9	中华人民共和国环境保护法（试行）	2—4	1981.2	关于在国民经济调整时期加强环境保护工作的决定
2—5	1982.2	征收排污费暂行办法	2—6	1982.4	大气环境质量标准
2—7	1983.11	中华人民共和国环境保护标准管理办法	2—8	1984	锅炉烟尘排放标准、汽油车怠速污染物排放标准、柴油车自由加速烟度排放标准、硫酸工业污染物排放标准等
2—9	1984.9	关于加强乡镇、街道企业环境管理的规定	2—10	1984.10	关于防治煤烟型污染技术政策的规定
2—11	1987.7	城市烟尘控制区管理办法	2—12	1987.7	关于发展民用型煤的暂行办法
2—13	1987.9	中华人民共和国大气污染防治法	2—14	1989.12	中华人民共和国环境保护法
2—15	1989	汽油车曲轴箱排放控制标准 轻型车底盘测功机测量运行工况下的质量排放标准等	2—16	1990.8	汽车排气污染监督管理办法
2—17	1991.5	大气污染防治法实施细则	2—18	1992.9	征收工业燃煤二氧化硫排污费试点方案
2—19	1995.8	中华人民共和国大气污染防治法			

附表3　　基础工业快速成长时期的大气污染防治政策

序号	时间	政策名称	序号	时间	政策名称
3—1	1996.4	关于二氧化硫排污收费扩大试点工作有关问题的批复	3—2	1996.4	大气污染物综合排放标准
3—3	1996.8	关于环境保护若干问题的决定	3—4	1996.9	中华人民共和国国民经济和社会发展“九五”计划和2010年远景目标纲要
3—5	1998.1	酸雨控制区和二氧化硫污染控制区划分方案	3—6	1998.8	关于限期停止生产销售使用车用含铅汽油的通知
3—7	1999.6	机动车排放污染防治技术政策	3—8	1999.11	关于组织实施清洁能源行动的通知
3—9	1999.12	锅炉大气污染物排放标准	3—10	2000.1	环境空气质量标准（GB3095—1996）修改单
3—11	2000.2	生活垃圾焚烧污染控制标准	3—12	2000.4	中华人民共和国大气污染防治法
3—13	2001.4	关于有效控制城市扬尘污染的通知	3—14	2002.1	排污费征收使用管理条例
3—15	2002.1	燃煤二氧化硫排放污染防治技术政策	3—16	2002.6	中华人民共和国清洁生产促进法
3—17	2002.10	环境影响评价法	3—18	2003.2	排污费征收标准管理办法
3—19	2003.9	关于加强燃煤电厂二氧化硫污染防治工作的通知	3—20	2004.8	清洁生产审核暂行办法
3—21	2006.11	二氧化硫总量分配指导意见	3—22	2006	环境影响评价公众参与暂行办法
3—23	2007.4	中央财政主要污染物减排专项资金管理暂行办法	3—24	2007.5	中央财政主要污染物减排专项资金项目管理暂行办法

续表

序号	时间	政策名称	序号	时间	政策名称
3—25	2007.7	燃煤发电机组脱硫电价及脱硫设施运行管理办法	3—26	2007.11	主要污染物总量减排监测办法
3—27	2007.11	主要污染物总量减排统计办法	3—28	2007.11	主要污染物总量减排考核办法
3—29	2008.1	国家酸雨和二氧化硫污染防治“十一五”规划	3—30	2009.7	钢铁行业烧结烟气脱硫实施方案
3—31	2009.8	规划环境影响评价条例	3—32	2010.1	火电厂氮氧化物防治技术政策
3—33	2010.4	消耗臭氧层物质管理条例	3—34	2010.5	关于推进大气污染联防联控工作　改善区域空气质量的指导意见

附表4　　高附加高技术工业推向前台时期的大气污染防治政策

序号	时间	政策名称	序号	时间	政策名称
4—1	2011.7	火电厂大气污染物排放标准	4—2	2011.8	“十二五”节能减排综合性工作方案
4—3	2011.11	“十二五”全国环境保护法规和环境经济政策建设规划	4—4	2012.1	关于印发绿色信贷指引的通知
4—5	2012.2	环境空气质量标准	4—6	2012.3	关于加强环境空气质量监测能力建设的意见
4—7	2012.6	钢铁工业污染物排放系列标准	4—8	2012.6	“十二五”节能环保产业发展规划
4—9	2012.6	炼焦化学工业污染物排放标准	4—10	2012.6	节能与新能源汽车产业发展规划（2012—2020年）

续表

序号	时间	政策名称	序号	时间	政策名称
4—11	2012. 7	蓝天科技工程“十二五”专项规划	4—12	2012. 9	重点区域大气污染防治“十二五”规划
4—13	2012. 10	加强机动车污染防治工作　推进大气 PM 2.5 治理进程的指导意见	4—14	2012. 12	关于扩大脱硝电价政策试点范围有关问题的通知
4—15	2013. 1	“十二五”主要污染物总量减排考核办法	4—16	2013. 9	大气污染防治行动计划
4—17	2013. 9	关于油品质量升级价格政策有关意见的通知	4—18	2013. 9	轻型汽车污染物排放限值及测量方法（中国第五阶段）
4—19	2013. 9	砖瓦工业大气污染物排放标准	4—20	2013. 9	京津冀及周边地区落实大气污染防治行动计划实施细则
4—21	2013. 11	关于加强重污染天气应急管理工作的指导意见	4—22	2013. 12	关于开展城市步行和自行车交通系统示范项目工作的通知
4—23	2013. 12	水泥工业大气污染物排放标准	4—24	2014. 1	京津冀及周边地区重点工业企业清洁生产水平提升计划
4—25	2014. 1	消耗臭氧层物质进出口管理办法	4—26	2014. 3	大气污染防治先进技术汇编
4—27	2014. 3	严格控制重点区域燃煤发电项目规划建设有关要求	4—28	2014. 3	能源行业加强大气污染防治工作方案
4—29	2014. 3	关于落实大气污染防治行动计划　严格环境影响评价准入的通知	4—30	2014. 4	中华人民共和国环境保护法

续表

序号	时间	政策名称	序号	时间	政策名称
4—31	2014.5	锅炉大气污染物排放标准、生活垃圾焚烧污染控制标准	4—32	2014.5	关于推进环境保护公众参与的指导意见
4—33	2014.6	关于开展生物质成型燃料锅炉供热示范项目建设的通知	4—34	2014.7	大气污染防治重点工业行业清洁生产技术推行方案
4—35	2014.7	关于加快新能源汽车推广应用的指导意见	4—36	2014.7	关于做好煤电基地规划环境影响评价工作的通知
4—37	2014.7	大气污染防治行动计划实施情况考核办法（试行）实施细则	4—38	2014.7	京津冀及周边地区重点行业大气污染限期治理方案
4—39	2014.7	煤炭经营监管办法	4—40	2014.8	新生产机动车环保达标监管工作方案
4—41	2014.8	关于进一步推进排污权有偿使用和交易试点工作的指导意见	4—42	2014.8	“同呼吸、共奋斗”公民行为准则
4—43	2014.8	大气细颗粒物一次源排放清单、大气挥发性有机物源排放清单等编制技术指南（试行）	4—44	2014.9	关于调整排污费征收标准等有关问题的通知
4—45	2014.9	商品煤质量管理暂行办法	4—46	2014.9	京津冀公交等公共服务领域新能源汽车推广工作方案
4—47	2014.9	关于做好“十三五”期间重点行业淘汰落后和过剩产能目标计划制订工作的通知	4—48	2014.9	京津冀及周边地区秸秆综合利用和禁烧工作方案

续表

序号	时间	政策名称	序号	时间	政策名称
4—49	2014. 10	加强“车油路”统筹 加快推进机动车污染综合防治方案	4—50	2014. 10	燃煤锅炉节能环保综合提升工程实施方案
4—51	2014. 11	生物柴油产业发展政策	4—52	2014. 12	企业事业单位环境信息公开办法
4—53	2014. 12	建设项目主要污染物排放总量指标审核及管理暂行办法	4—54	2014. 12	能效“领跑者”制度实施方案
4—55	2014. 12	关于发布《大气可吸入颗粒物一次源排放清单编制技术指南（试行）》等5项技术指南的公告	4—56	2015. 2	工业领域煤炭清洁高效利用行动计划
4—57	2015. 2	关于推进环境监测服务社会化的指导意见	4—58	2015. 5	关于印发《加快成品油质量升级工作方案》的通知
4—59	2015. 5	关于完善城市公交车成品油价格补助政策 加快新能源汽车推广应用的通知	4—60	2015. 6	关于印发《挥发性有机物排污收费试点办法》的通知
4—61	2015. 6	关于印发《环保“领跑者”制度实施方案》的通知	4—62	2015. 7	环境保护公众参与办法
4—63	2015. 7	排污权出让收入管理暂行办法	4—64	2015. 8	党政领导干部生态环境损害责任追究办法
4—65	2015. 8	关于加强大气污染防治专项资金管理 提高使用绩效的通知	4—66	2015. 8	中华人民共和国大气污染防治法

续表

序号	时间	政策名称	序号	时间	政策名称
4—67	2015.10	关于全面推进黄标车淘汰工作的通知	4—68	2015.12	珠三角、长三角、环渤海（京津冀）水域船舶排放控制区实施方案
4—69	2015.12	建设项目环境影响评价区域限批管理办法（试行）	4—70	2016.1	关于“十三五”新能源汽车充电基础设施奖励政策及加强新能源汽车推广应用的通知
4—71	2016.1	关于加强船舶排放控制区监督管理工作的通知	4—72	2016.2	关于进一步推进成品油质量升级及加强市场管理的通知
4—73	2016.5	关于推进电能替代的指导意见	4—74	2016.7	关于印发重点行业挥发性有机物削减行动计划的通知
4—75	2016.7	《大气污染防治专项资金管理办法》（2016年修订）	4—76	2016.7	关于进一步规范排放检验　加强机动车环境监督管理工作的通知
4—77	2016.8	关于开展机动车和非道路移动机械环保信息公开工作的公告	4—78	2016.8	关于构建绿色金融体系的指导意见
4—79	2016.10	民用煤燃烧污染综合治理技术指南（试行）、民用煤大气污染物排放清单编制技术指南（试行）	4—80	2016.12	企业突发环境事件隐患排查和治理工作指南（试行）
4—81	2016.12	关于严格限制燃石油焦发电项目规划建设的通知	4—82	2016.12	中华人民共和国环境保护税法

续表

序号	时间	政策名称	序号	时间	政策名称
4—83	2016. 12	关于调整新能源汽车推广应用财政补贴政策的通知	4—84	2017. 7	关于在京津冀及周边地区实行锅炉节能环保特别要求的通知
4—85	2017. 8	排污许可证申请与核发技术规范石化工业、排污许可证申请与核发技术规范玻璃工业—平板玻璃等国家环境保护标准	4—86	2017. 9	国家环境保护标准重型柴油车、气体燃料车排气污染物车载测量方法及技术要求
4—87	2017. 11	关于加快烧结砖瓦行业转型发展的若干意见	4—88	2017. 11	重点排污单位名录管理规定（试行）
4—89	2017. 11	关于开展燃煤耦合生物质发电技改试点工作的通知	4—90	2017. 12	中华人民共和国环境保护税法实施条例
4—91	2018. 1	关于京津冀大气污染传输通道城市执行大气污染物特别排放限值的公告	4—92	2018. 6	关于创新和完善促进绿色发展价格机制的意见

参考文献

城乡建设环境保护部环境保护局：《中国环境保护十年：1973—1983》，中国环境科学出版社1985年版。

戴伊：《理解公共政策》，谢明译，中国人民大学出版社2011年版。

经济合作与发展组织：《环境管理中的经济手段》，张世秋等译，中国环境科学出版社1996年版。

李佩珊、许良英：《20世纪科学技术简史》，科学出版社2004年版。

世界银行：《里约后五年：环境政策的创新》，张庆丰等译，中国环境科学出版社1998年版。

张成福、党秀云：《公共管理学》，中国人民大学出版社2001年版。

张思锋：《公共经济学》，中国人民大学出版社2015年版。

浙江省财政学会：《发展低碳经济的财税政策研究》，中国财政经济出版社2011年版。

周扬胜：《环境保护标准原理方法及应用》，中国环境出版社2015年版。

［澳］欧文·休斯：《公共管理导论》，张成福等译，中国人民大学出版社2015年版。

[加] 迈克尔·豪利特、M. 拉米什:《公共政策研究：政策循环与政策子系统》，庞诗等译，生活·读书·新知三联书店2006年版。

[美] 保罗·萨缪尔森、威廉·诺德豪斯:《经济学》，于健译，商务印书馆2013年版。

[美] 彼得·索尔谢姆:《发明污染：工业革命以来的煤、烟与文化》，启蒙编译，上海社会科学院出版社2016年版。

[美] 范里安:《微观经济学：现代观点》，费方域等译，格致出版社2015年版。

[美] 库兹涅茨:《现代经济增长：速度、结构与扩展》，戴睿、易诚等译，商务印书馆1989年版。

[日] 原田尚彦:《环境法》，于敏译，法律出版社2000年版。

[瑞典] 托马斯·思德纳:《环境与自然资源管理的政策工具》，张蔚文等译，上海人民出版社2005年版。

白雪洁、曾津:《空气污染、环境规制与工业发展——来自二氧化硫排放的证据》,《软科学》2019年第3期。

曹慧丰、毕巍强、曾诗鸿:《产业结构调整的大气污染治理效应——以河北省为例》,《管理世界》2015年第12期。

曹翔、余升国:《外资与内资对我国大气污染影响的比较分析——基于工业二氧化硫排放的经验分析》，《国际贸易问题》2014年第9期。

常杪、宋盈盈、杨亮:《环保产业发展阶段论研究与中美日三国实证分析》,《四川环境》2018年第4期。

陈景华、王素素:《现代服务业发展的地区差异与影响因素——以山东为例》,《山东社会科学》2018年第8期。

陈平、赵淑莉、范庆：《解析日本空气环境质量标准体系》，《环境与可持续发展》2012年第4期。

陈一鸣、全海涛：《试划分我国工业化发展阶段》，《经济问题探索》2007年第11期。

陈永国、董葆茗、柳天恩：《京津冀协同治理雾霾的“经济—社会—技术”政策工具选择》，《经济与管理》2017年第5期。

程启智：《内部性与外部性及其政府管制的产权分析》，《管理世界》2002年第12期。

崔艳红：《第二次工业革命时期非政府组织在英国大气污染治理中的作用》，《战略决策研究》2015年第3期。

邓文钱：《英国空气污染治理的“民主环保”》，《党政视野》2014年第5期。

独孤昌慧：《我国对外贸易对大气污染物排放的影响》，《商业研究》2015年第2期。

冯玮、姚西龙：《基于改进的ESC模型的我国工业大气污染驱动因素研究》，《管理现代化》2018年第2期。

傅喆、寺西俊一：《日本大气污染问题的演变及其教训——对固定污染发生源治理的历史省察》，《学术研究》2010年第6期。

甘黎黎：《我国环境治理的政策工具及其优化》，《江西社会科学》2014年第6期。

高桂林、陈云俊：《大气污染防治公众参与的法经济学分析》，《广西社会科学》2014年第11期。

高虎城：《从贸易大国迈向贸易强国》，《中国商贸》2014年第10期。

高明、黄清煌：《环保投资与工业污染减排关系的进一步检验——基于治理投资结构的门槛效应分析》，《经济管理》2015年第2期。

高明、吴雪萍、郭施宏：《城市化进程、环境规制与大气污染——基于 STIRPAT 模型的实证分析》，《工业技术经济》2016 年第 9 期。

高庆先、师华定、张时煌等：《空气污染对气候变化的影响与反馈研究》，《资源科学》2012 年第 8 期。

高文康、唐贵谦、吉东生等：《2013—2014 年〈大气污染防治行动计划〉实施效果及对策建议》，《环境科学研究》2016 年第 11 期。

葛继红、郑智聪、杨森：《城市居民雾霾治理支付意愿及其影响因素研究——基于南京市民的调查数据》，《湖南农业大学学报》（社会科学版）2016 年第 6 期。

郭星成：《新能源电动汽车的“德国思维”》，《中国产业》2012 年第 12 期。

郭银双：《雾霾返场真相》，《中国新闻周刊》2008 年第 44 期。

韩超、胡浩然：《节能减排、环境规制与技术进步融合路径选择》，《财经问题研究》2015 年第 7 期。

韩建国：《能源结构调整“软着陆”的路径探析——发展煤炭清洁利用、破解能源困局、践行能源革命》，《管理世界》2016 年第 2 期。

韩琪：《中国新能源产业利用外资现状探析》，《国际经济合作》2012 年第 7 期。

何玉梅、罗巧：《环境规制、技术创新与工业全要素生产率——对“强波特假说”的再检验》，《软科学》2018 年第 4 期。

胡雪萍、方永丽：《中国大气污染的影响因素及防治措施研究——基于 STIRPAT 模型和固定效应面板模型》，《工业技术经济》2018 年第 2 期。

黄高平、殷伟伟、张明明：《基于大气污染预测模式的气象参数分析与应用》，《绿色科技》2017 年第 10 期。

黄清子、王振振、王立剑：《中国环保产业政策工具的比较分析——基于 GRA－VAR 模型的实证研究》，《资源科学》2016 年第 10 期。

蓝庆新、侯姗：《我国雾霾治理存在的问题及解决途径研究》，《青海社会科学》2015 年第 1 期。

蓝艳、陈刚、彭宁：《韩国应对大气颗粒物污染问题的政策导向与几点建议》，《环境保护》2015 年第 15 期。

黎文靖、郑曼妮：《空气污染的治理机制及其作用效果——来自地级市的经验数据》，《中国工业经济》2016 年第 4 期。

李斌、赵新华：《经济结构、技术进步与环境污染——基于中国工业行业数据的分析》，《财经研究》2011 年第 5 期。

李定健：《德国环保成功经验对贵州省环保工作的启迪》，《农技服务》2016 年第 1 期。

李冬琴：《环境政策工具组合、环境技术创新与绩效》，《科学学研究》2018 年第 12 期。

李干杰：《我国生态环境保护形势与任务》，《时事报告》2018 年第 5 期。

李力、洪雪飞：《能源碳排放与环境污染空间效应研究——基于能源强度与技术进步视角的空间杜宾计量模型》，《工业技术经济》2017 年第 9 期。

李茜、张孝德：《生态旅游管理中环境政策工具的应用探析》，《经济研究参考》2014 年第 7 期。

李瑞、蔡军：《河北工业结构、能源消耗与雾霾关系探讨》，《宏观经济管理》2014 年第 5 期。

李胜兰、申晨、林沛娜：《环境规制与地区经济增长效应分析——基于中国省际面板数据的实证研究》，《财经论丛》2014 年第 6 期。

李世奇、朱平芳：《产业结构调整与能源消费变动对大气污染的影响——基于上海投入产出表的实证分析》，《上海经济研究》2017年第6期。
李树：《环保产业发展中“政府与市场”合作模式研究》，《经济纵横》2013年第9期。
李双燕、万迪昉、史亚蓉：《公共安全生产事故的产生与防范——政企合谋视角的解析》，《公共管理学报》2009年第2期。
李思寰：《跨区域汽车尾气排放减排责任测算与分摊》，《统计与决策》2017年第24期。
李思寰、张卫国：《我国汽车尾气减排率测算与跨区域分解》，《统计与决策》2019年第1期。
李涛、沈尧鑫、王雅琳等：《我国大气固定源排放控制政策评估》，《干旱区资源与环境》2019年第4期。
李眺：《环境规制、服务业发展与我国的产业结构调整》，《经济管理》2013年第8期。
李停：《产品异质、R&D激励与环境规制工具选择》，《科技管理研究》2015年第19期。
李停：《市场结构、环境规制工具与R&D激励》，《中国经济问题》2016年第4期。
李伟娜、杨永福、王珍珍：《制造业集聚、大气污染与节能减排》，《经济管理》2010年第9期。
李晓慧、贺德方、彭洁：《德国发展电动汽车的政策措施与未来趋势》，《全球科技经济瞭望》2016年第9期。
李晓宇、璩向宁、赵希妮等：《银川市大气污染物变化特征及影响因素分析》，《干旱区资源与环境》2018年第3期。

李雪松、孙博文：《大气污染治理的经济属性及政策演进：一个分析框架》，《改革》2014 年第 4 期。

李郁芳：《政府公共品供给行为的外部性探析》，《南方经济》2005 年第 6 期。

梁平汉、高楠：《人事变更、法制环境和地方环境污染》，《管理世界》2014 年第 6 期。

林伯强、李江龙：《环境治理约束下的中国能源结构转变——基于煤炭和二氧化碳峰值的分析》，《中国社会科学》2015 年第 9 期。

林永生：《中国大气污染防治重点区污染物排放的驱动因素研究》，《中国人口·资源与环境》2016 年第 S2 期。

刘晨跃、徐盈之：《环境规制如何影响雾霾污染治理？——基于中介效应的实证研究》，《中国地质大学学报》（社会科学版）2017 年第 6 期。

刘海猛、方创琳、黄解军等：《京津冀城市群大气污染的时空特征与影响因素解析》，《地理学报》2018 年第 1 期。

刘辉：《社会性规制负外部性问题研究》，《生产力研究》2007 年第 3 期。

刘军、王慧文、杨洁：《中国大气污染影响因素研究——基于中国城市动态空间面板模型的分析》，《河海大学学报》（哲学社会科学版）2017 年第 5 期。

刘立平、穆桂松：《中原城市群空间结构与空间关联研究》，《地域研究与开发》2011 年第 6 期。

卢华、崔凯、孙丰凯：《大气污染防治面临的挑战及对策》，《宏观经济管理》2015 年第 7 期。

卢华、孙华臣：《雾霾污染的空间特征及其与经济增长的关联效应》，

《福建论坛》(人文社会科学版) 2015 年第 9 期。
卢兴佳:《环境税的经济学理论分析》,《知识经济》2010 年第 23 期。
吕长明、李跃:《雾霾舆论爆发下城市减排差异与大气污染联防联控》,《经济地理》2017 年第 1 期。
马丽梅、张晓:《区域大气污染空间效应及产业结构影响》,《中国人口·资源与环境》2014 年第 7 期。
马丽梅、张晓:《中国雾霾污染的空间效应及经济、能源结构影响》,《中国工业经济》2014 年第 4 期。
马中、蓝虹:《产权、价格、外部性与环境资源市场配置》,《价格理论与实践》2003 年第 11 期。
毛万磊:《环境治理的政策工具研究:分类、特性与选择》,《山东行政学院学报》2014 年第 4 期。
宓科娜、庄汝龙、梁龙武等:《长三角 PM 2.5 时空格局演变与特征——基于 2013—2016 年实时监测数据》,《地理研究》2018 年第 8 期。
裴瑱:《国外环保产业政策及其借鉴》,《政策瞭望》2015 年第 8 期。
彭代彦、张俊:《环境规制对中国全要素能源效率的影响研究——基于省际面板数据的实证检验》,《工业技术经济》2019 年第 2 期。
齐绍洲、严雅雪:《基于面板门槛模型的中国雾霾 PM 2.5 库兹涅茨曲线研究》,《武汉大学学报》(哲学社会科学版) 2017 年第 4 期。
邱立新、袁赛:《中国典型城市碳排放特征及峰值预测——基于"脱钩"分析与 EKC 假设的再验证》,《商业研究》2018 年第 7 期。
任优生、任保全:《环境规制促进了战略性新兴产业技术创新了吗?——基于上市公司数据的分位数回归》,《经济问题探索》2016 年第 1 期。

邵帅、李欣、曹建华等:《中国雾霾污染治理的经济政策选择——基于空间溢出效应的视角》,《经济研究》2016 年第 9 期。

史长宽:《基于 Soble - Bootstrap 检验的大气污染防治增长效应与创新路径》,《山东农业大学学报》(自然科学版) 2019 年第 1 期。

史小宁:《产权理论的演变:一个文献述评》,《经济研究导刊》2007 年第 7 期。

史宇、罗海江、林兰钰等:《如何从规划层面推进城市大气污染防治——以北京市为例》,《干旱区资源与环境》2017 年第 5 期。

宋晓梅、徐剑琦:《对京津冀大气环境的影响产业结构》,《中国统计》2014 年第 5 期。

孙坤鑫:《机动车排放标准的雾霾治理效果研究——基于断点回归设计的分析》,《软科学》2017 年第 11 期。

孙腾、冯丹、胡利明:《国内外新能源汽车发展的差距及提升对策探讨》,《对外经贸实务》2018 年第 6 期。

孙腾、冯丹、胡利明:《国外新能源汽车发展现状及对我国发展的启示》,《化工时刊》2018 年第 9 期。

谭安:《胡耀邦与改革开放时期的轻纺工业》,《百年潮》2015 年第 7 期。

谭铁牛:《人工智能的历史、现状和未来》,《奋斗》2019 年第 5 期。

唐葆君、王翔宇、王彬等:《中国新能源汽车行业发展水平分析及展望》,《北京理工大学学报》(社会科学版) 2019 年第 2 期。

田孟、王毅凌:《工业结构、能源消耗与雾霾主要成分的关联性——以北京为例》,《经济问题》2018 年第 7 期。

佟林杰、孟卫东:《基于 PSR - PCA 模型的京津冀区域大气环境治理绩效评价实证研究》,《数学的实践与认识》2017 年第 11 期。

汪克亮、刘蕾、孟祥瑞等：《区域大气污染排放效率：变化趋势、地区差距与影响因素——基于长江经济带11省市的面板数据》，《北京理工大学学报》（社会科学版）2017年第6期。

王保民、李克宇：《我国在灰霾污染法律治理中存在的问题及对策》，《西安交通大学学报》（社会科学版）2013年第6期。

王海兵：《产业转型升级的过程、特征与驱动要素——美国经验与启示》，《河北科技大学学报》（社会科学版）2018年第1期。

王灏：《中外工业化发展道路的历史比较及启示——以同日韩等东亚后发国家的比较为例》，《科学社会主义》2011年第3期。

王红梅、王振杰：《环境治理政策工具比较和选择——以北京PM 2.5治理为例》，《中国行政管理》2016年第8期。

王惠琴、何怡平：《雾霾治理中公众参与的影响因素与路径优化》，《重庆社会科学》2014年第12期。

王金南、雷宇、宁淼：《改善空气质量的中国模式："大气十条"实施与评价》，《环境保护》2018年第2期。

王茹、王茹、孙建丽：《大气污染治理中公私合作的国外经验及借鉴》，《安徽文学（下半月）》2017年第1期。

王文普：《环境规制、空间溢出与地区产业竞争力》，《中国人口·资源与环境》2013年第8期。

王文婷：《防治大气污染的财税法对策》，《理论视野》2016年第10期。

王文婷：《我国防治大气污染的公共政策演进》，《治理现代化研究》2018年第2期。

王羊、刘金龙、冯喆等：《公共池塘资源可持续管理的理论框架》，《自然资源学报》2012年第10期。

王梓慕、高明、黄清煌等:《环境政策、环保投资与公众参与对工业废气减排影响的实证研究》,《生态经济》2017 年第 6 期。
温忠麟、叶宝娟:《中介效应分析:方法和模型发展》,《心理科学进展》2014 年第 5 期。
文扬、马中、吴语晗等:《京津冀及周边地区工业大气污染排放因素分解——基于 LMDI 模型分析》,《中国环境科学》2018 年第 12 期。
吴建南、秦朝、张攀:《雾霾污染的影响因素:基于中国监测城市 PM 2. 5 浓度的实证研究》,《行政论坛》2016 年第 1 期。
吴奇志、聂文星:《让历史告诉未来——对新中国技术引进的思考》,《北方经贸》2009 年第 10 期。
向昀、任健:《西方经济学界外部性理论研究介评》,《经济评论》2002 年第 3 期。
肖悦、田永中、许文轩等:《中国城市大气污染特征及社会经济影响分析》,《生态环境学报》2018 年第 3 期。
熊宇:《国外新能源汽车发展分析与启示探讨》,《时代汽车》2018 年第 1 期。
胥彦玲、李纯、张红:《基于专利信息的国际大气污染防治技术发展趋势分析》,《科技管理研究》2018 年第 7 期。
徐建中、王曼曼:《绿色技术创新、环境规制与能源强度——基于中国制造业的实证分析》,《科学学研究》2018 年第 4 期。
闫宁、施泽尧、王天营:《江苏工业废气排放环境库兹涅茨曲线研究》,《中国人口·资源与环境》2017 年第 S2 期。
杨蕾:《异化与博弈:虚假新闻的生产与社会变迁——以〈新闻记者〉的“十大假新闻”为研究样本(2001—2009)》,《新闻世界》2010 年第 8 期。

杨丽、付伟：《国外环保产业的发展概况及启示》，《中国环保产业》2018 年第 10 期。

杨旭、万鲁河、王继富等：《基于 VECM 模型的经济增长与环境污染和能源消耗关系研究》，《地理与地理信息科学》2012 年第 5 期。

易兰、周忆南、李朝鹏等：《城市机动车限行政策对雾霾污染治理的成效分析》，《中国人口·资源与环境》2018 年第 10 期。

于水、帖明：《变化环境下的地方政府雾霾污染治理研究——基于 354 个城市 2001—2010 年 PM 2.5 数据的分析》，《江苏社会科学》2015 年第 6 期。

余莱花、崔维军、李廉水：《环境规制对中国制造业出口的影响——基于引力模型的“污染避难所”假说检验》，《经济体制改革》2015 年第 2 期。

原毅军、谢荣辉：《环境规制的产业结构调整效应研究——基于中国省际面板数据的实证检验》，《中国工业经济》2014 年第 8 期。

曾翔、沈继红：《江浙沪三地城市大气污染物排放的环境库兹涅茨曲线再检验》，《宏观经济研究》2017 年第 6 期。

张保留、罗宏、薛婕：《我国大气污染物排放特征分析及对策研究》，《生态经济》2015 年第 12 期。

张长令：《德国电动汽车补贴政策的经验与启示》，《中国发展观察》2016 年第 17 期。

张欢、王金兰、成金华等：《发达国家工业化时期资源环境政策对我国生态文明建设的启示》，《湖北师范大学学报》（哲学社会科学版）2017 年第 1 期。

张磊、韩雷、叶金珍：《外商直接投资与雾霾污染：一个跨国经验研究》，《经济评论》2018 年第 6 期。

张纳军、程郁泰、肖红叶：《我国碳排放因素时变分解分析——基于生产理论分解分析模型的研究》，《江西财经大学学报》2018 年第 3 期。

张三峰、曹杰、杨德才：《环境规制对企业生产率有好处吗？——来自企业层面数据的证据》，《产业经济研究》2011 年第 5 期。

张生玲、王雨涵、李跃等：《中国雾霾空间分布特征及影响因素分析》，《中国人口·资源与环境》2017 年第 9 期。

张思锋、黄清子、李敏：《陕西经济追赶超越的多目标体系研究》，《人文杂志》2017 年第 11 期。

张晓杰、赵可、娄成武：《公众参与对环境质量的影响机理》，《城市问题》2017 年第 4 期。

张亚军：《京津冀大气污染联防联控的法律问题及对策》，《河北法学》2017 年第 7 期。

张燕：《美国洛杉矶地区 PM 2. 5 治理对策研究》，《城市管理与科技》2013 年第 2 期。

张扬、康艳兵：《鼓励节能建筑的财税激励政策国际经验分析》，《节能与环保》2009 年第 9 期。

张扬、康艳兵：《鼓励节能建筑的财税激励政策国际经验分析》，《节能与环保》2009 年第 9 期。

张永久：《对受到行政处罚的党员进行党纪处分应注意什么》，《中国纪检监察》2019 年第 6 期。

赵鹏高：《日本环保产业发展及启示》，《中国经贸导刊》2005 年第 9 期。

赵新峰、袁宗威：《区域大气污染治理中的政策工具：我国的实践进程与优化选择》，《中国行政管理》2016 年第 7 期。

郑石明、罗凯方：《大气污染治理效率与环境政策工具选择——基于29个省市的经验证据》，《中国软科学》2017年第9期。
郑思齐、万广华、孙伟增等：《公众诉求与城市环境治理》，《管理世界》2013年第6期。
中国财政科学研究院课题组：《发达国家大气治理财税政策经验与启示》，《经济研究参考》2017年第33期。
周闯：《乌海及周边地区大气污染治理科技对策研究》，《科学管理研究》2017年第2期。
周小亮、吴武林、廖达颖：《技术创新、能源效率与大气污染的动态作用机制》，《福州大学学报》（哲学社会科学版）2017年第5期。

白天亮、刘志强、赵展慧：《创新，引领发展的第一动力——党的十八大以来实施创新驱动发展战略述评》，《人民日报》2016年1月30日第1版。
陈甬军、高廷帆：《在对外开放的道路上坚定前行》，《人民日报》2019年2月19日第11版。
黄晓芳：《国际能源署报告引发行业热议——未来煤炭消费何去何从》，《经济日报》2019年2月28日第10版。
刘世昕：《环保部部长强调治理环境不能急功近利》，《中国青年报》2017年1月12日第4版。
杨忠阳：《发展新能源汽车莫陷入“二元论”》，《经济日报》2019年2月27日第9版。
赵刚：《加大科技对外开放，在全球范围内整合创新资源》，《科技日报》2019年2月18日第1版。

曹剑飞：《经济全球化与我国产业优化升级》，博士学位论文，中央财经大学，2016 年。

陈洋愉：《环境规制视角下交通引致型雾霾治理研究》，硕士学位论文，大连理工大学，2016 年。

邓亮如：《基于 PSR 模型的四川省大气污染防治政策评价》，硕士学位论文，西南交通大学，2016 年。

冯贵霞：《中国大气污染防治政策变迁的逻辑 ——基于政策网络的视角》，博士学位论文，山东大学，2016 年。

高香玲：《美国新能源汽车产业及其竞争力分析》，硕士学位论文，吉林大学，2018 年。

韩秀：《欧洲工业化以来的环境危机与治理研究》，硕士学位论文，重庆师范大学，2018 年。

邝嫦娥：《基于环境规制的工业污染减排效应研究》，博士学位论文，湖南科技大学，2017 年。

刘喜贵：《改革开放以来我国大气污染防治政策的演变及其优化建议》，硕士学位论文，湖南师范大学，2016 年。

刘旖：《我国空气污染的时空分布特征及影响因素分析》，硕士学位论文，北京交通大学，2018 年。

刘英：《1949—1978 年中国进口替代政策研究》，硕士学位论文，北京工商大学，2009 年。

马喜立：《大气污染治理对经济影响的 CGE 模型分析》，博士学位论文，对外经济贸易大学，2017 年。

石峰：《英国低碳经济政策的研究》，博士学位论文，吉林大学，2016 年。

苏宏伟：《日本制造业产业结构合理化与高级化研究》，博士学位论文，吉林大学，2017 年。
夏艳清：《中国环境与经济增长的定量分析》，博士学位论文，东北财经大学，2010 年。
杨超：《中国大气污染治理政策分析》，硕士学位论文，长安大学，2015 年。
尹晓玉：《我国雾霾治理存在的问题及对策研究》，硕士学位论文，西华师范大学，2017 年。
张玉梅：《北京市大气颗粒物污染防治技术和对策研究》，博士学位论文，北京化工大学，2015 年。

张家伟：《英国将率先在伦敦等城市推广电动车》，2016 年 1 月 26 日，新华网（http：//www. xinhuanet. com//world/2016 -01/26/c_11178 94499. htm）。
张楷欣：《德国弃煤引发全球能源转型讨论：薄膜太阳能或成突破口》，2019 年 2 月 13 日，中国新闻网（http：//www. in-en. com/article/html/energy -2277289. shtml）。
张瑶瑶：《择优补贴：可再生能源专项资金管理新亮点》，2015 年 5 月 21 日，中国财经报网（http：//www. cfen. com. cn/old_ 7392/qtlm/201505/t2015 0521_ 2308354. html）。

Acemoglu Daron，Gino Gancia，and Fabrizio Zilibotti，“Competing Engines of Growth：Innovation and Standardization”，*Journal of Economic Theory*，Vol. 147，No. 2，2012.
Ahmed Ali，Gazi Salah Uddin，and Kazi Sohag，“Biomass Energy，Technological Progress and the Environmental Kuznets Curve：Evidence

from Selected European Countries", *Biomass and Bioenergy*, Vol. 90, No. 29, 2016.

Akerlof George, "The Market for 'Lemons': Quality Uncertainty and the Market Mechanism", *Uncertainty in Economics*, Vol. 84, No. 3, 1978.

Andrew Robbie, Steven Davis, and Glen Peters, "Climate Policy and Dependence on Traded Carbon", *Environmental Research Letters*, Vol. 8, No. 3, 2013.

Anselin Luc, "Local Indicators of Spatial Association—Isa", *Geographical Analysis*, Vol. 27, No. 2, 2010.

Archibald, Sandra, et al., "Transition and Sustainability: Empirical Analysis of Environmental Kuznets Curve for Water Pollution in 25 Countries in Central and Eastern Europe and the Commonwealth of Independent States", *Environmental Policy and Governance*, Vol. 19, No. 2, 2009.

Arunachalam Saravanan, et al., "Assessment of Port-Related Air Quality Impacts: Geographic Analysis of Population", *International Journal of Environment and Pollution*, Vol. 58, No. 4, 2015.

Auci Sabrina and Giovanni Trovato, "The Environmental Kuznets Curve within European Countries and Sectors: Greenhouse Emission, Production Function and Technology", *Economia Politica*, Vol. 35, No. 3, 2018.

Bechberger Mischa and Danyel Reiche, "Renewable Energy Policy in Germany: Pioneering and Exemplary Regulations", *Energy for Sustainable Development*, Vol. 8, No. 1, 2004.

Bi Gong-Bing, et al., "Does Environmental Regulation Affect Energy Efficiency in China's Thermal Power Generation? Empirical Evidence from a Slacks-Based DEA Model", *Energy Policy*, Vol. 66, 2014.

Bölük Gülden, and Mehmet Mert, "Fossil & Renewable Energy Consumption, Ghgs (Greenhouse Gases) and Economic Growth: Evidence from a Panel of Eu (European Union) Countries", *Energy*, Vol. 74, 2014.

Bree Leendert Van, et al., "Closing the Gap Between Science and Policy on Air Pollution and Health", *Journal of Toxicology and Environmental Health Part A*, Vol. 70, 2007.

Brock William and M. Scott Taylor, "The Kindergarten Rule of Sustainable Growth", NBER Working Paper, No. w9597, 2003.

Brown A., "The UK Renewable Energy programme", *Renewable Energy*, Vol. 3, No. 2, 1993.

Brueckner, "Welfare Reform and the Race to the Bottom: Theory and Evidence", *Southern Economic Journal*, Vol. 66, No. 3, 2000.

Cato Susumu, "Environmental Policy in a Mixed Market: Abatement Subsidies and Emission Taxes", *Environmental Economics and Policy Studies*, Vol. 13, No. 4, 2011.

Cerro J. C., V. Cerdà, and J. Pey, "Trends of Air Pollution in the Western Mediterranean Basin from a 13 – Year Database: A Research Considering Regional, Suburban and Urban Environments in Mallorca (Balearic Islands)", *Atmospheric Environment*, Vol. 103, No. 2, 2015.

Copeland Brian and M. Scott Taylor, "North-South Trade and the Environment", *Quarterly Journal of Economics*, Vol. 109, No. 3, 1994.

Czarnitzki Dirk, Bernd Ebersberger, and Andreas Fier, "The Relationship between R&D Collaboration, Subsidies and R&D Performance: Empirical Evidence from Finland and Germany", *Journal of Applied Econometrics*, Vol. 22, No. 7, 2007.

David Calef and Robert Goble, "The Allure of Technology: How France and California Promoted Electric and Hybrid Vehicles to Reduce Urban Air Pollution", *Policy Sciences*, Vol. 40, No. 1, 2007.

Davis Lucas, "Saturday Driving Restrictions Fail to Improve Air Quality in Mexico City", *Scientific Reports*, Vol. 7, 2017.

Deacon Robert T. and Catherine S., "Does the Environmental Kuznets Curve Describe How Individual Countries Behave?", *Land Economics*, Vol. 82, No. 2, 2006.

Dean Judith M., Mary E. Lovely, and Hua Wang, "Are Foreign Investors Attracted to Weak Environmental Regulations? Evaluating the Evidence from China", *Journal of Development Economics*, Vol. 90, No. 1, 2009.

Dedoussi Irene C. and Steven R. H. Barrett, "Air Pollution and Early Deaths in the United States. Part Ii: Attribution of PM 2. 5 Exposure to Emissions Species, Time, Location and Sector", *Atmospheric Environment*, Vol. 99, 2014.

Dogan Eyup and Fahri Seker, "Determinants of CO_2 Emissions in the European Union: The Role of Renewable and Non-Renewable Energy", *Renewable Energy*, Vol. 94, 2016.

Egli Hannes and Thomas M. Steger, "A Dynamic Model of the Environmental Kuznets Curve: Turning Point and Public Policy", *Environmen-*

tal and Resource Economics, Vol. 36, No. 1, 2007.

Elliott Joshua and Don Fullerton, "Can a Unilateral Carbon Tax Reduce E-missions Elsewhere?", *Resource and Energy Economics*, Vol. 36, No. 1, 2014.

Erdogan Ayse M., "Bilateral Trade and the Environment: A General E-quilibrium Model Based on New Trade Theory", *International Review of Economics & Finance*, Vol. 34, 2014.

Esso Loesse Jacques and Yaya Keho, "Energy Consumption, Economic Growth and Carbon Emissions: Cointegration and Causality Evidence from Selected African Countries", *Energy*, Vol. 114, 2016.

Esty Daniel and Andre Dua, "Sustaining the Asia Pacific Miracle: Environmental Protection and Economic Integration", *Protection and Economic Integration*, Vol. 3, No. 1, 1997.

Faiz Asif, Surhid Gautam, and Emaad Burki, "Air Pollution from Motor Vehicles: Issues and Options for Latin American Countries", *Science of The Total Environment*, Vol. 169, No. 1, 1995.

Fecht, Daniela, et al., "Associations between Air Pollution and Socioeconomic Characteristics, Ethnicity and Age Profile of Neighbourhoods in England and the Netherlands", *Environmental Pollution*, Vol. 198, No. 3, 2015.

Ferrero, Enrico, Stefano Alessandrini, and Alessia Balanzino, "Impact of the Electric Vehicles on the Air Pollution from a Highway", *Applied Energy*, Vol. 169, No. 5, 2016.

Frondel Manuel, Jens Horbach, and Klaus Rennings, "End-of-Pipe or Cleaner Production?: An Empirical Comparison of Environmental Innovation Decisions Across OECD Countries", *Business Strategy & the Environment*, *Vol.* 16, No. 8, 2004.

Galitsky Christina, et al., "Energy Efficiency Improvement and Cost Saving Opportunities for the Petrochemical Industry-an Energy Star (r) guide for Energy and Plant Managers", *Lawrence Berkeley National Laboratory*, Vol, 32, 2008.

Gill Abid, K. Kuperan Viswanathan, and Sallahuddin Hassan, "A Test of Environmental Kuznets Curve (Ekc) for Carbon Emission and Potential of Renewable Energy to Reduce Green House Gases (Ghg) in Malaysia", *Environment, Development and Sustainability*, Vol. 20, No. 3, 2018.

Greene, David L., Sangsoo Park, and Changzheng Liu, "Public Policy and the Transition to Electric Drive Vehicles in the U. S.: The Role of the Zero Emission Vehicles Mandates", *Energy Strategy Reviews*, Vol. 5, 2014.

Grimes Peter and Jeffrey Kentor, "Exporting the Greenhouse: Foreign Capital Penetration and CO Emissions 1980 – 1996", *Journal of World Systems Research*, Vol. 9, No. 2, 2003.

Grossman Gene M. and Alan B. Krueger, "Environmental Impacts of a North American Free Trade Agreement", *CEPR Discussion Papers*, Vol. 8, No. 2, 1992.

Gualtieri Giovanni, et al., "Analysis of 20 – Year Air Quality Trends and Relationship with Emission Data: The Case of Florence (Italy)", *Urban Climate*, Vol. 10, 2014.

Guerreiro Cristina B. B., Valentin Foltescu, and Frank de Leeuw. "Air

Quality Status and Trends in Europe", *Atmospheric Environment*, Vol. 98, No. 12, 2014.

Guo Xiaopeng and Xiaodan Guo, "A Panel Data Analysis of the Relationship Between Air Pollutant Emissions, Economics, and Industrial Structure of China", *Emerging Markets Finance and Trade*, Vol. 52, 2016.

hang, ZhongXiang, "Why Did the Energy Intensity Fall in China's Industrial Sector in the 1990s? The Relative Importance of Structural Change and Intensity Change", *Energy Economics*, Vol. 25, No. 6, 2003.

Haslam Gareth E., Joni Jupesta, and Govindan Parayil, "Assessing Fuel Cell Vehicle Innovation and the Role of Policy in Japan, Korea, and China", *International Journal of Hydrogen Energy*, Vol. 37, No. 19, 2012.

Hayes Andrew, "Beyond Baron and Kenny: Statistical Mediation Analysis in the New Millennium", *Communication Monographs*, Vol. 76, No. 4, 2009.

Henri L. F. de Groot, "Structural Change, Economic Growth and the Environmental Kuznets Curve: A Theoretical Perspective", Working Paper Series 1, 2003.

Hepbasli Arif and Nesrin Ozalp, "Development of Energy Efficiency and Management Implementation in the Turkish Industrial Sector", *Energy Conversion and Management*, Vol. 44, No. 2, 2003.

Hood Christopher, *The Tools of Government*, London: Maemillan, 1983.

Howlett Michael and M. Ramesh, "Studying Public Policy: Policy Cycles and Policy Subsystems", *American Political Science Association*, Vol. 91, No. 2, 2009.

Huang Haixiao and Walter Labys, "Environment and Trade: A Review of Issues and Methods", *International Journal of Global Environmental Issues*, Vol. 2, No. 1, 2013.

Hughey Ken F. D., et al., "Application of the Pressure-State-Response Framework to Perceptions Reporting of the State of the New Zealand Environment", *Journal of Environmental Management*, Vol. 70, No. 1, 2004.

I. Bertelsen, "The U. S. Motor Vehicle Emission Control Programme", *Platinum Metals Review*, Vol. 45, 2001.

Izadian Afshin, Nathaniel Girrens, and Pardis Khayyer, "Renewable Energy Policies: A Brief Review of the Latest U. S. and E. U. Policies", *IEEE Industrial Electronics Magazine*, Vol. 7, No. 3, 2013.

Jaffe Adam, "Environmental Regulation and the Competitiveness of U. S. Manufacturing: What Does the Evidence Tell Us?", *Journal of Economic Literature*, Vol. 33, No. 1, 1995.

Jang Eunhwa, et al., "Spatial and Temporal Variation of Urban Air Pollutants and Their Concentrations in Relation to Meteorological Conditions at Foursites in Busan, South Korea", *Atmospheric Pollution Research*, No. 8, 2017.

John Laitner, "Structural Change and Economic Growth", *Review of Economic Studies*, No. 3, 2010.

Johnstone Nick, et al., "Environmental Policy Design, Innovation and Efficiency Gains in Electricity Generation", *Energy Economics*, Vol. 63, No. 3, 2017.

Jordan Andrew, Rüdiger Wurzel, and Anthony Zito, "'New' Instruments of Environmental Governance: Patterns and Pathways of Change", *Environmental Politics*, Vol. 12, No. 1, 2003.

Kanemoto K., et al., "International Trade Undermines National Emission Reduction Targets: New Evidence from Air Pollution", *Global Environmental Change*, Vol. 24, 2014.

Kaygusuz Kamil, "Energy Use and Air Pollution Issues in Turkey", *CLEAN-Soil, Air, Water*, Vol. 35, 2007.

Khan Muhammad Mushtaq, et al., "Triangular Relationship among Energy Consumption, Air Pollution and Water Resources in Pakistan", *Journal of Cleaner Production*, Vol. 112, No. 1, 2015.

Kim Jinyoung, and Marschke Gerald, "How Much U. S. Technological Innovation Begins in Universities?", *Economic Commentary*, Vol. 4, No. 1, 2007.

Kofi Adom Philip, et al., "Carbon Dioxide Emissions, Economic Growth, Industrial Structure, and Technical Efficiency: Empirical Evidence from Ghana, Senegal, and Morocco on the Causal Dynamics", *Energy*, Vol. 47, No. 1, 2012.

Konisky David M., "Regulatory Competition and Environmental Enforcement: Is There a Race to the Bottom?", *American Journal of Political Science*, Vol. 51, No. 4, 2010.

Laplante Benot and Paul Rilstone, "Environmental Inspections and Emissions of the Pulp and Paper Industry: The Case of Quebec", *Journal of Environmental Economics and Management*, Vol. 31, No. 1, 2004.

Lara Fowlert, "From Technical Fix to Regulatory Mix: Japan's New Environmental Law", *Pacific Rim Law & Policy Journal Association*,

Vol. 12, No. 2, 2003.

László Mátyás and P. Sevestre, "The Econometrics of Panel Data: Fundamentals and Recent Developments in Theory and Practice", *Advanced Studies in Theoretical and Applied Econometrics*, Vol. 46, No. 1, 2008.

MacKinnon David P., Ghulam Warsi, and James H. Dwyer, "A Simulation Study of Mediated Effect Measures", *Multivariate Behav Res*, Vol. 30, No. 1, 1995.

Macleod, Christopher, et al., "Modeling Human Exposures to Air Pollution Control (Apc) Residues Released from Landfills in England and Wales", *Environment International*, Vol. 32, No. 4, 2006.

Mahdi Ziaei, Sayyed, "Effects of Financial Development Indicators on Energy Consumption and CO_2 Emission of European, East Asian and Oceania Countries", *Renewable and Sustainable Energy Reviews*, Vol. 42, 2015.

Markandya Anil, Alexander Golub, and Suzette Pedroso-Galinato, "Empirical Analysis of National Income and SO_2 Emissions in Selected European Countries", *Environmental and Resource Economics*, Vol. 35, No. 3, 2006.

Marsiglio Simone, Alberto Ansuategi, and Maria Carmen Gallastegui, "The Environmental Kuznets Curve and the Structural Change Hypothesis", *Environmental and Resource Economics*, Vol. 63, 2016.

Mazur Anna, Z. Phutkaradze, and J. Phutkaradze, "Economic Growth and Environmental Quality in the European Union Countries-is There Evidence for the Environmental Kuznets Curve?", *International Journal of Management and Economics*, Vol. 45, No. 1, 2015.

McDonnell Lorraine M. and Richard F. Elmore, "Getting the Job Done: Alternative Policy Instruments", *Educational Evaluation and Policy Analysis*, Vol. 9, No. 2, 1987.

Meltzer J. P., Voon T. (ed.), "The Trans-Pacific Partnership Agreement, the Environment and Climate Change, Trade Liberalization and International Co-operation: A Legal Analysis of the Trans-Pacific Partnership Agreement", *Edward Elgar*, Vol. 14, No. 2, 2014.

Mensink, C., I. De Vlieger, and J. Nys, "An Urban Transport Emission Model for the Antwerp Area", *Atmospheric Environment*, Vol. 34, No. 27, 2000.

Millimet, Daniel L., List, John A., "A Natural Experiment on the 'Race to the Bottom' Hypothesis: Testing for Stochastic Dominance in Temporal Pollution Trends", *Oxford Bulletin of Economics & Statistics*, Vol. 65, No. 4, 2010.

Moutinho Victor, Celeste Varum, and Mara Madaleno, "How Economic Growth Affects Emissions? An Investigation of the Environmental Kuznets Curve in Portuguese and Spanish Economic Activity Sectors", *Energy Policy*, Vol. 106, 2017.

Muhammad Shahbaz, Q. M. A. Hye, and T. Aviral Kumar, "Economic Growth, Energy Consumption, Financial Development, International Trade and CO_2 Emissions in Indonesia", *Renewable and Sustainable Energy Revies*, Vol. 25, No. 9, 2013.

Murano Kentaro, et al., "Trans-Boundary Air Pollution over Remote Islands in Japan: Observed Data and Estimates from a Numerical Model", *Atmospheric Environment*, Vol. 34, No. 29, 2000.

Neufeld Howard S. , *Review of Air Pollution and Plant Life*, England: Wiley, 2002.

Neumayer Eric, and Richard Perkins, "Fostering Environment-Efficiency through Transnational Linkages? Trajectories of CO_2 and SO_2, 1980 – 2000", *Environment and Planning A*, Vol. 40, No. 12, 2008.

Nordensvärd, Johan, and Frauke Urban, "The Stuttering Energy Transition in Germany: Wind Energy Policy and Feed-in Tariff Lock-In", *Energy Policy* , Vol. 82, 2015.

Norman Catherine, and Robert Deacon, "Does the Environmental Kuznets Curve Describe How Individual Countries Behave?", *Land Economics*, Vol. 82, No. 2, 2006.

Olale, Edward, et al. , "The Environmental Kuznets Curve Model for Greenhouse Gas Emissions in Canada", *Journal of Cleaner Production*, Vol. 184, No. 20, 2018.

Oosterhaven Jan, and Lourens Broersma, "Sector Structure and Cluster Economies: A Decomposition of Regional Labour Productivity", *Regional Studies*, Vol. 41, No. 5, 2007.

Ord J. Keith, and Getis Arthur, "Local Spatial Autocorrelation Statistics: Distributional Issues And An Application", *Geographical Analysis*, Vol. 27, No. 4, 1995.

Ord J. Keith, and Getis Arthur, "Testing for Local Spatial Autocorrelation in the Presence of Global Autocorrelation", *Journal of Regional Science*, Vol. 41, No. 3, 2010.

Panayotou Theodore, Alix Peterson, and Jeffrey Sachs, "Is the Environmental Kuznets Curve Driven by Structural Change? What Extended Time

Series May Imply for Developing Countries", *CAER II discussion paper*, No. 80, 2000.

Panayotou Theodore, "Demystifying the Environmental Kuznets Curve: Turning a Black Box into a Policy Tool", *Environment and Development Economics*, Vol. 2, No. 4, 1997.

Pasche Markus, "Technical Progress, Structural Change, and the Environmental Kuznets Curve", *Ecological Economics*, Vol. 42, No. 3, 2002.

Porter M. E. and C. Linde, "Green and Competitive: An Underlying Logic links the Environment, Resource Productivity, Innovation, and Competitiveness", *Harvard Business Review*, Vol. 73, No. 5, 1995.

Rafindadi Abdulkadir Abdulrashid, et al., "The Relationship between Air Pollution, Fossil Fuel Energy Consumption, and Water Resources in the Panel of Selected Asia-Pacific Countries", *Environmental Science and Pollution Research*, Vol. 21, No. 19, 2014.

Reisinger Will, Trent Dougherty, and Nolan Moser, "Environmental Enforcement and the Limits of Cooperative Federalism: Will Courts Allow Citizen Suits to Pick up the Slack", Vol. 20, No. 1, 2010.

Ren Jingbo and Jun Du, "Evolution of Energy Conservation Policies and Tools: The Caseof Japan", *Energy Procedia*, Vol. 17, 2012.

R. H. Coase, "The Federal Communications Commission", *Journal of Law and Economics*, Vol. 2, No. 4, 1959.

R. H. Coase, *The Nature of the Firm*, Toronto: Oxford University Press, 1991.

R. H. Coase, *The Problem of Social Cost*, Basingstoke: Palgrave Macmillan UK, 1960.

Robaina Margarita and Victor Moutinho, "Decomposition Analysis and Innovative Accounting Approach for Energy-Related CO_2 (Carbon Dioxide) Emissions Intensity over 1996 - 2009 in Portugal", *Energy*, Vol. 57, 2013.

Robert W. Hahn, "Greenhouse Gas Auctions and Taxes: Some Political Economy Considerations", *Review of Environmental Economics & Policy*, Vol. 3, No. 2, 2009.

Schall Christian, "Public Interest Litigation Concerning Environmental Matters before Human Rights Courts: A Promising Future Concept?", *Journal of Environmental Law*, Vol. 20, No. 3.

Shafik Nemat and Sushenjit Bandyopadhyay, "Economic Growth and Environmental Quality: Time Series and Cross-Country Evidence", *Policy Research Working Paper*, 1992.

Shahbaz Muhammad, et al., "Does Foreign Direct Investment Impede Environmental Quality in High -, Middle -, and Low-Income Countries?", *Energy Economics*, Vol. 51, 2015.

Shiau Ching-Shin Norman, Jeremy J. Michalek, and Chris T. Hendrickson, "A Structural Analysis of Vehicle Design Responses to Corporate Average Fuel Economy Policy", *Transportation Research Part A: Policy and Practice*, Vol. 43, No. 9, 2009.

Shrestha Ram M. and Sunil Malla, "Air Pollution from Energy Use in a Developing Country City: The Case of Kathmandu Valley, Nepal", *Energy*, Vol. 21, No. 9, 1996.

Smith Gillian E., et al., "Using Real-Time Syndromic Surveillance Systems to Help Explore the Acute Impact of the Air Pollution Incident of March/April 2014 in England", *Environmental Research*, Vol. 136, 2015.

Smulders, Sjak, Lucas Bretschger, and Hannes Egli, "Economic Growth and the Diffusion of Clean Technologies: Explaining Environmental Kuznets Curves", *Environmental and Resource Economics*, Vol. 49, No. 1, 2011.

Soni Amit and C. S. Ozveren, "Renewable Energy Market Potential in U. K.", *International Universities Power Engineering Conference IEEE*, Sept 4 –6, 2007.

Stiglitz Joseph, "The Theory of Local Public Goods Twenty-Five Years after Tiebout: A Perspective", *Nber Working Papers*, 1982.

Swanson, Kate E., Richard G. Kuhn, and W. E. I. Xu, "Environmental Policy Implementation in Rural China: A Case Study of Yuhang, Zhejiang", *Environmental Management*, Vol. 27, No. 4, 2001.

Taylor Arik Levinson M. Scott, "Unmasking the Pollution Haven Effect", *International Economic Review*, Vol. 49, No. 1, 2008.

Vennemo Haakon and Aunan Kristin, "Air Pollution and Greenhouse Gas Emissions in China: An Unsustainable Situation in Search of a Solution", in Brinkmann R., Garren S., eds., *The Palgrave Handbook of Sustainability*, Palgrave Macmillan, Cham, 2018.

Walsh Michael P., "Motor Vehicle Pollution Control", *Platinum Metals Review*, Vol. 44, No. 1, 2000.

Wang Zhongping, et al., "Impact of Heavy Industrialization on the Carbon Emissions: An Empirical Study of China", *Energy Procedia*, Vol. 5,

2011.

Wheeler David, "Racing to the Bottom? Foreign Investment and Air Pollution in Developing Countries", *Policy Research Working Paper*, Vol. 10, No. 3, 2001.

Wilson, Adam M., et al., "Air Pollution, Weather, and Respiratory Emergency Room Visits in Two Northern New England Cities: An Ecological Time-Series Study", *Environmental Research*, Vol. 97, No. 3, 2005.

Woodside Kenneth, "Policy Instruments and the Study of Public Policy", *Canadian Journal of Political Science*, Vol. 19, No. 4, 1986.

Yorifuji, Takashi, et al., "Long-Term Exposure to Traffic-Related Air Pollution and the Risk of Death from Hemorrhagic Stroke and Lung Cancer in Shizuoka, Japan", *Science of The Total Environment*, Vol. 443, 2013.

Zaim, O. and F. Taskin, "Environmental Efficiency in Carbon Dioxide Emissions in the Oecd: A Non-Parametric Approach", *Journal of Environmental Management*, Vol. 58, No. 2, 2000.

Zhang, Wei, et al., "Decomposition of Intensity of Energy-Related CO_2 Emission in Chinese Provinces Using the Lmdi Method", *Energy Policy*, Vol. 92, 2016.

后　记

本书基于笔者的博士论文所著。在攻读博士学位期间，我以环境政策分析为主要研究方向。由于大气污染防治备受社会各界关注，因此选择了“大气污染防治效果及其影响机理”作为博士论文的研究主题。该研究扩展并具化了压力—状态—响应模型，阐释了大气污染防治的作用机理，诊断了防治措施的成功与局限，对优化大气污染防治政策、实现“天空常蓝、空气常新”目标，具有重要的理论意义和现实价值。

本书得以出版要感谢许多人，没有他们的帮助和支持，本书无法面世。博士论文在张思锋教授的指导下完成，感谢张老师给予我参与十余项课题的机会，培养了我基金申请、研究设计、调查组织与实施、报告撰写等能力；感谢张老师教会了我研究方法，培养了我发掘现实问题，凝练科学问题，对问题进行描述性、解释性、预测性、对策性分析的能力。

同时感谢在本书各环节中不吝赐教的各位老师们，他们是杜海峰、封铁英、何爱平、姜全保、刘新梅、马亮、王立剑、杨雪燕、袁晓玲、张立、张胜、张治河、朱正威，感谢他们为本书写作与修改提出的中肯建议。

另外，感谢家人的理解和支持，使我可以对本书研究投入更多的时间和精力。

本书能够在中国社会科学出版社出版，离不开中国人民大学国家发展与战略研究院以及马亮教授的支持和推荐。感谢出版社编辑为本书的编辑和出版提供的专业支持。

黄清子

2021 年 7 月